ATLANTICA

ERLEBNIS ERDE

TIERPARADIESE UNSERER ERDE

POLARGEBIETE

Bertelsmann
LEXIKON INSTITUT

ATLANTICA

ERLEBNIS ERDE

TIERPARADIESE UNSERER ERDE

POLARGEBIETE

Bertelsmann
LEXIKON INSTITUT

Chefredaktion: Dr. Beate Varnhorn
Projektleitung und redaktionelle Leitung: Christian Adams

Autorinnen und Autoren: Ellen Astor, Dietmar Falk, Simone Harland, Manuela Held, Dr. Angela Kämper, Dr. Andrea Kamphuis, Ute Kleinelümern, Dr. Hans W. Kothe, Dr. Stephan Matthiesen, Dr. Günter Matzke-Hajek, Monika Niehaus, Ulrike Schöber, Kunigunde Wannow

Redaktion und Bildredaktion: Parzhuber und Partner, Agentur für Marketing GmbH, München
Bildredaktion Wissen Media Verlag: Thekla Sielemann
Schlussredaktion: Inga Westerteicher

Einbandgestaltung: dsh GmbH, München
Einbandfotos: Interfoto, München – Gürteltier; istockphoto.com – Eisbären (John Pitcher) – Robbe (floridastock) – Pinguine (Jan Will) – Polarfuchs (Dmitry Deshevykh) – Walross (John Pitcher) – Eisbär (John Pitcher); shutterstock.com – Tukan (Kitch Bain)
Satz und Layout: Parzhuber und Partner, Agentur für Marketing GmbH, München

Herstellung: Marcel Hellmund

Aktuelle Informationen und Serviceangebote des Verlags finden
Sie auch im Internet unter www.lexikoninstitut.de

Druck und Bindung: Himmer AG, Augsburg

Gedruckt auf chlorfrei gebleichtem Papier

Printed in Germany 2008

ISBN: 978-3-577-07704-0

Vorwort

Der Klimawandel bedroht die Lebensgrundlagen zahlreicher Arten in den verschiedenen Lebensräumen unseres Planeten. Aktuelle Tierdokumentationen rücken diesen Aspekt in den Vordergrund. Dieser Perspektive folgt auch die Sachbuchreihe »Tierparadiese unserer Erde«, die sich an alle Tier- und Naturinteressierte wendet und einen faszinierenden Einblick in das Leben der Tiere vermittelt.
Fünf Bände enthalten mehr als 4000 Darstellungen von Tieren in ihren jeweiligen Lebensräumen, den Regenwäldern, den Savannen, den Wüsten, Polargebieten und Meeren.

Hier erfährt der Leser alles, was wichtig und wissenswert ist, aber zugleich auch das, was staunen lässt und fasziniert. Im Blickpunkt stehen nicht nur die vielfältigen, oft unglaublichen Überlebenskünste der Tiere, sondern auch Themen wie der grausame Kreislauf von Fressen und Gefressenwerden, die fürsorgliche Aufzucht des Nachwuchses oder das verblüffende Tarnverhalten der Tiere.
Die vorliegenden Bände, an denen Fachleute und die besten Tierfotografen mitgewirkt haben, fassen die unendliche Vielfalt der Fauna übersichtlich und eindrucksvoll zusammen.

Der Verlag

Inhalt

TAIGA – UNENDLICHE WEITE

Das Land der kleinen Stöcke

So lautet die Übersetzung des russischen, ursprünglich wohl aus dem Mongolischen stammenden Wortes. Rund um die nördliche Halbkugel versteht man darunter das Biom der borealen Nadelwälder, das sich zwischen die im Norden liegende baumlose Tundra und die im Süden angrenzenden Laubmischwälder, Steppen oder auch Halbwüsten der gemäßigten Breiten schiebt. Das Wort boreal stammt vom griechischen »boréas« für Nordwind oder Norden und bezeichnet die nördlichen Klimazonen Eurasiens und Nordamerikas. »Boreas«, der kalte Nordwind, wurde in der Antike als Gott verehrt. An der Nordseite des Turms der Winde, eines achteckigen Marmorbaus am Rand der Agora in Athen, bläst dieser Gott kräftig in eine Muschel.

Weite Ebenen zwischen mächtigen Gebirgen

Endlose Nadelwälder, Sümpfe und Hochmoore prägen den Vegetationstyp Taiga, der etwa 10 % der Festlandfläche der Erde einnimmt und nur in der nördlichen Hemisphäre anzutreffen ist. Diese Vegetationszone liegt zwischen der nahezu baumlosen Tundra im Norden und den Laub- und Mischwäldern oder den Steppen und gemäßigten Grasländern im Süden – etwa zwischen dem 50. und 70. nördlichen Breitengrad. Schreitet die Erderwärmung durch den Klimawandel weiter fort, wird sich diese Vegetationszone immer weiter in den Norden verschieben. In Eurasien nimmt der boreale Nadelwald eine Fläche von mehr als 700 Mio. ha ein. In Nordeuropa ist der Nadelwaldgürtel dagegen nur rd. 700 km breit, in Ostsibirien bis zu 2000 km. Auch in Nordamerika bedecken boreale Nadelwälder riesige Flächen.

Auch die zahlreichen Inseln auf der Finnischen Seenplatte sind von dichten Nadelwäldern geprägt.

Vorstoß nach Norden

Auf der Skandinavischen Halbinsel und im angrenzenden Finnland erstrecken sich Wälder so weit nach Norden wie sonst nirgendwo auf der Erde. Allerdings endet die Baumgrenze nicht abrupt. Hier leitet die als Waldtundra bezeichnete Auflösungszone über zur baumlosen Tundrenvegetation der skandinavischen Fjelllandschaften. In Skandinavien bilden keine Nadelbäume, sondern Birken die letzten Außenposten. Sie lösen auch im Gebirge und auf den Hochflächen Fichten, Tannen und Kiefern ab. Die über 2000 m aufragenden Skanden durchziehen die Skandinavische Halbinsel von Süden nach Norden und fallen nach Westen zum Atlantischen Ozean steil ab. Ihre Täler wurden von eiszeitlichen Gletschern vertieft und verbreitert. Nach dem Abschmelzen der Gletscher am Ende der letzten Eiszeit stieg der Meeresspiegel an und überflutete die Täler: Norwegens malerische Fjordlandschaften entstanden. Boreale Nadelwälder säumen die Ufer.
In Schweden und Finnland erstrecken sich dichte Nadelwälder. Besonders in Lappland wechseln sich Moore und Sümpfe mit Wäldern und Seen ab. Lappland ist das zu Norwegen, Schweden, Finnland und Russland gehörende ursprüngliche Wohngebiet der nomadisierenden Samen (Lappen). Vorwiegend Fichten und Kiefern wachsen in Waldlappland, dem südlichen Lappland. Nach Norden schließen sich lichte Kiefernwälder und Birkenbestände an, die von nahezu baumloser Tundra abgelöst werden. In Finnland stößt die aus Kiefern und Birken gebildete Baumgrenze bis zur Küste des Nordpolarmeeres vor.

Russlands bedrohte Wälder

Vom Baltikum im Westen bis zum Ural im Osten bestimmt die nur von einigen Land-

Die Nadeln der Balsamtanne enthalten Vitamin C. Ein Aufguss aus Nadeln und junger Rinde wird traditionell zum Schutz vor Skorbut genutzt.

Vom 450 m hohen Reinebrinken auf der norwegischen Lofot-Insel Moskenesøy eröffnet sich ein atemberaubender Blick auf die Fjordlandschaft mit dem Ort Moskenes.

rücken durchzogene Russische Ebene das Landschaftsbild. An den schmalen Tundrastreifen, der die nördliche Küste säumt, schließt sich bis zur Wolga im Süden der etwa 1000 km breite, sumpfige Taigagürtel an. Hier dominieren von Birken durchsetzte Fichtenwälder.

Eurasisches Grenzland

Als geografische Grenze zwischen Europa und Asien gilt der Ural, der sich über 2000 km von der Karasee im Norden bis zur Kaspischen Senke im Süden zieht. Der Polarural wird von Gebirgstundra eingenommen, die auch in den Höhenlagen des anschließenden Nördlichen Ural dominiert. In dieser Zone, die teilweise Hochgebirgscharakter aufweist, erhebt sich mit 1894 m der höchste Gipfel des Ural, die Gora Narodnaja. Dicht bewaldet sind der etwas niedrigere Mittlere und der Südliche Ural. Hier stoßen die borealen Nadelwälder in den Hochlagen weit nach Süden in die Steppenzone vor, die das Gebirge im Westen und Osten säumt. Häufig vorkommende Nadelbäume sind neben der Waldkiefer (*Pinus sylvestris*) die Sibirische Lärche (*Larix sibirica*), die im Herbst mit ihren gelben Nadeln ein paar Farbtupfer setzt. Der Ural ist vor allem im mittleren und südlichen Teil reich an Bodenschätzen, die ihn besonders in sowjetischer Zeit zu einem bedeutenden Bergbau- und Industriegebiet machten. Umweltschäden und radioaktive Verseuchung durch Atomunfälle haben deutliche Spuren hinterlassen. Weitgehend unberührte Natur findet man nur noch in geschützten Regionen.

Die sibirische Taiga

Jenseits der Uralbarriere erstreckt sich bis zum Jenissej mit dem Westsibirischen Tiefland wieder eine weite Ebene. Moore, Sumpftaiga und düstere Fichtenwälder wechseln miteinander ab. Der Jenissej trennt das Westsibirische Tiefland vom östlich anschließenden Mittelsibirischen Bergland. Die Hochlagen und den Norden nimmt Tundrenvegetation ein. Die Taiga ist in den südlich anschließenden Gebieten sehr licht und weist als Charakterbaum die Sibirische Lärche auf (daher auch Lärchentaiga). Zur Grenze der Mongolei steigen die mächtigen Gebirge Transbaikaliens in die Höhe auf. Hier geht die Lärchentaiga in borealen Bergnadelwald mit Tannen und Kiefern über. Im Nordostsibirischen Gebirgsland löst sich der geschlossene Taigagürtel in mosaikartige Waldflächen auf, die fast nur noch aus Lärchenarten bestehen. Östlich des Werchojansker Gebirges liegt im Taigabiom der Kältepol der nördlichen Halbkugel.
Das Monsunklima beschert kalte, trockene Winter und kühle feuchte Sommer. Wie überall im Osten Russlands dominiert die Lärchentaiga. In tieferen Lagen wird der Nadelwald von sommergrünem Laubmischwald abgelöst. Auf der von aktivem Vulkanismus geprägten Halbinsel Kamtschatka finden sich auch ausgedehnte Areale mit Tundrenvegetation. Im zentralen Sichote-Alin wächst ein ganz besonderer Wald, der Elemente der Taiga und der subtropischen Wälder der gemäßigten Breiten aufweist. Auch die Tierwelt beherbergt Arten beider Zonen: Hier leben Amurtiger (Sibirischer Tiger), Luchs und Rentier.

Nadelwälder in der Neuen Welt

Quer durch Nordamerika erstreckt sich von Alaska im Westen bis Neufundland im Osten ebenfalls ein breiter borealer Nadelwaldgürtel. Die nördliche Baumgrenze verläuft von der Ostküste Labradors über die Ungava-Halbinsel Richtung Süden entlang der Ostküste der Hudsonbai und setzt sich dann in Schlangenlinien Richtung Nordwesten zum Unterlauf des Mackenzie und weiter nach Alaska fort. Die wichtigsten Baumarten sind die fast überall anzutreffende Weiß- oder Schimmelfichte (*Picea glauca*), die vor allem im Norden wachsende Schwarzfichte (*Picea mariana*), die Amerikanische Lärche (*Larix americana*), die Sitkafichte (*Picea sitchensis*), die Balsamtanne (*Abies balsamea*) und die Bankskiefer (*Pinus banksiana*).

Alaska wird von den stark vergletscherten Gebirgszügen der Brooks Range und der südlicheren Alaskakette durchzogen, die sich auf der weit in den Pazifischen Ozean hineinragenden Alaskahalbinsel und der Inselkette der Aleuten fortsetzt. An den südlichen Gebirgshängen gedeihen Balsamtannen und Sitkafichten. Zwischen den Gebirgsketten liegt das breite Yukonbecken, in dem vor allem Weißfichten wachsen. An der milden, feuchten und nebelreichen Pazifikküste schieben sich temperierte Regenwälder weit nach Norden in das Taigabiom vor. Endlose Nadelwälder erstrecken sich auch auf dem Kanadischen Schild mit seinen mehr als 100 000 Seen. Dieses Gebiet zieht sich von den Rocky Mountains im Westen rund um die Hudsonbai bis nach Labrador. Auf der Insel Neufundland und in Labrador mischen sich auffallend viele Laubbäume unter die Nadelbäume.

Boreale Nadelwälder machen rd. 80 % der gesamten Waldfläche Kanadas aus. In Nordamerika ist die Übergangszone der Waldtundra sehr breit. Dieser locker bewaldete Bereich verläuft je nach den örtlichen Klimaverhältnissen mehr nördlich oder südlich. Auch in Nordamerika schließen sich im Süden Steppen und Laubmischwälder an die borealen Nadelwälder an.

Der in der Krautschicht der Taiga wachsende Siebenstern benötigt nur wenig Licht.

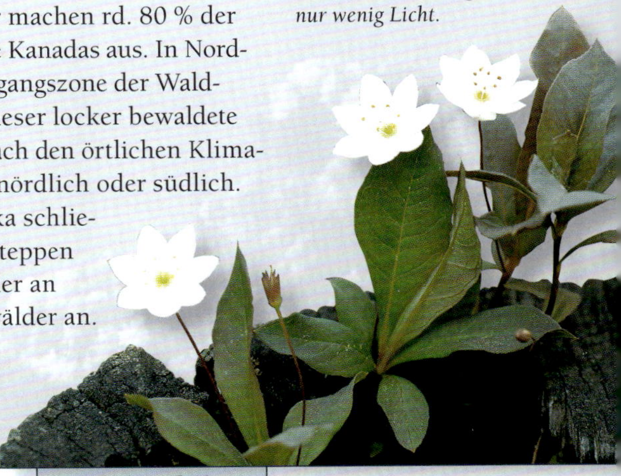

Schneewaldklimate: lange Winter und kurze Sommer

Lange, kalte, schneereiche Winter und kurze, mäßig warme Sommer prägen die Klimazone der Schneewaldklimate, die auch als subpolare, subarktische, kaltgemäßigte oder boreale Klimazone bezeichnet wird. Im Winter steigt die Sonne wegen der nördlichen Lage kaum über den Horizont, Temperaturen von –40 °C sind nicht ungewöhnlich. Tiefer Schnee bedeckt das Land. Er schmilzt erst spät im Jahr, wenn die Sonne höher über den Horizont steigt. Die Sommer der Taiga sind kurz, doch an Sonnenlicht herrscht kein Mangel, denn die Sonne geht auch in der Nacht nur kurz oder – nördlich des Polarkreises – gar nicht mehr unter. Die Temperaturen bewegen sich meist zwischen 10 °C und 20 °C, doch steigen sie an sonnigen Tagen auch bis über 30 °C an.

Klimaklassifikationen

Der Begriff »Schneewaldklimate« geht auf die Klimazonierung von Wladimir Peter Köppen (1846–1940) zurück, die – mit einigen Modifikationen – eine der gängigsten Klimaklassifikationen ist. Demnach sind Schneewaldklimate oder Typ-D-Klimate die Regionen, in denen die Temperatur im Durchschnitt des wärmsten Monats über 10 °C ansteigt, aber im kältesten Monat unter –3 °C bleibt. Zu den Typ-D-Klimaten gehören nicht nur die ausgedehnten Nadelwälder der kanadischen und sibirischen Taiga, sondern auch große Teile der Alpen und anderer Gebirgsregionen.
Die Köppen'sche Einteilung orientiert sich an den Wachstumsbedingungen der Vegetation. Für das Gedeihen von Pflanzen sind nicht nur Jahrestemperatur oder -niederschläge bedeutsam, sondern vor allem ihre Verteilung über das Jahr, insbesondere die extremste Winterkälte, die Wärme während der Vegetationsperiode im Sommer und die Bodentemperatur. Bleibt die Sommertemperatur unter 10 °C, können Bäume gar nicht mehr wachsen. Daher fällt die nördliche Grenze der Schneewaldklimate fast mit der nördlichen Baumgrenze zusammen, an der die Taiga in die waldlose Tundra übergeht. Diese gehört nach Köppen zu den Typ-E-Klimaten, in denen jeder Monat kälter als 10 °C ist.
Die südliche Grenze der Schneewaldklimate orientiert sich hingegen an den Wachstumserfordernissen der meisten Laubbäume, die nur gedeihen, wenn die Wintertemperatur nicht zu weit unter den Gefrierpunkt absinkt. Wo also die Temperatur des kältesten Monats über –3 °C liegt, beginnen die Typ-C-Klimate oder warmgemäßigten Regenklimate, die von Laub- und Mischwäldern bedeckt sind.

Klimafaktoren

Das extreme Klima der Taiga und die harten Winter sind eine Folge der nördlichen Lage. Insgesamt erhält der 60. nördliche Breitengrad nur etwa die Hälfte der Sonnenenergie, die am Äquator einfällt, und die ist zudem sehr ungleich über das Jahr verteilt: Während im Sommer die tägliche Einstrahlung etwa so hoch ist wie am Äquator, fällt sie in den Wintermonaten auf ein Zehntel ab.

In den langen Taigawintern verschwindet die Landschaft unter einer dichten Schneedecke.

Das Klima einer Region hängt jedoch nicht nur von der geografischen Lage ab, sondern auch von der Verteilung von Land und Meer sowie von der atmosphärischen Zirkulation. Da das Land nur eine geringe Wärmekapazität hat, kühlt es im Winter sehr schnell und sehr stark aus. Über den Kontinenten sammeln sich stabile, kalte Luftmassen. Sie bilden kontinentale Hochdruckgebiete, die ihrerseits zu extremen Wintertemperaturen beitragen. Denn Luft aus wärmeren, feuchteren Gebieten kann nicht einströmen, und in den klaren Winternächten fehlen die Wolken, um die Auskühlung des Landes zu verhindern.
Die unterschiedliche Ausdehnung und Lage der Kontinente wirkt sich deutlich auf das Klima aus: Nordamerika beispielsweise zeigt eine Breitenzonierung in Nord-Süd-Richtung, in Sibirien herrschen von Westen nach Osten hin zunehmend extremere Bedingungen.

Eurasien: mild im Westen, kalt im Osten

In Europa bringt das warme Wasser des Golfstroms, dessen Ausläufer bis in die grönländische See reichen, ein milderes Winterklima, und die vorherrschenden

Der Denali-Nationalpark in Alaska ist Lebensraum für Grizzlybären, Elche und Karibus.

Westwinde lassen relativ warme, feuchte Luftmassen bis weit in den Kontinent vordringen. Dagegen stehen Mittel- und Ostsibirien stärker unter dem kontinentalen Einfluss. Der östliche Teil Eurasiens liegt im Zentrum der größten Landmasse der Erde, so dass im sibirischen Winterhoch weltweit die höchsten Luftdruckwerte gemessen werden – um 1035 Hektopascal (hPa) beträgt der Januarluftdruck im Monatsmittel, den Weltrekord hält das sibirische Agata mit 1083, 8 hPa am 31. Dezember 1968 (zum Vergleich: in Mitteleuropa liegt der durchschnittliche Winterluftdruck bei 1015 hPa).

So werden die Winter nach Osten hin zunehmend kälter. Während die Januartemperaturen in Finnland zwischen dem 60. und 70. Breitengrad –6 °C bis –12 °C betragen, liegen sie in Ostsibirien auf derselben Breite teils zwischen –40 °C und –50 °C. Nordwinde bringen oft trockene polare Luftmassen mit noch extremerer Kälte bis unter –60 °C; Werchojansk auf dem 67. Breitengrad hält mit –68 °C den Kälterekord auf der Nordhalbkugel.

Auch die Niederschläge variieren von West nach Ost. Während in Skandinavien und Finnland noch 700–1000 mm im Jahr fallen, ist es im kontinental geprägten Ostsibirien mit 200–400 mm sehr trocken. Unter dem Einfluss des kontinentalen Hochs sind die Niederschläge im Winter so gering, dass diese Region in der Köppen'schen Klimaklassifikation als eigener Subtyp betrachtet wird: Sie gehört zum wintertrockenen Schneewaldklimat (Typ Dw), während die mittel- und westsibirische, europäische und amerikanische Taiga dem feuchtwinterkalten Typ Df zugeordnet wird.

Mit der klimatischen Ost-West-Gliederung ändert auch die Vegetation ihren Charakter. Da Fichten Wintertemperaturen unter –38 °C nicht mehr überleben, sind sie östlich des Jenissej kaum mehr anzutreffen. Die Sibirische Lärche (*Larix sibirica*) nimmt Überhand; sie ist zudem als Flachwurzler besser an den Dauerfrostboden angepasst.

Nordamerikanische Taiga

Die nordamerikanische Taiga hat insgesamt ein etwas milderes Klima als die sibirische. So liegen die Wintertemperaturen im Monatsdurchschnitt zwischen 0 °C und –30 °C, wobei jedoch im Norden Kanadas und in Alaska auch –60 °C vorkommen.

Im Unterschied zum ost-westlich gegliederten Eurasien weist Nordamerika eine deutliche Nord-Süd-Zonierung auf, mit kälteren Wintertemperaturen und zunehmend trockenen Bedingungen nach Norden hin. Die Polarfront, die die kalten polaren Luftmassen von der Westwindzone der mittleren Breiten trennt, liegt im Winter ungefähr über der südlichen Taigagrenze und bewegt sich im Sommer nach Norden.

Zwar sind die Winter an der Pazifikküste durch den Einfluss des Meeres milder, doch die Rocky Mountains blockieren die maritimen Luftmassen. Das Landesinnere ist daher generell trocken, mit Niederschlägen um 200 bis 400 mm im Jahr. Die östliche Seite des Kontinents wird teils von tropischen Luftmassen aus dem Süden mit Jahresniederschlägen von 800–1100 mm versorgt, doch

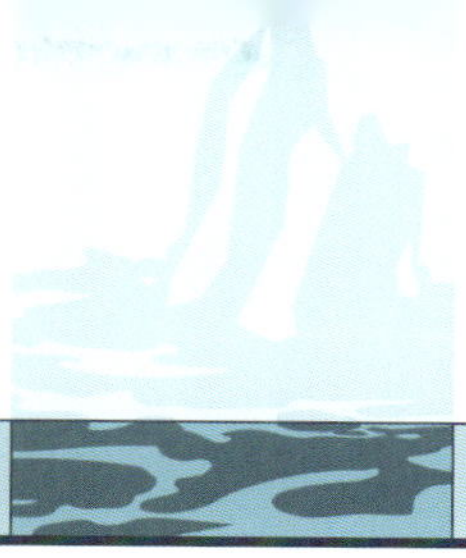

wegen der vorherrschenden Westwinde können sie nur bedingt ins Innere vordringen.

Sommer in der Taiga

Die sommerlichen Bedingungen sind in der gesamten Taigazone Asiens und Nordamerikas relativ ähnlich. Im Frühjahr dauert es lange, bis der Gefrierpunkt überschritten wird. Das gefrorene Land taut nur langsam auf, zumal schneebedeckte Gegenden den größten Teil der Sonneneinstrahlung reflektieren, ohne von ihr erwärmt zu werden. Dadurch sind die Sommer der Taiga sehr kurz: Nur 50–100 Tage dauert die frostfreie Vegetationsperiode. Dies gibt immergrünen Nadelbäumen einen Vorteil: Sie müssen im Frühjahr keine Zeit mit dem Wachstum von Blättern verschwenden, sondern können das Sonnenlicht sofort nutzen. Im Hochsommer schließlich liegen die Temperaturen im Monatsmittel bei 10–20 °C, wobei sie sowohl in Asien als auch in Nordamerika nach Norden hin abnehmen. Dabei können vor allem im Zentrum der Kontinente an sonnigen Tagen durchaus mehr als 30 °C erreicht werden.

Permafrost

In den kälteren Taigaregionen kann der Boden im Winter so tief frieren, dass er in den kühlen, kurzen Sommern nur oberflächlich auftaut und darunter ganzjährig gefroren bleibt – man spricht von Permafrost oder Gefrornis. Generell tritt Permafrost dort auf, wo die Jahrestemperatur im Durchschnitt unter –6 °C liegt: vor allem in Kanada nördlich des 65. bis 70. Breitengrades, in Alaska sowie in Mittel- und Ostsibirien.
Doch auch in anderen Taigagebieten kann zeitweise Permafrost entstehen, wenn die Jahresdurchschnittstemperatur mehrere Jahre lang unter 0 °C bleibt. Dieser sog. diskontinuierliche oder sporadische Permafrost ist meist fleckenartig auf einzelne Stellen beschränkt. Bei seiner Entstehung spielt auch die Baumbedeckung eine Rolle. Denn im Winter fangen die Bäume einen Teil des Schnees auf, so dass die schützende Schneedecke dünner ist und der Boden schwächer gegen die kalte Luft isoliert ist. Im Sommer hingegen lässt der Baumbewuchs die wärmenden Sonnenstrahlen nicht bis zum Boden durchdringen. So fördert der Wald den Permafrost, kann aber umgekehrt auch vom gefrorenen Boden geschädigt werden.

Regionale Vielfalt

Globale Klimafaktoren wie die geographische Breite oder die Lage der winterlichen Hochdruckgebiete werden durch regionale Effekte modifiziert, etwa Höhenlage, Nähe zum Meer oder gelegentlicher Einfluss polarer oder auch tropischer Luftmassen. Zudem hängt das Kleinklima eines Ortes von den speziellen geographischen Gegebenheiten vor Ort ab: Berge und Hügel beeinflussen es ebenso wie Flüsse oder Seen. So weist das Klima der riesigen Taigaregion trotz aller Gemeinsamkeiten eine große regionale Vielfalt auf.

Gletscherwanderungen im Denali-Nationalpark können nur im kurzen Taigasommer unternommen werden. Hier ist der Ruth Gletscher unter dem Mount McKinley zu sehen.

MONOTONE NADELWÄLDER

Heimat für Spezialisten

Botanisch betrachtet prägt Monotonie das Bild der Taiga, denn die borealen Nadelwälder des Nordens sind ausgesprochen artenarm. So findet man zwischen Skandinavien und Ostsibirien über tausende von Quadratkilometern immer die gleichen Bäume. Der Grund für diese Eintönigkeit ist aber nur allzu verständlich, wenn man bedenkt, mit welchen klimatischen Schwierigkeiten die Pflanzen in diesem Gebiet zu kämpfen haben. Schließlich handelt es sich bei der Taiga um ein Ökosystem, das sich bis in die Regionen jenseits des nördlichen Polarkreises hinzieht, in denen auch der Kältepol der Nordhalbkugel liegt. Aus diesem Grund schwanken die Temperaturen dieses Gebietes während eines Jahres auch zwischen –50 und +35 °C, und die Vegetationsperiode dauert durchschnittlich nur etwa 150 Tage. Mit diesen schwierigen Bedingungen kommen nur ganz bestimmte Pflanzen zurecht, so dass wir in der Taiga sehr spezialisierte Arten finden.

Dunkle Wälder, unendliche Moore

Auch wenn die Taiga überwiegend aus endlosen Wäldern besteht, gibt es doch auch beiderseits der Beringstraße immer wieder Gebiete, in denen die Monotonie der Nadelbaumherrschaft durch einen anderen Landschaftstyp unterbrochen wird. Ein Beispiel sind die unzähligen Moorbiotope, die in vielen Regionen recht häufig zu finden sind. Der Hauptgrund dafür ist das kalt-humide Klima, bei dem die Niederschlagsmenge höher ist als die Verdunstungsrate. So machen im finnischen Teil der Taiga die Moore oder die im Übergangsbereich zwischen Wald und Moor liegenden Gebiete etwa 40–60 % der Gesamtfläche aus. In einigen Taigaregionen wird die Landschaft außerdem durch viele große und kleine Seen geprägt, wie z. B. in Finnland. Außerdem gibt es in der Taiga Hochgebirgsregionen, etwa die Nordausläufer der Rocky Mountains in Kanada und Alaska oder die vergletscherten Gebirgsrücken in Skandinavien.

Nebel steigt aus den Nadelwäldern im kanadischen Yukon Territory.

Der in der Krautschicht der Taiga wachsende Siebenstern benötigt nur wenig Licht.

Im Finsterwald

Als dunkle Fichtentaiga wird ein vom äußersten Nordosten Europas bis nach Westsibirien verbreiteter Waldtyp bezeichnet, bei dem die Bäume so eng stehen, dass die Kronen aneinanderstoßen. In Nordeuropa ist die Gemeine Fichte (*Picea abies*) die vorherrschende Baumart dieser Wälder; weiter östlich wird sie durch die Sibirische Fichte (*Picea obovata*) abgelöst, wobei solche Bestände oft noch mit Sibirischen Zirbelkiefern (*Pinus cembra*), Sibirischen Tannen (*Abies sibirica*) und Sibirischen Lärchen (*Larix sibirica*) durchsetzt sind.

In einigen Taigawäldern wachsen die spitzkronigen Bäume so dicht nebeneinander, dass manchmal ein Kronenschluss von 70 % erreicht wird. Dadurch gelangt nur noch wenig Licht in Bodennähe, so dass größere Sträucher in diesen Wäldern zumeist fehlen. Dies hat aber nicht allein mit den Lichtverhältnissen zu tun, sondern häufig spielen auch andere Faktoren eine wichtige Rolle, etwa die Verfügbarkeit von Wasser, Besonderheiten des Klimas mit unterschiedlich hohen oder niedrigen Temperaturen, die Bodenbeschaffenheit des jeweiligen Standortes und vor allem auch die Konkurrenz anderer Pflanzen.

Dafür gibt es in der Regel eine Kleinstrauch- und eine Krautschicht, die aber beide nicht sehr üppig ausgebildet sind. Zu den typischen Arten, die in diesen Taigawäldern vorkommen, gehören Heidel- (*Vaccinium myrtillus*) und Preiselbeeren (*Vaccinium vitis-idaea*) sowie das Schattenblümchen (*Maianthemum bifolium*), das Moosauge (*Moneses uniflora*), der Siebenstern (*Trientalis europaea*) und der Waldsauerklee (*Oxalis acetosella*). Außerdem gibt es eine Reihe Orchideen, darunter der Blattlose Widerbart (*Epipogium aphyllum*), die Korallenwurz (*Corallorhiza trifida*), das Kleine Zweiblatt (*Listera cordata*) und die Nestwurz (*Neottia nidus-avis*). Fast immer sind auch Farne und Bärlappe vorhanden, etwa der Dornige Wurmfarn (*Dryopteris carthusiana*), der Eichenfarn (*Gymnocarpium dryopteris*) und Buchenfarn (*Thelypteris phegopteris*) sowie Sprossender Bärlapp (*Lycopodium annotinum*) und Gemeiner Flachbärlapp (*Lycopodium complanatum*).

Am üppigsten wachsen in der dunklen Fichtentaiga allerdings Moose, die den gesamten Boden häufig in einer Schicht bedecken, die eine Dicke von 30–40 cm erreichen kann. An Stellen mit besonders hohem Grundwasserstand, an denen sich die Fichten nicht optimal entwickeln können, hat die Moosschicht manchmal eine Mächtigkeit von bis zu 80 cm, wobei sich solche Wälder oft schon im Übergang zur Vermoorung befinden. Ist dieser Prozess schon sehr weit fortgeschritten, treten vermehrt Torfmoosarten (*Sphagnum spec.*) auf.

Nährstoffarmut und Permafrost

Die in einigen Regionen Eurasiens ebenfalls weit verbreiteten Kiefernwälder werden normalerweise als lichte Taiga bezeichnet. Hier dominiert die Gemeine Kiefer (*Pinus sylvestris*), die auch auf nährstoffarmen Sandböden vorkommt, wobei diese sowohl trocken als auch feucht sein dürfen. Auf nährstoffreicheren Böden wachsende Kiefernwälder zeigen in

Etwa die Hälfte der finnischen Taiga besteht aus Moorlandschaften.

Die in Nordamerika beheimatete Rote Schlauchpflanze fängt Insekten, um ihren Nährstoffbedarf zu decken.

ihrer Gliederung zahlreiche Übereinstimmungen mit dem Aufbau der Fichtenwälder, während in nährstoffarmen Wäldern mit flachgründigem Boden über alten, kristallinen Gesteinen oder sehr trockenem Sandboden kaum noch Unterwuchs vorhanden ist. Der Grund ist auch hier die starke Konkurrenz der Baumwurzeln, so dass man an solchen Stellen oft nur noch Strauchflechten findet, die das benötigte Wasser aus der Luft aufnehmen können. Typische Arten dieser Standorte sind die Rentierflechte (*Cladonia rangiferina*) und das Isländisch Moos (*Cetraria islandica*).

Die dritte Hauptgruppe bilden die Wälder der hellen Lärchentaiga, die teilweise gewaltige Ausmaße haben. Allein in Sibirien sind Gebiete von etwa 2,5 Mio. km^2 mit den sommergrünen Lärchen bedeckt, was rund einem Viertel der Gesamtfläche Europas entspricht. Vor allem in Ostsibirien ist die Lärchentaiga die vorherrschende Waldform, wobei die Dahurische Lärche (*Larix dahurica*) mit ihrem flachgründigen Wurzelsystem besonders gut an den dort vorherrschenden Dauerfrostboden (Permafrost) angepasst ist, der auch im Sommer kaum mehr als 1 m auftaut.

Das Unterholz ist in solchen Wäldern recht gut entwickelt. Häufig vorkommende Arten sind der Sibirische Wacholder (*Juniperus sibirica*) und die Mandelrose (*Rosa acicularis*), man findet aber auch Preiselbeeren, Sibirische Waldrebe (*Clematis sibirica*) sowie verschiedene Bärlapparten. Auf feuchteren Böden sind vor allem Sumpfporst (*Ledum palustre*) und Rauschbeere (*Vaccinium uliginosum*) zu finden; außerdem ist die Moosschicht hier gut entwickelt. Typisch ist, dass Lärchen an solchen Standorten oft Adventivwurzeln besitzen, also sprossbürtige Wurzeln, die ihnen das Überleben in feuchter Umgebung erleichtern.

Trügerischer Untergrund

Moore können sich in vielen Regionen der Taiga aus mehreren Gründen besonders gut entwickeln. So lassen die in den borealen Wäldern weit verbreiteten Podsolböden mit ihrer Ortsteinschicht das Wasser nur schlecht durch, so dass sich Niederschläge aufstauen. Ortstein ist ein durch Eisen- und Humusanreicherung steinhart verfestigter Teil der Podsole. Aber auch wenn diese Schicht fehlt oder nur schwach ausgebildet ist, kann das Wasser oft nicht versickern, weil die Böden lange gefroren sind. Dazu kommt, dass es in der Taiga viel flaches Gelände mit einem hohen Grundwasserspiegel gibt, was die Moorbildung begünstigt, besonders wenn der Abfluss in Flüsse und Bäche erschwert ist. Abhängig von der Herkunft des Wassers lassen sich die meisten Moore der borealen Nadelwaldzone zwei Hauptformen zuordnen, den topogenen und den ombrogenen Mooren.

Eine Voraussetzung für die topogenen Moore (Niedermoore) ist ein hoher Grundwasserspiegel. Man findet sie daher häufig in Senken und Tälern oder in Quellgebieten. Die Vege-

Lichtet sich der Wald, können sich Flechten entwickeln, die Wind und Wetter trotzen.

tation kann – abhängig vom jeweiligen pH-Wert des Wassers – etwas unterschiedlich sein. So kommen in Mooren mit kalkreichem Wasser hauptsächlich Seggen wie die Fadensegge (*Carex lasiocarpa*) vor, aber auch das Zierliche Wollgras (*Eriophorum gracile*) und verschiedene Moose sind zu finden. An bestimmten Stellen wachsen die Strauchbirke (*Betula humilis*) und unterschiedliche Weidenarten (*Salix spec.*). Dagegen findet man in den artenärmeren Mooren mit saurem Grundwasser überwiegend Torfmoose, beispielsweise das Gekrümmte Torfmoos (*Sphagnum fallax*) oder das Spitzblättrige Torfmoos (*Sphagnum cuspidatum*).
Bei ombrogenen Mooren (Hochmooren) stammt das vorhandene Wasser ausschließlich aus Niederschlägen (Regenmoore). Weil solche Biotope sehr nährstoffarm und zudem sauer sind, wachsen dort in der Hauptsache Torfmoose, die am unteren Ende ständig absterben, so dass sich die Mooroberfläche nach und nach erhöht. Da die Erhöhung im Zentrum zumeist am stärksten ist, entstehen häufig Hochmoore mit einer typischen uhrglasförmigen Wölbung, die bei großen Mooren bis 10 m hoch sein kann.
Blütenpflanzen findet man in ombrogenen Mooren vergleichsweise selten. In den Senken wachsen manchmal die Blasenbinse (*Scheuchzeria palustris*) oder die Schlammsegge (*Carex limosa*). Auf erhöhten Standorten findet man das Scheidige Wollgras (*Eriophorum vaginatum*), einige Zwergsträucher wie Moos- (*Vaccinium oxycoccos*) oder Rauschbeere, aber auch sog. Insekten fressende Pflanzen wie den Sonnentau (*Drosera spec.*) und in Nordamerika vor allem die Rote Schlauchpflanze (*Sarracenia purpurea*).

Flechten trotzen dem eisigen Wind

Die Hochgebirgsregionen der Taiga weisen gegenüber anderen Gebirgen einige Besonderheiten auf. So fällt der Neuschnee des Frühwinters in den Alpenregionen normalerweise auf einen Boden, der noch nicht gefroren ist. Und da die Schneedecke den Untergrund während des gesamten Winters bedeckt, herrschen unter dieser isolierenden Schicht in der Regel Temperaturen von etwa 0 °C, so dass die Vegetation sowohl vor Frostschäden, aber auch vor Frosttrocknis geschützt ist.
In den meisten Hochgebirgsregionen der Taiga sind die Voraussetzungen wegen der Permafrostbedingungen völlig anders. Dort fällt der Schnee fast immer auf bereits gefrorenen Boden, der natürlich auch unter einer Schneedecke nicht wieder auftaut. Außerdem sind viele der Gebirgsregionen vergleichsweise niederschlagsarm, so dass die Schneedecke nicht sehr dick ist. Dazu kommt, dass die Winterstürme in den Hochgebirgen der borealen Nadelwälder häufig viel stärker sind als in den Alpen und die vorhandene Schneedecke dadurch an vielen Stellen zusätzlich vom Wind abgetragen wird, ebenso wie eventuell vorhandene Feinerde. Dadurch fehlt den Pflanzen nicht nur die Wachstumsgrundlage, sondern die Wirkung des strengen Frostes ist außerdem so stark, dass die meisten Arten unter diesen Bedingungen nicht existieren können. Daher findet man in den Taigagebirgen zumeist auch keine dichten Pflanzenmatten wie in den Alpen, sondern in der Hauptsache Felsen bewohnende Flechten.

Der Dauerfrostboden ist ein häufiger Grund für die Bildung von Mooren, die das typische Bild der Taiga prägen.

Bei der Balz plustern sich die Birkhähne auf und versuchen einander auszustechen.

Das Birkhuhn: Balz im Morgengrauen

Das Balzritual, das Birkhähne im zeitigen Frühjahr auf baumlosen Moorflächen oder Waldlichtungen aufführen, gilt als eines der ungewöhnlichsten Schauspiele in der Vogelwelt. Typischerweise umkreisen sich die großen, laut kollernden Vögel dabei mit schleifenden Flügeln und aufgefächertem Schwanz, um von Zeit zu Zeit merkwürdig anmutende, von zischenden Lauten begleitete Sprünge zu machen.

Nächte im Schnee

Das Birkhuhn (*Lyrurus tetrix*) gehört zur Familie der Raufußhühner (Tetraonidae), wobei sich der Familienname auf die Befiederung der Läufe und Füße bezieht – eine Anpassung an die kalten Temperaturen ihrer Heimat. Die Art hat ein sehr großes Verbreitungsgebiet: Es reicht von Westeuropa bis zur Halbinsel Kamtschatka in Sibirien. Hier sind die Vögel hauptsächlich in Mooren, Heidelandschaften und lichten Birkensümpfen heimisch, aber auch in Waldgebieten mit vielen Freiflächen sowie in einigen Gebirgsregionen. Birkhühner nehmen vor allem pflanzliche Kost zu sich. Dazu gehören junge Triebe, Knospen und Blätter, im Spätsommer und Herbst auch Früchte und Samen. Allerdings verschmähen sie auch Insekten oder Würmer nicht. In schneereichen Wintern bleibt ihnen allerdings oft keine andere Wahl, als mit den Nadeln verschiedener Koniferen vorliebzunehmen. Bei besonders strengem Frost scharren sich die Tiere nachts häufig Schneehöhlen aus oder lassen sich einschneien, um sich vor der extremen Kälte zu schützen. In Mitteleuropa sind Birkhühner durch starke Bejagung, aber auch durch die Zerstörung von Moor und Heidelandschaften inzwischen selten geworden, während man sie in der Einsamkeit der Taigalandschaft noch recht häufig antrifft.

Die bis zu 50 cm großen und maximal 1500 g schweren Hähne erkennt man an ihrem schwarzblauen Gefieder mit großen, lyraförmig geschwungenen Schwanzfedern, weißen Unterschwanzdecken und einem weißen Flügelband. Außerdem bekommen sie zur Balzzeit leuchtend rote nackte Augenwülste, die »Rosen«. Die Hennen sind kleiner und unscheinbarer braun-schwarz gefärbt.

Begehrte Plätze im Zentrum der Arena

Im Frühjahr versammeln sich die Hähne schon vor dem Morgengrauen zur gemeinschaftlichen Balz auf einem freien Platz, wo der Wettstreit um die Gunst der Weibchen ausgetragen wird. Dabei halten sich die stärksten und farbenprächtigsten Hähne stets in der Mitte dieser Balzarena auf, während die jüngeren Tiere ihre Tänze am Rand aufführen müssen. Manchmal finden sich auf solchen Balzplätzen, die oft über Jahre hinweg benutzt werden, bis zu 50 Tiere ein. Doch es gibt auch Hähne, die ihr Glück in einsamer Einzelbalz versuchen.

Bei der Balz recken die Hähne Kopf und Hals und sträuben das Gefieder. So wirken sie für die Scheingefechte mit ihren Rivalen größer. Außerdem blasen sie ihren Halsluftsack auf, der dazu dient, die Balzlaute zu verstärken. Die durch das laute Kollern und Zischen der Hähne angelockten Hennen suchen sich nach Möglichkeit einen ranghohen Partner aus, so dass besonders junge Hähne oft keine Partnerin finden.

Nach der Paarung legt die Henne bis zu zehn Eier in eine gut ausgepolsterte Bodenmulde, und brütet sie etwa drei bis vier Wochen lang allein aus. Die Nester werden gern zwischen Zwergsträuchern angelegt, wo die unauffälligen Weibchen gut getarnt sind. Die Jungen sind am Boden zahlreichen Gefahren ausgesetzt, können jedoch bereits nach ungefähr 15–20 Tagen fliegen und sich dann allein vor Füchsen oder Mardern in Sicherheit bringen. Junge Birkhühner suchen zuerst unter Anleitung ihrer Mutter nach Futter, wobei auch Junghähne zur besseren Tarnung anfangs das unscheinbare Gefieder der Hennen besitzen. Im Herbst ändert sich ihr Federkleid, sie brauchen aber anschließend noch Jahre, bis sie zu einem stattlichen, ranghohen Hahn herangewachsen sind.

Grunzende Mischlinge

Ziemlich erstaunlich ist die Tatsache, dass es Kreuzungen zwischen Birkhühnern und den sehr viel größeren, aber nah verwandten Auerhühnern gibt – und zwar nicht nur bei Tieren in Menschenobhut, sondern ungeachtet der doch sehr unterschiedlichen Balz auch in der Natur. Die Nachkommen einer solchen Verbindung nennt man Rackelhühner. Allerdings sind »Fehltritte« dieser Art nicht sehr häufig, so dass es schon etwas ganz Besonderes ist, einmal einem Rackelhuhn im natürlichen Lebensraum zu begegnen. In Wildgehegen oder Zoos kann man solche Tiere dagegen häufiger finden.

Rackelhähne sind normalerweise graubraun bis dunkelbraun und mit etwa 75 cm sowie einem Gewicht von 2000–2500 g etwas größer als Birkhähne. Während der Balz geben die Vögel raue, schnarrende Laute von sich, die einem Grunzen ähneln und sich deutlich von den Balzlauten des Birkhahns unterscheiden. Aus der Natur sind bisher nur Kreuzungen von Auerhenne und Birkhahn bekannt, die man früher übrigens für steril hielt, was aber nicht zutrifft. Zumindest die Rackelhähne sind durchaus zeugungsfähig und pflanzen sich in der Natur auch regelmäßig mit Birkhennen fort.

Im Vergleich zu den Hähnen ist die Birkhenne unscheinbar.

Birkhuhn
Lyrurus tetrix

Klasse Vögel
Ordnung Hühnervögel
Familie Raufußhühner
Verbreitung Moore und Heidelandschaften von Westeuropa bis zur sibirischen Halbinsel Kamtschatka
Maße Länge: bis 50 cm
Gewicht bis 1,5 kg
Nahrung junge Triebe, Knospen, Blätter, Früchte, Samen, auch Insekten und Würmer
Zahl der Eier 6–10
Brutdauer 24–29 Tage

Die Waldeidechse: in vielen Biotopen zu Hause

Die Waldeidechse hat ein riesiges Verbreitungsgebiet – eines der größten aller Eidechsen. So kommen die Tiere von Bulgarien im Südosten und Nordspanien im Südwesten Europas bis nach Skandinavien vor, wo man sie sogar in der Nähe des Polarkreises findet. Noch gewaltiger ist aber die Ausdehnung ihres Lebensraumes von Westen nach Osten, denn dieses Gebiet erstreckt sich von Schottland und Irland bis in die sibirische Tundra.

Die Waldeidechse genießt ihr Sonnenbad auf einem Stein.

Von der Meeresküste bis ins Hochgebirge

Waldeidechsen (*Lacerta vivipara*) sind schlanke, 16 bis 18 cm große Reptilien mit einem lang gestreckten Rumpf, kurzen Beinen und einem kräftigen Schwanz. Beide Geschlechter haben einen bräunlichen Rücken mit unregelmäßigen hellen oder auch dunklen Flecken und Längsbinden; die Männchen erkennt man daran, dass Kehle und Hals bläulich, hellrot oder weißlich sind und der Bauch eine gelbliche bis orangerote Färbung mit kleinen dunklen Flecken aufweist. Dagegen ist die Unterseite der Weibchen normalerweise weißlich, grau oder gelb und höchstens im Bereich des Schwanzes dunkel gepunktet. Die Waldeidechsen gehören zur Familie der Echten Eidechsen (Lacertidae), ebenso wie die meisten anderen bei uns heimischen Eidechsen. Bevorzugte Lebensräume der sehr anpassungsfähigen Waldeidechse sind Wälder mit Lichtungen und Schneisen; man findet die Echsen aber auch in Mooren, Sumpfgebieten, auf nicht zu trockenen Wiesen, in Dünenbiotopen, an Wegrändern, in Heidegebieten sowie auf Böschungen und an Hängen. In Gebirgsregionen wie in den Alpen und den Karpaten hat man die Tiere bis in Höhen von 2500 m nachgewiesen, wobei sie sich in diesen Ökosystemen gern auf Blockschutthalden und Grasflächen mit vielen Steinen oder Felsbrocken aufhalten. Dort kann man gelegentlich auch mehrere Tiere beim Sonnenbaden auf einem größeren Stein beobachten, denn die Art zeigt kein sehr ausgeprägtes Territorialverhalten.

Gute Augen und Ohren

Zur Beute der flinken Reptilien gehören hauptsächlich Insekten und deren Larven sowie Spinnen und Würmer. Wie fast alle Echsen hat die Waldeidechse ausgezeichnete Augen, die ihr die Jagd erleichtern, viele Beutetiere werden auch mithilfe des guten Gehörs geortet. Die Tiere müssen gut sehen und hören, um sich rechtzeitig vor ihren zahlreichen Feinden in Sicherheit bringen zu können. Zu diesen zählen vor allem Schlangen wie die Kreuzotter (*Vipera berus*) und die Schlingnatter (*Coronella austriaca*).

Variable Fortpflanzungsstrategie

Je nach Verbreitungsgebiet endet der Winterschlaf der Waldeidechse zwischen Februar und Juni, wodurch auch der Beginn der Paarungszeit sehr unterschiedlich ist. So setzt die Fortpflanzungsaktivität der Echsen in Mitteleuropa normalerweise im April oder Mai ein, während dies in Nordeuropa und in Sibirien erst mehrere Wochen später der Fall ist. Zur Paarungszeit wird die Färbung der männlichen Tiere zumeist etwas intensiver und kontrastreicher, und es kommt nun auch häufig zu Kämpfen zwischen einzelnen Männchen.

Die Waldeidechsen gehören zu den Reptilien, die lebende Junge zur Welt bringen. Allerdings gibt es deutliche Unterschiede zur Embryonalentwicklung der Säugetiere, denn die Keimlinge werden nicht direkt vom Muttertier versorgt, sondern sie ernähren sich vom vorhandenen Eidotter. Der Vorteil liegt darin, dass sich der Keim gut geschützt im Körper des Weibchens entwickelt. Es kommt erst zur Eiablage, wenn die Jungtiere voll entwickelt sind. Nachdem die Eihülle geplatzt ist, bringen sich die jungen Eidechsen sofort in Sicherheit und suchen nach Futter.

Um derart weit in die kalten Gebiete des Nordens und Ostens vordringen zu können, war aber noch eine zusätzliche Anpassung notwendig. Gemeint ist eine verzögerte Eiablage. Während in Mitteleuropa lebende Exemplare dieser Reptilien ihre Jungen nach einer Entwicklungszeit von ca. drei Monaten zwischen Juli und September zur Welt bringen, werden die Jungen der Waldeidechsen aus den kälteren Regionen erst im darauffolgenden Frühsommer geboren. So bleibt ihnen vor dem stets früh hereinbrechenden Winter und der damit erzwungenen Ruhephase noch genug Zeit, heranzuwachsen und sich einen ausreichenden Fettvorrat anzufressen.

Die Anzahl der Jungen ist meist vom Alter und der Größe des Weibchens abhängig. Ältere Weibchen haben manchmal bis zu 15 Nachkommen, während es bei jüngeren Tieren oft nur drei bis vier sind. Die Jungechsen besitzen eine braune bis schwärzliche Rückenfärbung, die häufig einen leichten Bronzeschimmer zeigt; der Bauch ist dunkelgrau bis bläulich, manchmal auch grün. Mit drei Jahren nehmen die Jungtiere dann die Färbung der Eltern an.

Waldeidechse
Lacerta vivipara

Klasse Kriechtiere
Ordnung Schuppenkriechtiere
Familie Eidechsen
Verbreitung weite Teile Eurasiens
Maße Länge: 16–18 cm
Gewicht 3–5 g
Nahrung Insekten, Spinnen, Würmer
Tragzeit 3 Monate
Zahl der Jungen 3–12, selten bis 15 (lebend gebärend)
Höchstalter 7 Jahre

Die himmelblaue Färbung weist darauf hin, dass das Männchen paarungsbereit ist.

Moorfrösche: Überleben in saurem Milieu

Die Taiga, wo es in manchen Frostnächten –40 °C oder noch kälter werden kann, ist kein idealer Lebensraum für Amphibien. Dennoch findet man hier Lurche, die sich an diese extremen Bedingungen anpassen konnten. Zu ihnen gehört der Moorfrosch, dessen Verbreitungsgebiet von Mitteleuropa bis ins östliche Sibirien reicht. Seinen Namen verdankt er dem Umstand, dass er zu den wenigen Amphibien gehört, die sich so gut an die sauren Moorgewässer angepasst haben, dass sie sich dort sogar fortpflanzen können.

Überwinterung im Schlamm

Außer in Mooren kommt der Moorfrosch (*Rana arvalis*) auch noch auf Feuchtwiesen, in Bruchwäldern sowie in anderen Feuchtgebieten vor. Außerhalb der Paarungszeit lebt er vor allem an Land, wo er sich nachts auf die Suche nach Würmern, Spinnen, Insekten oder Schnecken macht. Normalerweise bleibt er immer in der Nähe von Gewässern, in deren Schlamm er auch überwintert.

Der Moorfrosch gehört zur Familie Ranidae (Echte Frösche), ist also mit dem bei uns häufigen Grasfrosch (*Rana temporaria*) verwandt, dem er außerhalb der Paarungszeit auch recht ähnlich sieht. Moorfrösche erreichen eine Länge von 5–7 cm; beide Geschlechter sind oberseits normalerweise bräunlich gefärbt, während der Bauch weiß bis gelblich ist. Allerdings ist die Färbung der Tiere sehr variabel, so dass es auch rötlich gefärbte Exemplare gibt oder solche mit einer fast schwarzen oder zumindest stark schwarz gefleckten Oberseite. Typisch sind außerdem eine helle Längsbinde und gut ausgebildete Drüsenleisten auf dem Rücken.

Paarungsrufe im himmelblauen Gewand

Die Männchen besitzen Schallblasen, die sie im Frühjahr zum Anlocken der Weibchen einsetzen. Allerdings sind diese nicht ausstülpbar wie bei vielen anderen Fröschen, so dass der nicht allzu laute Ruf eher an das Blubbern einer untergetauchten Flasche erinnert, aus der die Luft entweicht. Das typischste Merkmal des Moorfrosches ist aber sicher, dass sich die Männchen zur Paarungszeit leuchtend himmelblau verfärben. Dieser Farbwechsel kommt dadurch zustande, dass eine Flüssigkeit mit farbigen Pigmenten in spezielle Lymphräume unter der Haut gepumpt wird. Allerdings verblasst der auffällige Glanz innerhalb von wenigen Tagen wieder.

Nach der Paarung im Frühjahr, die abhängig vom Verbreitungsgebiet zu etwas unterschiedlichen Zeiten stattfinden kann, werden bis zu 2000 Eier im Laichgewässer abgelegt. Die Verwandlung der Kaulquappen zu Jungfröschen beginnt je nach Art des Gewässers nach zwei bis drei Monaten. So dauert die Entwicklung der Larven beispielsweise in saurem, nahrungsarmen Moorwasser deutlich länger als in anderen Gewässern, aber auch die jeweiligen klimatischen Bedingungen können eine Rolle spielen. Wenn der pH-Wert eines Laichgewässers allerdings unter 4 liegt, kommen selbst beim Laich des Moorfrosches zumeist keine oder nur noch sehr wenige Eier zur Entwicklung. Früher war der Moorfrosch auch in Mitteleuropa nicht selten, während er heute nur noch an vergleichsweise wenigen Stellen vorkommt.

Waldfrosch: der Vetter aus Nordamerika

Auf der anderen Seite der Beringstraße, in Nordamerika, nimmt der Waldfrosch (*Rana sylvatica*) die Stelle des Moorfrosches ein, denn er kommt ebenfalls bis weit in den Norden der borealen Nadelwälder vor. Nicht selten nutzen die Tiere sogar noch Tümpel in der Tundra Alaskas zur Eiablage. Auch ihr Laich kann sich, genau wie der des Moorfrosches, noch in vergleichsweise saurem Wasser entwickeln. Beide Arten ähneln sich zudem in Größe und Aussehen, wobei man die Waldfrösche bei genauerer Betrachtung an einem zusätzlichen dünnen, dunkelbraunen Streifen erkennen kann, der von der Schnauze zum Auge verläuft. Dass die Tiere die kalten Regionen im Norden besiedeln, ist in erster Linie darauf zurückzuführen, dass sie bei sinkenden Temperaturen den Glucosegehalt ihres Blutes deutlich erhöhen können. So beginnt die Leber des Waldfrosches schon im Spätherbst mit der Produktion von zusätzlichen Zuckermolekülen, wodurch sich der Blutzuckerspiegel im Verlauf der folgenden Wochen bis auf das 250fache des normalen Werts erhöht. So wird der Gefrierpunkt des Blutes deutlich herabgesetzt und die Kältetoleranz vergrößert. Waldfrösche gehören zu den sog. Explosivlaichern, bei denen alle paarungswilligen Tiere fast gleichzeitig in einem Gewässer erscheinen und ihren Laich in großen Ballen ablegen, die aus bis zu 3000 einzelnen Eiern bestehen. Manchmal ist die gesamte Eiablage nach einer Nacht beendet und der Tümpel schon am nächsten Tag wieder verwaist. Normalerweise erfolgt das Ablaichen im zeitigen Frühjahr, und die braunschwarzen Kaulquappen entwickeln sich dann mit den steigenden Temperaturen. Aber selbst wenn das Laichgewässer noch einmal zufriert, schlüpfen viele Kaulquappen. Normalerweise ist die Entwicklung der Larven nach etwa zwei Monaten abgeschlossen. Sollte das in einem Jahr aufgrund besonders ungünstiger Witterungsumstände nicht möglich sein, können die Larven sogar überwintern. Doch trotz dieser eigentlich guten Anpassung an ihren extremen Lebensraum beträgt die Ausfallrate bei den Nachkommen der Waldfrösche oft bis zu 95 %.

Der Waldfrosch verträgt nicht ganz so viel Kälte wie sein naher Verwandter, der Moorfrosch.

Moorfrosch
Rana arvalis

Klasse Lurche
Ordnung Froschlurche
Familie Echte Frösche
Verbreitung Feuchtgebiete von Westeuropa bis Ostsibirien
Maße Länge: 5–7 cm
Nahrung Insekten, Würmer, Spinnen, Schnecken
Zahl der Eier 500–2000 je Laichballen
Höchstalter etwa 10 Jahre

Die kanadische Hudsonbai gehört mit 1400 km Länge und fast 1000 km Breite zu den traditionellen Brutgebieten der Schneegänse.

Leben an Flüssen und Seen

Das Leben in und an den Flüssen Sibiriens stellt die meisten Pflanzen und Tiere vor ganz besondere Herausforderungen. Das beginnt schon damit, dass sogar die Fließgewässer viele Monate im Jahr von einer dicken Eisschicht bedeckt sind. Aber auch im Frühjahr, wenn das Eis zu schmelzen beginnt, verbessern sich die Lebensbedingungen kaum. Besonders gilt das für die viele tausend Kilometer langen Ströme wie Ob, Jenissej oder Lena, die von Süden quer durch den Kontinent ins Nordpolarmeer fließen. In ihnen türmen sich nun im Unterlauf gewaltige Eisdämme auf, weil das Eis in den südlichen Quellflüssen früher schmilzt als in der nordsibirischen Ebene. Dadurch kommt es an den Ufern regelmäßig zu gewaltigen Überschwemmungen. Einige Zeit später beginnen dann die aufgestauten Eisblöcke unter dem Druck der ständig nachströmenden Wassermassen mit lautem Getöse zu bersten und das Wasser schießt mit rasender Geschwindigkeit in Richtung Meer. Aber auch im vergleichsweise ruhigen Taigasommer ist das Leben an den Flüssen nicht einfach, weil wegen des Dauerfrostbodens eine räumliche Veränderung des Flussbettes kaum möglich ist und es beispielsweise keine Altarme gibt, die als Laichgewässer für Fische oder als Nahrungs- und Ruheplätze für andere Tiere zur Verfügung stehen. Und im Herbst sind dann schon wieder Überschwemmungen an der Tagesordnung.

Für die Kodiakbären, die sich meist von Gräsern und Wurzeln ernähren, sind die Lachse eine willkommene Abwechslung auf dem Speisezettel.

Fastfood für die Bären

Im Norden Amerikas ist die Landmasse von zwei großen Ozeanen begrenzt, die fast 5000 km voneinander entfernt liegen. Zwischen beiden Küsten verlaufen Gebirgszüge, die als Wasserscheide fungieren, so dass ein Teil der Flüsse in den Atlantik mündet, der andere in den Pazifik.
Und das lässt sich manchmal sogar an den Tieren erkennen, die in solchen Flüssen leben.

Ein Beispiel dafür sind die Lachse. So verbringt der Atlantische Lachs den größten Teil seines Lebens im Atlantik, bevor er dann zum Ablaichen in die Flüsse aufsteigt, die in den Atlantik fließen. Dagegen findet man die pazifischen Lachse, etwa den Quinnat (*Oncorhynchus tschawytscha*), nur in Flüssen, die in den Pazifik münden.
Den zahlreichen Braunbären, die sich zur Lachswanderung an den Flüssen des amerikanischen Nordens einfinden, ist es allerdings gleichgültig, ob es sich bei ihrer Beute um atlantische oder pazifische Lachse handelt. Das gilt auch für den riesigen Kodiakbären (*Ursus arctos middendorffi*), eine Unterart des Braunbären, der fast 800 kg schwer und 3 m groß werden kann. Die gewaltigen Tiere ernähren sich den größten Teil des Jahres überwiegend von Gräsern und Wurzeln, um sich im Frühjahr, wenn die Lachse wandern, in unersättliche Fischfresser zu verwandeln.

Seen ohne Schilfgürtel

Neben vielen großen und kleinen Flüssen gibt es im Bereich der borealen Nadelwälder aber auch unzählige Seen. In einigen Taigaregionen wird die Landschaft sogar regelrecht durch Seen geprägt, etwa in Teilen Finnlands, wo nach dem Abschmelzen der Eismassen am Ende der letzten Eiszeit Zehntausende von Seen zurückblieben. Und da die meisten Taigaseen sehr nährstoffarm sind und einen großen Teil des Jahres außerdem vergleichsweise niedrige Temperaturen herrschen, die den Stoffabbau verlangsamen, ist die Verlandung der Seen nur gering. Im Uferbereich findet man dort vor allem Schachtelhalme (*Equisetum spp.*) und große Seggen, z. B. die Schnabel-Segge (*Carex rostrata*). Schilfarten fehlen, weil sie mehr Wärme benötigen.
Auf dem nordamerikanischen Kontinent gibt es im Bereich der borealen Nadelwälder ebenfalls zahlreiche sehr große Seen. Dazu gehört im Übergangsbereich von Taiga und Tundra der Große Bärensee – mit einer Fläche von über 30 000 km^2 der achtgrößte See der Erde. Sein sehr kaltes Wasser ist bis zu acht Monate im Jahr zugefroren und daher vergleichsweise fischarm. Der weiter südlich liegende Große Sklavensee erreicht nicht die Ausmaße des Bärensees, ist dafür aber etwas fischreicher, wobei Forellen (*Salmo spp.*) und Renken (*Coregonus spp.*) die häufigsten Arten sind.

An den Ufern der zahlreichen Seen, wie hier an der Finnischen Seenplatte, wachsen vor allem Schachtelhalme und Seggen.

Sibirischer Winkelzahnmolch: Ein Lurch trotzt der Kälte

Der Sibirische Winkelzahnmolch ist zwar im Norden Eurasiens weit verbreitet, doch aufgrund seiner versteckten Lebensweise kaum zu sehen.

Sibirische Winkelzahnmolche haben ein riesiges Verbreitungsgebiet, denn sie kommen von der russischen Republik Komi diesseits des Ural bis nach Kamtschatka und Sachalin im Osten sowie von Nordsibirien bis hinunter nach Iran und nach Afghanistan vor. Außerdem überschreitet die Art als einziger Schwanzlurch den 66. Grad nördlicher Breite, so dass man die Tiere beispielsweise auch in der Gegend von Werchojansk in Ostsibirien findet.

Sibirischer Winkelzahnmolch
Hynobius keyserlingii

Klasse Lurche
Ordnung Schwanzlurche
Familie Winkelzahnmolche
Verbreitung Norden des asiatischen Teils Russlands, japanische Nordinsel Hokkaido
Maße Länge: Männchen 16 cm, Weibchen 13 cm
Nahrung Insekten und Würmer
Geschlechtsreife mit 2–3 Jahren
Zahl der Eier 20–80
Höchstalter 30 Jahre (in Kältestarre bis 100 Jahre)

Verlangsamte Lebensfunktionen

Der Sibirische Winkelzahnmolch (*Hynobius keyserlingii*) hat zwar große Ähnlichkeit mit den bei uns heimischen Molchen, etwa dem Teichmolch (*Triturus vulgaris*), wird aber in eine sehr viel urtümlichere Gruppe gestellt, die man als Niedere Schwanzlurche (Unterordnung Cryptobranchoidea) bezeichnet. Der Teichmolch gehört dagegen zu den Höheren Schwanzlurchen (Salamandroidea). Es handelt sich um schlanke, höchstens 16 cm große Lurche mit einem seitlich zusammengedrückt wirkenden Körper und 13–15 auffälligen Rippenfurchen. Auf dem Rücken verläuft eine helle, meist bronzefarbene Längsbinde; die Flanken sind etwas dunkler gefärbt und weisen im unteren Bereich ein helles Punktmuster auf, während der Bauch grau gefleckt ist.

Die Winkelzahnmolche sind hervorragend an die in ihrem Lebensraum sehr niedrigen Wintertemperaturen angepasst. So überleben die Tiere Frostperioden mit Werten unter –40 °C in einer Kältestarre mit herabgesetztem Stoffwechsel. Man hat schon Tiere tief im sibirischen Dauerfrostboden gefunden, die nach jahrelanger Starre ihr normales Leben wieder aufnahmen, sobald man sie an die Erdoberfläche gebracht hatte. Als ein solches, in 8 m Tiefe gefundenes Exemplar mithilfe der Radiokarbonmethode auf sein Alter hin untersucht wurde, stellte man Erstaunliches fest: Der Molch, der sich sehr lange im Zustand der Kältestarre befunden haben musste, war zwischen 75 und 100 Jahre alt. Tiere, die jedes Frühjahr aus der Starre erwachen, leben höchstens 20–30 Jahre.

Versteckte Lebensweise

Außerhalb der Paarungszeit lebt der Sibirische Winkelzahnmolch sehr versteckt an feuchten Plätzen, unter Blättern, Baumwurzeln und Steinen, wobei der Unterschlupf sich meist nicht sehr weit entfernt von einem Gewässer befindet. Die behäbigen Amphibien, die schon herumzukriechen beginnen, wenn die Temperatur auf gerade einmal 1 °C ansteigt, ernähren sich hauptsächlich von Insekten und Würmern, denen sie normalerweise in den Abend- und frühen Morgenstunden nachstellen. Bei Regenwetter kann man sie aber auch tagsüber auf der Nahrungssuche antreffen. Ihre Beute finden die Tiere vor allem dank ihres guten Geruchssinns, denn die Augen sind klein und nicht sehr leistungsfähig, und das Gehör ist ebenfalls schwach entwickelt. Die Larven besitzen zusätzlich ein Seitenliniensystem, mit dem sie Druckschwankungen im Wasser wahrnehmen können. Auf diese Weise spüren sie Beutetiere auf, die sich bewegen, oder bemerken die Annäherung eines Räubers.

Riesensalamander

Riesensalamander sind nahe Verwandte des Sibirischen Winkelzahnmolches. Sie können eine Länge von 150 cm und ein Gewicht von über 10 kg erreichen. Die großen Lurche, die ihr ganzes Leben im Wasser verbringen, machen eine nur unvollständige Metamorphose durch: Sie verlieren zwar die Kiemen und gehen zur Luftatmung über, behalten aber die Larvenbezahnung und andere Larvenmerkmale. Riesensalamander leben in der Nähe schnell fließender Gewässer, wo sie sich tagsüber in einem dunklen Unterschlupf verkriechen. Nachts kommen sie zur Jagd auf Fische, Frösche, Regenwürmer und Insektenlarven heraus. Die Weibchen legen bis zu 600 Eier, die vom Männchen bewacht werden.

Auch wenn er zehnmal so lang ist – der Riesensalamander ist eng mit dem Winkelzahnmolch verwandt. Hier ist ein Exemplar des Chinesischen Riesensalamanders zu sehen.

Fortpflanzung im Schmelzwasser

Zur Fortpflanzung suchen die Tiere oft schon während der Schneeschmelze ihre Laichgewässer auf. Häufig sind die Gewässer um diese Zeit noch von Eisresten bedeckt und weisen Temperaturen um den Gefrierpunkt auf. Daher müssen die Eier der Winkelzahnmolche recht unempfindlich gegen Kälte sein; sie überstehen sogar kurzzeitiges Einfrieren im Eis. Vor der Eiablage sucht sich das Weibchen eine Wasserpflanze mit größeren Blättern oder auch einen ins Wasser gefallenen Zweig, an dem es unter heftigem Winden und Strecken des gesamten Körpers einen 5–6 cm langen Laichsack mit 20–80 Eiern ablegt. Diese ungestümen Bewegungen sind das Zeichen für alle in der Nähe lauernden Männchen, sich auf das Gelege zu stürzen und die Eier zu besamen. Die äußere Befruchtung der Eier unterscheidet auch die Niederen von den Höheren Schwanzlurchen, bei denn bei letztgenannter Unterordnung werden die Eier im Körper des Weibchens befruchtet.

Störe: Kaviar und mehr

Wie die Haie, die eine ähnliche Schwanzflosse besitzen, sind die Störe sehr urtümliche Fische.

Zur Familie der Störe (Acipenseridae) gehören die größten Fische, die man im Süßwasser finden kann. Einige Arten leben im nordostasiatischen Raum, darunter der manchmal über 5 m lange Sibirische Hausen (*Huso dauricus*). Er kommt hauptsächlich im Einzugsgebiet des Amur vor, der über mehr als 1000 km die Grenze zwischen Russland und China bildet.

Urtümliche Riesen

Die Störe sind eine sehr alte Fischgruppe, deren frühe Vertreter bereits vor 250 Mio. Jahren die Erde bevölkerten und die sich bis in die heutige Zeit nur wenig verändert hat. Sie weisen noch eine Reihe primitiver Merkmale auf, etwa das sog. Spritzloch, über das sauerstoffreiches Wasser für die Kiemen eingesaugt wird, oder auch die heterocerke Schwanzflosse, wie man sie von den Haien kennt: Der obere Teil der Flosse ist größer als der untere. Typisch für Störe ist außerdem der schlanke, spindelförmige Körper, der am vorderen Ende in einer ungewöhnlich lang ausgezogenen, warzigen Schnauze endet. Am unterständigen, rüsselartig ausstülpbaren Maul sitzen vier Barteln; Zähne haben die gefräßigen Fische dagegen nicht. Die Haut der Störe ist nicht von normalen

Schuppen bedeckt, ihr Körper wird stattdessen durch große, von Schmelz überzogene Knochenschilde geschützt. Das Skelett besteht überwiegend aus Knorpelmasse, wie es auch bei anderen urtümlichen Fischen, etwa Haien oder Rochen, der Fall ist. Es gibt ungefähr 25 verschiedene Arten, die alle auf der Nordhalbkugel heimisch sind. Viele Störe sind Wanderfische, ziehen also zur Eiablage die Flüsse hinauf, während sie den größten Teil des Jahres im Meer zubringen. Geeignete Laichplätze sind saubere Sandbänke an strömungsreichen Flüssen.

Als Delikatesse begehrt

Störe gehören in ihrer Heimat zu den beliebtesten Nutzfischen, denn sie liefern nicht nur schmackhaftes Fleisch, sondern vor allem den begehrten Kaviar. Dabei handelt es sich um den gesalzenen Rogen (also die Eier), den man gewinnt, indem man den gefangenen Weibchen den Bauch aufschlitzt. Bereits in der Antike galt er als Delikatesse; die Römer servierten ihn beispielsweise dekorativ auf Blütenblättern. Später trat der Kaviar von den russischen Fürstenhöfen aus seinen Siegeszug ins übrige Europa an.
Zur Herstellung von Kaviar muss man den Rogen aus dem aufgeschnittenen Störweibchen herausdrücken, entfetten und durch ein Sieb streichen, um den reichlich vorhandenen Schleim zu entfernen. Anschließend werden die Eier gewaschen und gesalzen. Der teuerste Kaviar ist der Beluga-Kaviar. Aber auch der Sibirische Hausen und der Sibirische Stör wurden in der Vergangenheit für die Herstellung dieser Delikatesse in großer Zahl gefangen. Der Sibirische Hausen kann eine Länge von über 5 m erreichen und dann mehr als eine Tonne wiegen, wobei Tiere solchen Ausmaßes schätzungsweise 80 Jahre alt sind. Sie ernähren sich hauptsächlich von Fischen und Krebsen; Jungtiere dagegen fressen vor allem Insektenlarven und Würmer. Die Geschlechtsreife erreichen die Störe erst im Alter von 15–20 Jahren; das Ablaichen erfolgt normalerweise nur alle vier bis fünf Jahre. Dann werden allerdings oft mehr als 1 Mio. Eier abgelegt. Der Sibirische Stör ist deutlich kleiner als der Sibirische Hausen: Die Tiere werden normalerweise nicht länger als 2 m und wiegen dann etwas mehr als 100 kg. Es handelt sich um braungraue bis dunkelbraune, manchmal auch fast schwarze Fische mit einem weißlichen bis gelben Bauch, die ebenfalls erst mit 15–20 Jahren geschlechtsreif werden.

Gefährdung durch Überfischung

Fast alle größeren Störarten sind heute durch die starke Überfischung, aber auch durch sich ständig verschlechternde Umweltbedingungen in ihrem Bestand gefährdet. So sinkt im Amur und seinen Nebenflüssen,

Barteln dienen als Geschmacks- und Tastorgane; mit ihnen suchen die Störe auf dem Boden nach Nahrung.

in denen der Sibirische Hausen heimisch ist, seit Jahrzehnten die Wasserqualität, was u. a. auf die starke Erdölförderung und auf Abwässer aus Bergwerken zurückzuführen ist. Wie dramatisch der Rückgang dieser Art ist, lässt sich an den Fangzahlen ablesen. Fing man 1881 noch knapp 600 t des Sibirischen Hausen, so waren es 1948 nur noch 61 t. Danach wurden erste Schutzmaßnahmen ergriffen, die die Bestände wieder stabilisierten.
Beim Sibirischen Stör ist der Rückgang noch dramatischer. So wurden in den 1930er Jahren im Ob jährlich noch über 1410 t dieser Art gefangen – 1997 waren es dagegen nur noch 11 t. Ähnlich gering sind die Fänge momentan im Jenissej und in der Lena, wo jeweils unter 20 t pro Jahr ins Netz gehen. Der Grund für den starken Rückgang der Populationen ist – neben den hohen Fangquoten – vor allem der Bau von Staudämmen in vielen großen russischen Flüssen, die den Stören den Weg in ihre Laichgewässer versperren.

Sibirischer Stör
Acipenser baeri

Klasse Knochenfische
Ordnung Störartige
Familie Echte Störe
Verbreitung Flüsse und Seen Sibiriens
Maße Länge: bis 2 m
Gewicht meist ca. 100 kg, selten bis 200 kg
Nahrung Würmer, Weichtiere, Krebse, kleine Fische
Geschlechtsreife mit 15–20 Jahren
Zahl der Eier meist über 1 Mio.
Höchstalter etwa 100 Jahre, in Menschenobhut bis 150 Jahre

Winterstimmung in einem kleinen Dorf am Nordufer des Baikalsees

Gleich mit mehreren Superlativen kann der Baikalsee aufwarten: Er ist der tiefste und älteste Süßwassersee der Erde und stellt das größte, nicht in Form von Eis gebundene Süßwasserreservoir der Erde. Die vielfältige endemische, d. h. nur in diesem See und an seinen Ufern zu findende Flora und Fauna hat ihm den Beinamen »russisches Galápagos« verliehen. Für die UNESCO war dies Grund genug, den Baikalsee 1996 als Weltnaturerbe auszuweisen. Doch der Schutzstatus konnte nicht verhindern, dass seine Tier- und Pflanzenwelt und die an den Seeufern lebenden Menschen mehr und mehr schädlichen und folgenschweren Umwelteinflüssen ausgesetzt sind.

Einzigartiger Baikalsee

Der tiefste See der Erde ist an fast allen Seiten von Gebirgsketten umgeben.

Ein Riss in der Erdkruste

Der Baikalsee ist mit einem Alter von ungefähr 25 Mio. Jahren so alt wie die ihn umgebenden Gebirge. Er ist Teil eines 8–9 km tiefen Grabenbruchsystems, das durch die Kollision des indischen Subkontinents mit Eurasien während des Tertiärs entstand. Dieser geotektonische Prozess ist noch längst nicht abgeschlossen – immer wieder kommt es in der Region zu starken Erd- oder Seebeben – und der See wächst jährlich um etwa 2 cm in die Breite. Auch die zahlreichen Thermalquellen am Seeboden künden von der tektonischen Aktivität.
Der Baikalsee gliedert sich in drei unterschiedlich tiefe Becken, deren Boden aus Millionen Jahre alten Sedimentschichten besteht. Seit 1993 werden diese Schichten von einem internationalen Bohrprojekt, dem Baikal Drilling Program (BDP) untersucht. Die Bohrkerne erlauben Rückschlüsse über klimatische, geologische und ökologische Bedingungen in der Vergangenheit der Seeregion.

Leben im glasklaren See

Der tiefe Baikalsee gehört zu den reinsten und klarsten Gewässern auf der Erde. Besonders klare Seen, die wenig Nähr- und Mineralstoffe, aber viel Sauerstoff enthalten, werden als oligothrophe Seen bezeichnet.
Im Baikalsee beträgt die maximale Sichttiefe 40 m und erreicht damit einen Rekordwert. Trotz der vielen Zuflüsse ist der Wasseraustausch über den gesamten See hinweg relativ gering und anfällig gegenüber Schadstoffanreicherungen. Der große Saubermacher im Baikalsee ist der winzige Ruderfußkrebs (*Epischura baicalensis*). Die Krebstierchen stellen rd. 90 % der gesamten Biomasse im See, vertilgen Algen und Bakterien in großen Mengen und produzieren Sauerstoff.
Die Zahl der an und im Baikalsee lebenden Tier- und Pflanzenarten bzw. -unterarten wird mit 2500 angegeben, davon kommen zwei Drittel nur hier vor. Zu den vielen endemischen Seebewohnern gehört neben der Baikalrobbe und dem Großen Ölfisch auch der wohlschmeckende Omul (*Coregonus autumnalis migratorius*); die Felchenart bildet die Lebensgrundlage der Fischer. Seine Vorfahren stammen aus einem nördlichen Urmeer, das sich einmal bis in den Süden Sibiriens ausdehnte. Am finsteren Seegrund leben neben Schalentieren und dichte Bestände bildenden Süß- und Salzwasserschwämmen Plattwürmer, die hier bis zu einem halben Meter lang werden.
Zu den vielen Landsäugetierarten zählen der Nördliche Pfeifhase, das Sibirische Streifenhörnchen sowie Zobel, Moschustier und Sibirischer Rothirsch, zu den Vogelarten Seeadler, Alpenschneehuhn, Schwarzer Milan und der Malayen-Wespenbussard. In den dichten Wäldern der Baikalseeregion wachsen vor allem Nadelbäume, darunter Lärchenarten wie *Larix dahurica*, Kiefernarten wie *Pinus sibirica* und Erlenarten wie *Alnus glutinosa*.

Bedrohtes Paradies

Durch eingeleitetes Abwasser aus den Papier- und Zellstoffbetrieben am Ufer ist die »Perle Sibiriens«, wie der Baikalsee auch genannt wird, jedoch in Gefahr. Auch der Zufluss Selenga bringt jährlich etwa 33,2 Mio. km^3 ungeklärtes Abwasser in den See ein, das vor allem aus der südöstlich gelegenen Stadt Ulan-Ude mit ihren Fabriken stammt. Am See liegen 16 größere Siedlungen und rd. 50 Industriebetriebe und Wasserkraftwerke. Viele schon seit 1987 bestehende Schutzverordnungen werden immer noch nicht umgesetzt.

Im Winter friert der Baikalsee vom Land aus zur Mitte hin ganz zu.

Auf den Ushkani-Inseln inmitten des Baikalsees befindet sich ein Liegeplatz der Baikalrobben. Dort kann man sie auf geführten Touren besonders gut beobachten.

Die Baikalrobbe: ein Meeressäuger im Süßwasser

Baikalrobbe
Phoca sibirica

Klasse Säugetiere
Ordnung Raubtiere
Familie Hundsrobben
Verbreitung nur im Baikalsee
Maße Kopf-Rumpf-Länge: 1,3 m
Gewicht etwa 65 kg
Nahrung Fische
Geschlechtsreife mit 4 Jahren
Tragzeit 9 Monate
Zahl der Jungen 1, selten Zwillinge

Zur einzigartigen Tierwelt des Baikalsees gehört die Baikalrobbe (*Phoca sibirica*). Zwar leben auch andere Unterarten von Seehund und Ringelrobbe teilweise im Süßwasser, aber einzig die Baikalrobbe hat sich ganz auf diesen Lebensraum eingestellt.

Rätselhafte Herkunft

Unklar ist, wie diese Robbe überhaupt den Weg ins Süßwasser gefunden hat. Einer gängigen Theorie zufolge stammt die mit einer Länge von maximal 1,3 m und einem Gewicht von ca. 65 kg kleinste aller heutigen Robben von der Ringelrobbe ab. Die Bestände sind jedoch schon seit 500 000 Jahren voneinander getrennt, und die nächsten Verwandten der Baikalrobbe, die Eismeer-Ringelrobben (*Phoca hispida*), leben etwa 3200 km entfernt. Wie die Tiere in den abgelegenen See kamen, ist nach wie vor rätselhaft; Forscher nehmen aber an, dass sie während der Eiszeiten aus dem Nordpolarmeer in den Baikalsee eingewandert sind. Einer anderen Hypothese zufolge soll es einen unterirdischen Kanal zwischen dem Nordmeer und dem Baikalsee gegeben haben. Bis heute ist jedoch keine der beiden Vorstellungen schlüssig bewiesen.

Eine Vorliebe für Eis

Die zur Familie der Hundsrobben (Phocidae) gehörende Baikalrobbe ist im Vergleich zu ihrer arktischen Verwandten, der Eismeer-Ringelrobbe, etwas heller gefärbt. Ihre Körperoberseite ist dunkelgrau, die Unterseite etwas heller, manchmal zeigt sich auch eine undeutliche Fleckenzeichnung, wie sie für Ringelrobben typisch ist. Baikalrobben leben bevorzugt in ufernahen Regionen und haben eine Vorliebe für das Eis. Wenn die Durchschnittstemperaturen im Januar und Februar auf –19 °C fallen, schließt sich die Eisdecke des Sees; sie bricht erst im Mai wieder auf. Bis zu 90 cm dick wird die Schicht und die Robben sind dann gezwungen, sich im Bereich von Eislöchern oder thermischen Quellen aufzuhalten, die ein Zufrieren des Sees verhindern.

Der Nachwuchs

Wegen der besseren Nahrungsbedingungen sammeln sich die Baikalrobben im Sommer im südöstlichen Teil des Sees. Dann findet man auch größere Ansammlungen der ansonsten eher allein lebenden Tiere. Bei ihren ausgiebigen Fischzügen in bis zu 300 m Tiefe kommt ihnen das im Vergleich zu anderen Robben deutlich vergrößerte Blutvolumen zugute, das viel Sauerstoff bindet. So können sie bis zu einer Stunde unter Wasser bleiben. Im späten Winter gehen die trächtigen Weibchen aufs Eis, sobald die Decke tragfähig ist. In der Nähe eines Atemlochs graben sie sich in einer Schneeverwehung eine Höhle, die die Jungtiere vor widrigen Witterungsbedingungen wie auch vor Wölfen schützt. Dort bringen die Weibchen meist ein einzelnes Junges zur Welt. Das reinweiße Embryonalhaarkleid wird nach etwa sechs Wochen durch ein gelblich grünes Jugendfell ersetzt. Wegen der dicken Eisschicht dauert die Säugephase mit ca. zehn Wochen etwa doppelt so lange wie bei anderen Hundsrobben. Wo das Eis des Sees früher aufbricht, werden die jungen Robben kürzer gesäugt. Im Frühjahr bilden sich oft Fressgemeinschaften aus 200–500 halbwüchsigen Tieren. 1990/91 stattete man mehrere jugendliche Tiere mit Sendern aus und stellte fest, dass diese je nach Nahrungsvorkommen innerhalb weniger Monate bis zu 1600 km lange Wanderungen im See unternahmen.

Starke Gefährdung

Auf ganze 60 000 Tiere schätzen Biologen die Zahl der Baikalrobben – und verweisen auf die rasch fallende Tendenz, denn jährlich finden etwa 10 000 Tiere durch Jäger und Wilderer den Tod. Die Robbenjagd ist für viele Bajuwaken eine wichtige Einkommensquelle und noch immer legal. So überleben kaum 10 % der Jungtiere die Jagdsaison im Frühjahr, wodurch der Bestand überaltert. Mit der Industrialisierung der Gegend rund um den Baikalsee wird den Tieren auch noch der natürliche Ruheraum genommen, den sie zur Aufzucht der Jungen benötigen. Auch die Klimaerwärmung wirkt sich fatal aus, da die südliche Hälfte des Sees später zufriert und eher auftaut als früher, was die Fortpflanzungszeit für die Robben sehr stark verkürzt.

Auf dem zugefrorenen See bekommen die Baikalrobben ihre Jungen, die so lange gesäugt werden, bis das Eis aufbricht.

Der Große Ölfisch: nur im Baikalsee zu Hause

Der Körper des in jeder Hinsicht ungewöhnlichen Großen Ölfischs besteht zu einem Großteil aus Fett.

Mit seinem riesigen Kopf und der tiefen Mundspalte, dem lang gestreckten, schlanken und schuppenlosen Körper, so glasig und durchscheinend, dass man das Skelett erkennen kann, und mit Brustflossen, fast so lang wie der halbe Körper, bietet der Große Ölfisch (*Comephorus baicalensis* oder *baikalensis*) einen ungewohnten Anblick.

Fett für den Auftrieb

Große Ölfische sehen nicht nur seltsam aus, sie sind auch in manch anderer Hinsicht ungewöhnlich. So besitzen sie im Gegensatz zu den meisten pelagischen (im offenen Wasser lebenden) Fischen beispielsweise keine mit Luft gefüllte Schwimmblase. Diese Süßwasserfische setzen stattdessen auf Fett, um ihre Dichte zu verringern und damit ihren Auftrieb zu erhöhen: Ein Drittel bis 40 % ihres Körpers bestehen aus Fettgewebe und diesem Fettreichtum verdankt der Große Ölfisch auch seinen Namen: »Obwohl guter Schwimmer,«, heißt in »Brehms Tierleben« von 1882–1887, »vermag er nicht, bei heftigen Stürmen dem Andrang der Wogen zu widerstehen, wird vielmehr während jeden derartigen Unwetters in zahlreicher Menge an den Strand geschleudert und hier von den Anwohnern begierig aufgesammelt, weil man seinen mit öligem Fette förmlich durchzogenen Körper gleichsam als Ölfrucht ansieht und einfach presst, um Öl zu gewinnen.«

Geburt der Jungen – Tod der Alten

Große Ölfische, von den Einheimischen Golomyanka genannt, leben tagsüber in großen Schwärmen in 100–300 m, manchmal sogar in bis zu 750 m Tiefe. Dabei meiden sie Buchten und seichtes Wasser, denn das ist der Herrschaftsbereich der Baikalgroppen (Gattung *Cottocomephorus*), die ebenfalls im Baikalsee leben, allerdings nur in Küstennähe.

Die Weibchen des Großen Ölfisches können eine Länge von knapp 20 cm erreichen (die Männchen bleiben deutlich kleiner) und je nach Größe 1000–3000 Junge gebären. Es findet eine innere Befruchtung durch Begattung statt. Anders als die meisten Fische ist diese Art lebend gebärend (vivipar). Dazu steigen die Weibchen in die oberen Wasserschichten, die Männchen bleiben in der Tiefe. Die Geburt ihrer Jungen (September bis Oktober) ist für die Mehrzahl der Weibchen gleichzeitig das Todesurteil: Meist reißt ihr Bauchgewebe auf und sie sterben. Wegen ihres hohen Fettgehalts gehen die toten Tiere im Allgemeinen nicht unter, sondern schwimmen an der Oberfläche – ein Festmahl für Fischfresser, ob Vögel oder Säugetiere.

Da der Anteil der Männchen an der Gesamtpopulation beim Großen Ölfisch nur 3–4 % beträgt, gibt es neben ihnen nach dem Tod der meisten Weibchen fast nur Larven bzw. Jungfische. Tagsüber bleiben sie in größeren Tiefen, nachts steigen sie auf bis zu etwa 10 m unter der Wasseroberfläche empor. Mit diesen Vertikalwanderungen folgen sie ihren Beutetieren – kleinen Krebsen, vorwiegend Hüpferlingen wie *Epischura baicalensis*. Diese ebenfalls endemische Art bildet die Basis der Nahrungskette im See. Ältere Fische jagen mit ihren kleinen, spitzen Hakenzähnen auch Larven und Jungfische der Baikalgroppen. Wenn der Morgen graut, müssen Ölfische wieder in die eiskalte Tiefe zurückkehren, denn sobald die Sonne die Wasseroberfläche erwärmt, würden sich die Tiere überhitzen – das Fett in ihrem Körper verändert dann seine Struktur – und eingehen.

Trotz ihres Fettreichtums haben Große Ölfische keine direkte kommerzielle Bedeutung; als endemische Fischart sind sie jedoch im Baikalsee höchst erfolgreich: So machen sie 67 % der Fischbiomasse im See aus und spielen damit für dessen Ökosystem eine entscheidende Rolle.

Der kleine Verwandte

Die Weibchen des ebenfalls sehr fettreichen Kleinen Ölfisches werden nur etwa 14 cm lang; sie sind lebend gebärend und bringen ihre Jungen im Februar/März zur Welt. Anschließend sterben auch bei den Kleinen Ölfischen die Weibchen. Bei dieser Art unternehmen die Jungfische jedoch keine täglichen Vertikalwanderungen. Kleine Ölfische leben in Tiefen unter 1000 m und ihre winzigen Augen kennzeichnen sie als typischen Tiefseefisch. Diese Lebensweise ist eigentlich ungewöhnlich für Süßwasserfische, aber der Baikalsee ist mit seiner Tiefe von mehr als 1600 m auch kein gewöhnlicher See.

Großer Ölfisch
Comephorus baicalensis

Klasse Knochenfische
Ordnung Panzerwangen
Familie Ölfische
Verbreitung nur im Baikalsee
Maße Länge: Weibchen bis 20 cm, Männchen kleiner
Nahrung kleine Krebse, auch Fischlarven und Jungfische
Zahl der Jungen 1000–3000 (lebend gebärend)

Begrenzter Lebensraum: Endemiten

Endemische Arten oder Populationen sind Lebewesen, deren Vorkommen auf ein eng umgrenztes Gebiet beschränkt ist. Wenn ein Lebensraum geografisch isoliert ist und sich die dort beheimateten Arten nicht ausbreiten oder abwandern können, ist Endemismus die Folge. Dazu kann es beispielsweise kommen, wenn sich in einem Gebiet eine neue Art entwickelt (Entstehungsendemismus), oder wenn früher weiter verbreitete Populationen aussterben und in einem oder einigen wenigen Restarealen Reliktpopulationen zurückbleiben (Reliktendemismus). Inseln, Gebirgstäler und Seen sind oft reich an endemischen Tier- und Pflanzenarten und so für den Naturschutz besonders wichtig, denn eine Zerstörung dieser Biotope führt zum Verlust aller nur dort vorkommenden Tier- und Pflanzenarten.

DIE TIERWELT

Anpassungsfähigkeit sichert das Überleben

Die begrenzte Nahrungsgrundlage in der Taiga schränkt die Anzahl der Tiere ein, die hier ein Auskommen finden. Auf 1 km² Taiga leben nur einige wenige hundert Vögel. Besonders arm an Tieren sind die Lärchenwälder im Nordosten Asiens. Zu den häufigsten Säugetieren im Nadelwald-

DER NADELWÄLDER

gürtel gehören Nagetiere wie Rötelmäuse oder Hörnchen, die von Pflanzen und deren Samen leben. An den zahlreich vorhandenen Tümpeln, Seen und Flüssen finden Wasser liebende Tiere wie Biber und Fischotter einen Lebensraum. Auch Stech- und Kriebelmücken sowie Gnitzen entwickeln sich in den Gewässern. Ebenfalls findet man viele Pelztiere wie Nerze, Zobel sowie Bisamratten, Füchse, Luchse, Braunbären oder den Sibirischen Tiger in der Taiga.

Im Winter erschwert der Schnee den Tieren – hier ein Elch – die Nahrungssuche. Sie fressen dann aus der Schneedecke ragende Zweige und Rinden.

Den Winter überstehen: Tiefschlaf und andere Strategien

In der Taiga wechseln mit den Jahreszeiten auf extreme Weise auch die Lebensbedingungen für ihre Bewohner. Diese müssen im ausgedehnten Winter sowohl monatelanger Eiseskälte als auch dem extremen Nahrungsmangel trotzen. Zahlreiche Säugetiere der Taiga legen sich deshalb zum Winter hin besonders dicke Pelze zu. Eine besonders wichtige Rolle spielt die Schneedecke, die nahezu den gesamten Winter über den Boden bis zu mehrere Meter hoch bedeckt. Für viele Tiere steht nun keine Nahrung mehr zur Verfügung. Viele Taigavögel ziehen daher im Herbst in den Süden, während sich einige an die kargen Nahrungsverhältnisse angepasst haben. Manche Tiere nutzen indessen sogar den Schnee als Isolationsschicht gegen die kalte Lufttemperatur und die eisigen Winde. So geht für kleinere Wirbeltiere unter der Schneedecke das Leben weiter. Andere Tiere wie Bären, Streifenhörnchen oder Wirbellose entgehen dem strengen Nordwinter, indem sie sich für mehrere Monate zur Winterruhe oder zum Winterschlaf an einen geschützten Ort zurückziehen.

Zugvögel und Standvögel

Ihre Fähigkeit zu fliegen nutzen viele Vögel zu ausgedehnten Wanderungen, bei denen sie erstaunliche Leistungen vollbringen. Der regelmäßige Vogelzug gibt vielen Arten überhaupt erst die Möglichkeit, Lebensräume wie die Taiga zu besiedeln, die ihnen zeitweise kaum Nahrung bieten. Dementsprechend entzieht sich ein Großteil der Taigavögel dem langen Winter durch den Zug in den Süden. Ausgeprägte Zugvögel haben meist lange und spitze Flügel, die sich Energie sparend auf die Aerodynamik des Langstreckenfliegens auswirken. Die kräftigen Brustmuskeln, die Hauptflugmotoren, setzen sich überwiegend aus schnellen Muskelfasern mit hoher oxidativer Kapazität zusammen und sind daher besonders leistungsstark. Zuvor angefressene Fettdepots dienen als Energiereservoir auf der Flugreise. Sie werden durch spezielle Fettstoffwechselwege optimal ausgenutzt.
Zu den Vögeln, welche den harten Winterfrösten in der borealen Zone trotzen, gehören viele echte Baumbewohner wie die Kreuzschnäbel (*Loxia spec.*), Spechte wie der Dreizehenspecht (*Picoides tridactylus*) sowie die Hakengimpel (*Pinicola enucleator*) und die Tannenhäher (*Nucifraga caryocatactes*). Sie sind in der Lage, die nahrhaften Samen aus den im Winter verfügbaren Koniferenzapfen herauszulösen. In schlechten Samenjahren der Fichten ziehen einige von ihnen wie der Fichtenkreuzschnabel (*Loxia curvirostra*) sehr weiträumig auf Nahrungssuche umher (sog. Mangelfluchten). Der zirkumpolar verbreitete Europäische Seidenschwanz (*Bombycilla garrulus*) ernährt sich überwiegend von Insekten und ist durch sein ausgedehntes Nomadisieren bis in die gemäßigten Breiten hinein bekannt. Die Raufußhühner (*Tetraoninae*) bleiben ebenfalls in der Taiga, weil sie hier hinreichend Knospen und Koniferennadeln finden, die ihnen als, wenn auch sehr karge, Winternahrung ausreichen.

Schneeschuhe und Schneemäntel

Für Säugetiere, die keinen Winterschlaf halten, stellt sich während der zahlreichen Schneemonate das Problem des Vorankommens. Um tiefes Einsinken in die Schneedecke und dadurch einen hohen Energieverbrauch zu vermeiden, haben schwere Tiere wie Elche oder Rentiere, aber auch kleinere wie Luchse und Moorschneehühner verbreiterte Füße entwickelt. Wie auf Schneeschuhen verteilen sie dadurch gleichmäßig ihr Körpergewicht. Gegen die Winterkälte isolieren sich die Säugetiere durch ein dickeres und längeres Fell sowie durch eine mächtige Schicht Unterhautfettgewebe. Bei den Schneeschuhhasen z. B. erhöht sich dadurch die Isolationswirkung um 27 %. Viele Tiere wie Schneehühner und Wölfe lassen sich sogar einschneien, um sich vor dem Erfrieren zu schützen. Die locker niederfallenden Schneeflocken schließen Luft in die sich bildende Schneedecke mit ein, die dann wie eine Isolationsschicht gegen die teilweise eisigen Temperaturen der Umgebungsluft wirkt. Und auch unter der Schneedecke geht das Leben weiter.

Leben unter der Schneedecke

Die winterlichen Schneefälle können in der Taiga so heftig ausfallen, dass eine teilweise mehrere Meter dicke Schneedecke den gesamten Waldboden bedeckt. Da zwischen den lockeren Flocken immer reichlich Luft eingelagert ist, wirkt diese Masse allerdings wie eine Wärmeisolationsschicht. Während an der Oberfläche Temperaturen von weniger als –25 °C herrschen, bleibt es im Luftraum unter einer 20 cm dicken Schneeschicht bei für kleinere Säugetiere »angenehmen« 0–3 °C.

Das dichte Winterfell schützt die Wölfe im Winter vor der Kälte.

Wenn der Schnee frühzeitig fällt, verhindert er, dass der Boden dauerhaft gefriert. Tiere, die oberhalb der Schneedecke rasch erfrieren würden, haben unter der weißen Schutzschicht ihre ökologische Winternische gefunden. Vor allem Wühl- und Spitzmäuse sowie Lemminge sind den gesamten Taigawinter über in ihren selbst angelegten Tunneln im Schnee aktiv. Sie ernähren sich überwiegend von Pflanzenresten, die sie hier »frisch gekühlt« vorfinden.

Aas als Winterfutter

Was des einen Leid, gereicht dem anderen zum Vorteil. Ein wichtiges Nahrungsreservoir für die Räuber der Taiga stellen die verendeten Mitbewohner ihres Lebensraums dar. So ist der Vielfraß (*Gulo gulo*), der ohnehin kein sonderlich geschickter Jäger ist, speziell im Winter auf Aas angewiesen. Um genügend Nahrung zu finden, muss der große Marder allerdings weite Wanderungen unternehmen. Immerhin schützen ihn seine behaarten Pfoten vor einem allzu beschwerlichen Einsinken im Schnee.

Murmeltiere graben einen 2–3 m tiefen Bau, in dem sie im Winter 7–9 Monate schlafen.

Stoffwechsel auf Sparflamme

Andere Säugetiere entziehen sich der Nahrungsknappheit des Taigawinters durch Winterschlaf oder Winterruhe. Bei echten Winterschläfern werden verschiedene physiologische Parameter in teilweise dramatischer Form verändert. Zum einen ist ihre Körpertemperatur drastisch herabgesetzt und liegt vielfach nahe dem Gefrierpunkt bei Werten zwischen 0,2 °C und 5 °C. Bären halten beispielsweise eine Winterruhe. Da sie ihre Körpertemperatur während ihres Rückzugs im Winter nur um wenige Grade senken, zählen sie jedoch entgegen weitläufiger Meinung nicht zu den Winterschläfern. Bei diesen verringert sich nicht nur die Körpertemperatur, sondern der gesamte Stoffwechsel wird auf »Sparflamme« gesetzt, d. h., der komplette Energieumsatz ist drastisch vermindert. Dadurch reduziert sich auch der Sauerstoffbedarf des Winterschläfers: Die Atemfrequenz wird nicht nur geringer, sondern die Atemzüge auch unregelmäßiger. Zwischen den einzelnen Herzschlägen eines Winterschläfers kann eine halbe Minute vergehen.
Die Regulation der Körpertemperatur des Schläfers erfolgt über Regelkreise. Im Hypothalamus, dem für die Temperaturregulation verantwortlichen Gehirnabschnitt, wird beim Übergang in den Winterschlaf der Sollwert heruntergeschaltet. Wenn nun infolge des Absinkens der Umgebungstemperatur der Winterschläfer Gefahr läuft zu erfrieren, wacht das Tier bei einer für jede Art spezifischen Körpertemperatur auf. Entscheidend ist hierbei die Bluttemperatur im Hypothalamus.

Im Winter zehren die Braunbären von ihren angefressenen Fettreserven.

Das Tier, z. B. ein Erdhörnchen, läuft dann entweder kurzzeitig umher, um sich durch Muskelarbeit aufzuwärmen, oder es fährt seinen Stoffwechselumsatz gleichsam passiv für kurze Zeit hoch.

Zwar ist der Stoffwechsel eines Winterschläfers reduziert, dennoch benötigt er zur Aufrechterhaltung seiner Lebensfunktionen verwertbare Energien. Als Energiereservoir dient den Tieren die im Sommer angefressene Speckschicht. Um aus dem Winterschlaf zu erwachen, muss schnell verfügbare Energie in Form von Wärme abgerufen werden. Hierzu dient das braune Fettgewebe, das auf Signale des Nervensystems hin über spezielle Stoffwechselwege rasch Wärme zur Verfügung stellen kann. Zusätzlich erzeugt das erwachende Tier durch Muskelzittern Verbrennungswärme.

Zu den echten Winterschläfern der borealen Nadelwälder gehören das amerikanische Waldmurmeltier (*Marmota monax*) und das Sibirische Streifenhörnchen oder Burunduk (*Tamias sibiricus*), im Gegensatz zum baumbewohnenden Eichhörnchen ein Erdbewohner.

Winterruhe statt Winterschlaf

Die meisten Raubtiere und wenige Nagetiere halten keinen Winterschlaf, sondern Winterruhe. Ihre Lebensweise ist zwar zurückgezogen und ihr Ruheschlaf ausgedehnter als im Sommer, aber ihre Körpertemperatur ist dabei nur um wenige Grade abgesenkt. Da ihre physiologischen Prozesse weitgehend normal ablaufen, können sie bei Störungen meist sogleich aufwachen. Ein in seiner Höhle gestörter Bär etwa kann sich augenblicklich verteidigen. Tiere, die Winterruhe halten, haben auch kein braunes Fettgewebe wie die Winterschläfer. Da die Winterruhe den Stoffwechsel jedoch nicht auf »Sparflamme« setzt, benötigen diese Tiere für den Winter deutlich größere Vorräte an Energie.

Einige speichern hierzu Brennstoffe im eigenen Körper in Form einer Speckschicht. Fette oder Lipide besitzen hinsichtlich der vom Stoffwechsel verwertbaren Energie eine höhere Dichte als etwa Kohlenhydrate. Deshalb fressen sich die meisten Tiere ein dickes Fettpolster an, um für die nahrungsknappen Zeiten während der Winterruhe genügend Brennstoff zur Verfügung zu haben. In speziellen Fettzellen werden die Speicherfette eingelagert. Diese liegen bei den meisten Säugetieren unter der Haut. Die Unterhautfettschicht kann mehrere Zentimeter dick werden.

Andere Tiere legen ihre Nahrungsvorräte außerhalb des Körpers an, z. B. Nager wie das in Kanada beheimatete Nördliche Gleithörnchen (*Glaucomys sabrinus*) und das Eichhörnchen (*Sciurus vulgaris*). Sie kommen im Winter oft tagelang nicht zum Vorschein und verschlafen die unwirtliche Zeit in ihrem Nest. Zwischendurch sind sie aber immer wieder bei extremen Minustemperaturen im Freien zu beobachten. Dann suchen die Nager ihre Vorräte auf, die sie den Sommer über an unzähligen Plätzen, etwa in Astgabeln oder Löchern in der Baumrinde, versteckt haben.

Der Elch: König der nordischen Wälder

Elche (*Alces alces*) bewohnen den Waldgürtel der höheren Breiten, der sich um die gesamte Nordhalbkugel zieht. In Eurasien erstreckt sich ihr Verbreitungsgebiet von Norwegen bis zur Mongolei und in Nordamerika von Alaska bis Ostkanada. Reine Nadelwälder suchen sie nur auf, wenn dort ausreichend krautige Pflanzen oder auch Wasserpflanzen zur Verfügung stehen. Stattdessen bevorzugen sie eher Wälder mit reichlich eingestreuten Weichholzarten wie Weiden, Pappeln und Birken sowie Bruchlandschaften an Gewässern. Daher bilden die borealen Wälder mit ihrem Mosaik aus Bäumen, Wasserflächen und Sümpfen den idealen Lebensraum für diese größte aller Hirscharten mit dem charakteristischen Schaufelgeweih.

Die niedrigen Temperaturen in der Taiga sind für den gegen Hitze empfindlichen Elch ideal.

An nahrungsreichen Gewässern verbleiben Elche mitunter einen ganzen Sommer lang. Sie sind hervorragende Schwimmer und können bis zu 6 Meter tief tauchen.

Ausdauernde Läufer und Schwimmer

Elche streifen als Einzelgänger umher. Im federnden, kraftvollen Trab erreichen diese stattlichen Paarhufer Geschwindigkeiten von rd. 15 km/h. In der Regel sind sie auf der Suche nach Blättern, Knospen und jungen Trieben. Diese bilden neben den Wasser- und Sumpfpflanzen ihre Hauptnahrung. Ein erwachsener Elchbulle braucht 15 bis 30 kg Nahrung am Tag. Um die im Winter aufgezehrten Energie- und Fettreserven wieder aufzufüllen, nutzt er die kurze Wachstumsperiode in der Taiga. Im Winter muss er oft Pflanzennahrung mit den Hufen bis zu 40 cm tief aus dem Schnee ausgraben.

Der größte Hirsch der Erde

Der mächtige Hirsch erreicht eine Schulterhöhe von bis zu 2,3 m. Die verschiedenen Unterarten variieren stark in der Körpergröße: Je weiter im Norden er lebt, desto massiger wird er. Der Elch hat nur wenige natürliche Feinde, vor denen er sich durch einen Trick schützt.

Auf seinen langen Beinen legt der Elch mühelos jeden Tag ca. 15 Kilometer zurück.

Elch
Alces alces

Klasse Säugetiere
Ordnung Paarhufer
Familie Hirsche
Verbreitung Waldgürtel der höheren Breiten der Nordhalbkugel
Maße Kopf-Rumpf-Länge: 240–310 cm
Standhöhe: 140–230 cm
Gewicht 200–800 kg
Nahrung Gräser, Wasserpflanzen, Zweige, Kräuter
Geschlechtsreife mit 16–17 Monaten
Tragzeit 224–243 Tage
Zahl der Jungen 1, selten Zwillinge
Höchstalter 16 Jahre, in Menschenobhut 27 Jahre

Eher Hitzestress als Kälteschock

Am wohlsten fühlen sich Elche bei Temperaturen zwischen –22 °C und 10 °C. Da sie als Kälteschutz ein dichtes und langhaariges Fell tragen, überschüssige Körpertemperatur jedoch nicht durch Schwitzen abgeben können, geraten die Tiere leicht in Hitzestress. Die Erhöhung der Körpertemperatur bewirkt eine gesteigerte Herzfrequenz und Kreislauftätigkeit, wodurch kostbare Energie verloren geht. Daher verbringen die Tiere ihre Ruhestunden oft im Wasser oder im Morast seichter Sümpfe, um sich Abkühlung zu verschaffen. Ihre weit spreizbaren Hufe und gut entwickelten Afterklauen sorgen dafür, dass die Tiere hierbei nicht zu tief einsinken.

Ehe er sich zur Ruhe legt, geht er ein Stück gegen den Wind und kehrt dann in einem Halbkreis zu seinem Ruheplatz zurück. Verfolgen Jäger oder Raubtiere seine Spur, müssen sie sich ihm mit dem Wind nähern, so dass er frühzeitig ihre Witterung aufnehmen und fliehen kann. Denn auch wenn ein Elch mit Tritten lebensgefährlich verletzen kann, geht er solchen Auseinandersetzungen aus dem Weg. Elche verharren angesichts eines Feindes meist reglos. Sie bewegen sich so lautlos durch den Wald, dass so mancher selbst erfahrenen Jägern entkommt.

Wölfe: im Rudel auf Hetzjagd

Der anpassungsfähige Wolf (*Canis lupus*) kam früher auf der gesamten Nordhalbkugel vor, in Nordamerika von der kanadischen Ellesmereinsel bis in die mexikanischen Berge, in Eurasien vom Nordpolarmeer bis nach England, Portugal, die Arabische Halbinsel und Japan. Verbreitungsbarrieren waren lediglich Wüsten und Regenwälder. In den letzten 300 Jahren musste er sich bis auf wenige verstreute Populationen in die abgeschiedenen Wälder und Einöden von Taiga und Tundra zurückziehen. In den Waldgebieten Kanadas und Sibiriens leben heute mit mehreren zehntausend Tieren die größten verbliebenen Wolfspopulationen. Würden sich durch den Klimawandel die borealen Wälder weiter in den Norden zurückziehen, wären diese Rückzugsmöglichkeiten des Wolfes in Gefahr.

Ein Raubtier mit meist schlechtem Ruf

Kaum ein Tier wird in Mythen und Märchen zugleich so verehrt und gefürchtet wie der Wolf. So waren dem höchsten germanischen Gott Odin, dem universalen Vater der skandinavischen Mythologie, zwei Wölfe (Geri und Freki) heilig. Andererseits symbolisierte der Wolf in der Edda aber auch das Ende der Welt.
In der römischen Mythologie wiederum rettet eine Wölfin die ausgesetzten Zwillinge Romulus und Remus, die späteren Gründer Roms, durch Säugen vor dem Hungertod.

Wolf
Canis lupus

Klasse Säugetiere
Ordnung Raubtiere
Familie Hundeartige
Verbreitung Nordhalbkugel
Maße Kopf-Rumpf-Länge: 80–160 cm
Gewicht 15–80 kg
Nahrung große Huftiere und mittlere, aber auch kleine Säugetiere, Abfälle
Geschlechtsreife mit 2 Jahren
Tragzeit etwa 60 Tage
Zahl der Jungen 4–7
Höchstalter 10 Jahre, in Menschenobhut 20 Jahre

Eine starke Gemeinschaft

Wölfe leben sehr gesellig in Rudeln, die meist aus Mitgliedern einer einzigen Großfamilie mit Eltern, Tanten und Onkeln, Halbgeschwistern und Welpen besteht. Somit sind Zusammenhalt und Bindung innerhalb der Gruppe durch die verwandtschaftlichen Beziehungen genetisch fundiert und werden über das differenzierte Verhaltensrepertoire weiter gefestigt. Die Lebensweise im Rudel ermöglicht ihnen eine gemeinschaftliche Hetzjagd, so dass sie auch Beutetiere erlegen können, die wie Weißwedelhirsch oder gar Elch wesentlich größer sind als sie selbst.
Je nach Angebot an Beutetieren liegt die Größe eines Wolfsrudels meist zwischen fünf und zehn Tieren. Im Winter schließen sich auch kleinere Rudel zu größeren Gemeinschaften zusammen, was den Jagderfolg bei knapper werdender Beute erhöht.
Die ausgedehnten Reviere der Jäger umfassen zwischen 50 km^2 und über 1000 km^2. Gegenüber anderen Wolfsrudeln wird das Territorium durch das Absetzen von Duftmarken aus Urin und Sekreten aus den Analdrüsen abgegrenzt. Auch das weithin hörbare Heulen dient der Revierabgrenzung.

Soziale Gruppe mit Sprache und Regeln

Das Wolfsrudel ist eine der am höchsten entwickelten sozial organisierten Lebensgemeinschaften im Tierreich. Vielfältige Zeichen und Gesten wie Lecken, Berühren mit der Schnauze oder mit der Pfote, Beschnüffeln oder körperliches Aneinanderdrängen stärken den Zusammenhalt unter den Mitgliedern eines Rudels.
Das Gruppenleben ist geprägt von einer strengen sozialen Rangordnung. Getrennt voneinander fechten die beiden Geschlechter in Kämpfen diese Dominanzhierarchie aus. Die ranghöchsten Tiere werden als Alpha-Männchen bzw. Alpha-Weibchen bezeichnet. Bei der Rangfestlegung zählen soziale Freundschaften zu hohen Rudelmitgliedern ebenso wie körperliche Stärke. Die meist im Herbst ermittelte Hierarchie bleibt während des nächsten halben Jahres, der Fortpflanzungszeit, bestehen. Auseinandersetzungen werden nach der Ranzzeit meist mithilfe von ritualisierten Gebärden aus dem ausgefeilten Repertoire an Körpersprache geregelt.
Begegnet ein Wolf einem Artgenossen in gebückter Demutshaltung und mit zwischen die Hinterbeine eingezogenem Schwanz, so drückt er damit aus, dass er den höheren Rang seines Gegenübers akzeptiert. Auch wenn ein Rudelmitglied mit angelegten Ohren und einer leicht gesenkten Rute die Lefze eines Höherrangigen leckt, drückt es seine akzeptierte Unterlegenheit aus. Ranghohe Wölfe wiederum fletschen als Drohgebärde gegen aufmüpfige Tiere durch Hochziehen der Lefzen die Zähne. Als Demutsgeste legt sich ein unterlegener Wolf auf den Rücken und bietet damit dem Rudelführer seine empfindliche Kehle, d. h. sein Leben an.

Der einsame Wolf

Manchmal können Rivalenkämpfe auch eine solche Schärfe erreichen, dass dem unterlegenen Tier nur noch die Flucht bleibt, um das eigene Leben zu retten. Der Unterlegene zieht dann allein umher. Dann muss er bald einen Geschlechtspartner zur Gründung eines eigenen Rudels finden, will er auf lange Sicht überleben. Denn als Einzeltier hat er kaum Chancen auf Jagderfolg, auch wenn er sich gezwungenermaßen mit kleinerer Beute wie Schneehühnern, Lemmingen oder manchmal sogar Mäusen und Fröschen begnügt.

① *Zähnefletschen und starrer Blick – die typische Drohgebärde*

② *Durch seine stolze Haltung ist der Alpha-Wolf leicht zu erkennen.*

Teamwork bei der Jagd

Bei der Jagd verlassen sich Wölfe zunächst auf ihre hervorragende Nase, dann auf ihre Pfoten, in erster Linie aber auf das gemeinsame Vorgehen. Ihr Geruchssinn ist so fein ausgebildet, dass Wölfe noch in mehr als 2,5 km Entfernung die Witterung eines potenziellen Beutetiers aufnehmen können. Ist ein solches ausgemacht, versammelt sich das Rudel und folgt auf den festgelegten Revierpfaden dem Jagdführer, meist dem Alpha-Männchen. Zunächst folgt die disziplinierte Jagdmeute im Gänsemarsch dem Leitwolf, der mit zunehmender Annäherung an die Beute seinen Gang beschleunigt.
Die weitere Jagdstrategie des Rudels hängt vom Verhaltensmuster der Beute und vom Terrain ab. So werden Einzeltiere manchmal stundenlang abwechselnd von verschiedenen Rudelmitgliedern gehetzt, bis die erschöpften Tiere aufgeben und angegriffen werden können. Wölfe sind ausgesprochene Langstreckenläufer. Mit ihrem federnden Gang können sie stundenlang ohne Unterbrechung laufen und erreichen dabei Durchschnittsgeschwindigkeiten von 8 km/h. Bei einem Verfolgungsspurt oder auf der Flucht können sie sogar kurzzeitig bis zu 60 km/h schnell werden. Dank ihrer langen Beine und relativ breiten Pfoten verfolgen sie ihre Beute selbst durch tiefen Schnee oder in sumpfigem Gelände. Manch erfolgreiche Jagd beruht auch auf einer List: Einige Wölfe stellen sich in den Wind, was die flüchtenden Opfer geradewegs auf die in einem Hinterhalt lauernden anderen Rudelmitglieder zutreibt.
Der Jagderfolg eines Wolfsrudels wird jedoch bei weitem überschätzt. Vor allem Huftiere wie Rehe und Hirsche sind meist schnell genug, um bei rechtzeitiger Flucht zu entkommen. Und ein ausgewachsener Elch oder Moschusochse kann einen Wolf mit Huftritten bzw. Gehörn lebensgefährlich verletzen. Letztlich führen nur rd. 10 % der Jagdaktionen zum Erfolg.

Der Wolf als natürlicher Wildregulator

Wölfe reißen überwiegend krankes und geschwächtes Wild. Aber auch bei unerfahrenen und schwächeren Jungtieren stehen ihre Chancen gut – sofern diese nicht von erwachsenen Tieren gegen die Angreifer verteidigt werden. So bilden Moschusochsen mit drohend gesenkten Hörnern einen schützenden Kreis um ihre wehrlosen Kälber, wenn sie von einem Wolfsrudel angegriffen werden. Die Wölfe versuchen nun mit Scheinangriffen die Paarhufer zu irritieren und auseinanderzutreiben. Ziel der Jagdgruppe ist es, ein schwaches Tier von der schützenden Herde abzutrennen, um es dann zu erlegen. Nur wenn das Rudel geschickt und ausdauernd genug ist, gelingt es, ein schwaches Beutetier zu separieren und zu erlegen.
Somit sind Wölfe wichtige natürliche Regulatoren der Bestände großer Pflanzenfresser. Denn mit ihrer Jagdstrategie sorgen sie da-

1

Nach drei Wochen verlassen die kleinen Wölfe zum ersten Mal die Höhle.

2

Das Rudel jagt gemeinsam und teilt sich auch die Beute.

für, dass nur die schnellsten und kräftigsten Tiere überleben und zur Fortpflanzung kommen.
Der sprichwörtliche »Wolfshunger« findet in der Natur tatsächlich seine Entsprechung: Ein Wolf kann an einem Tag 10–15 kg Fleisch verzehren. Bleibt die Beute aus, vermag er wiederum viele Tage, manchmal sogar einen Monat, ohne Nahrung auszukommen. Natürliche Feinde hat er nicht, wenngleich ein altes oder krankes Einzeltier auch einmal von einem Bären getötet werden kann.

Nachwuchs ist Chefsache

Gewöhnlich paaren sich Wölfe zwischen Dezember und Februar. Während der Ranzzeit nehmen die aggressiven Auseinandersetzungen im Rudel deutlich zu. Die beiden Alpha-Tiere versuchen, Paarungen anderer Gruppenmitglieder zu verhindern und ihre Führungsrolle zu behaupten. In der Regel überleben nur die Jungen der Alpha-Wölfin. Wenn überhaupt untergeordnete Wölfinnen begattet werden und Junge werfen, tötet die dominante Wölfin meist die fremden Welpen. Die dann kinderlosen Mütter verrichten bei den Stammhaltern des Rudels häufig Ammendienste. Diese grausam anmutende Fortpflanzungsregel sichert dem Rudel den stärksten und durchsetzungsfähigsten Nachwuchs. Auf diese Weise vermehren sich nur die kräftigsten und intelligentesten Wölfe und geben ihre Gene weiter.
Wenn es der Lebensraum zulässt, gräbt das Weibchen einen langen Tunnel, der in einer flachen Höhlung endet. Manchmal muss auch eine Vertiefung zwischen Felsen, Wurzeln oder Büschen als Behausung für den Nachwuchs ausreichen. Der Wurfkessel wird nicht ausgepolstert, was den Befall der Jungen mit Parasiten minimiert. Den Kot der Jungen frisst die Mutter auf.

Integration ins Rudel

Etwa 60 Tage nach der Befruchtung werden die meist vier bis sieben blinden und hilflosen Welpen geworfen. Sie wiegen etwa 400 g. Die Milch der Mutter ist sehr nährstoffreich, so dass die Welpen rasch heranwachsen. Nach zwei Wochen öffnen sich die Augen. In der darauf folgenden Woche trägt die Wölfin die Kleinen erstmals nach draußen. Wurden sie bis dahin ausschließlich gesäugt, erhalten sie nun zusätzlich hervorgewürgte Fleischbrocken. Bei der Versorgung der Jungen helfen vor allem ältere Jungtiere. Sie bringen nicht nur Futter und passen auf die Jungen auf, sondern dienen den Rudelnachkömmlingen auch als erste Spielgefährten und Übungsobjekte. Kommt die Mutter um, so übernehmen andere weibliche Rudelmitglieder ihre Aufgaben. Im Lauf der nächsten Tage und Wochen werden die Welpen allmählich in das Rudel integriert und erlernen und verfeinern das komplexe Verhaltensrepertoire ihrer Art. Die kleinen Wölfe lernen die Gerüche der einzelnen Rudelmitglieder zu unterscheiden und zu deuten und werden in die tradierten Revierpfade, das Ausmachen potenzieller Beute, die verschiedenen Jagdstrategien sowie in die Hierarchie des Rudels eingeweiht. Im Herbst ist der Nachwuchs dann annähernd ausgewachsen.

Ein Wolfsrudel ist streng organisiert und steckt sein Revier u. a. durch Heulen ab.

Braunbären: flexible Allesfresser

Braunbär
Ursus arctos

Klasse Säugetiere
Ordnung Raubtiere
Familie Bären
Verbreitung Eurasien, nördliches Nordamerika
Maße Kopf-Rumpf-Länge: 200–300 cm
Standhöhe: 90–150 cm
Gewicht 70–800 kg
Nahrung Allesfresser
Geschlechtsreife Männchen mit 4, Weibchen mit 4–6 Jahren
Tragzeit 6–8 Wochen, inkl. Keimruhe 180–270 Tage
Zahl der Jungen 1–4, meist 2–3
Höchstalter 30 Jahre, in Menschenobhut bis 50 Jahre

Bis zu sieben große Lachse können Braunbären in nur einer Stunde fangen.

Braunbären (*Ursus arctos*) bewohnen heute die letzten großen zusammenhängenden Wälder von den arktischen Waldtundren über die Taiga bis hin zu den gemäßigten Zonen Europas, Asiens und Nordamerikas. Selbst in der baumlosen Tundra und in verschiedenen Gebirgsregionen kann man sie finden. Verbreitungsschwerpunkt ist jedoch der Laub- und Nadelwaldgürtel. Die größten Exemplare wiegen mit über 750 kg etwa 100 kg mehr als ein ausgewachsener Tiger. Dennoch können die nach dem Eisbären zweitgrößten Landraubtiere kurzzeitig Sprints mit 50km/h hinlegen.

Braunbär ist nicht gleich Braunbär

Einst durchstreifte der Braunbär weite Teile der gesamten Nordhalbkugel einschließlich vieler Gebiete in Europa und sogar Nordafrikas. Veränderungen der Umwelt, etwa durch Besiedlung, sowie die Verfolgung durch den Menschen führten dazu, dass er heute in Europa nur noch vereinzelt, im nördlichen Afrika überhaupt nicht mehr vorkommt. In den übrigen Gebieten haben sich die Braunbären durch geografische Isolation sowie Anpassung an spezielle Lebensräume unterschiedlich entwickelt. So gehen manche Biologen von nicht weniger als 30 Unterarten aus. »Den« Braunbären gibt es also eigentlich gar nicht.

Die größten Braunbärenbestände weisen heute Russland sowie Nordamerika aus: Sie werden auf jeweils 50 000 Tiere geschätzt. In Eurasien nimmt die Größe der Braunbären von Westen nach Osten immer mehr zu. Mit rd. 70 kg sind die letzten Braunbären der Alpen die kleinsten eurasischen Vertreter, die Kamtschatka-Bären (*Ursus arctos beringianus*) ganz im Osten die größten. Dazwischen liegen z. B. die skandinavischen Braunbären mit gut 250 kg, die der europäischen Unterart (*Ursus arctos arctos*) angehören.

In Nordamerika ist der Braunbär durch den Grizzly (*Ursus arctos horribilis*) vertreten.

Variabler Speiseplan

Die besten Überlebenschancen haben die schwersten Individuen: Schwere, große Männchen finden leichter eine Fortpflanzungspartnerin – vor allem, weil sie Konkurrenten besser aus dem Feld schlagen können – und schwere Weibchen bringen mehr Junge durch.

Die Bärenjungen werden vier Monate gesäugt und danach noch lange Zeit von der Bärenmutter hingebungsvoll umsorgt.

Braunbären zeigen sich deshalb in ihrer Ernährungsweise sehr flexibel. Obwohl zu den Raubtieren (Carnivora) zählend, sind sie echte Allesfresser (Omnivoren) und nehmen zu sich, was sie in ihrem jeweiligen Lebensraum vorfinden: Fleisch (vom Hirsch bis zum Erdhörnchen), Fisch, Aas, selbst Insekten und deren Larven, aber auch allerlei verfügbare Pflanzenkost wie Beeren und andere Früchte, Wurzeln, Kräuter und sogar Gras. Außerdem plündern sie mit Vorliebe die Nester von Wildbienen aus und fressen die Waben. In manchen Gebieten sind Braunbären sogar reine Vegetarier. Als

Die beiden Braunbären tun sich an einem Walrosskadaver gütlich.

Anpassung an diese Ernährung sind ihre Backenzähne flachkronig ausgebildet und eignen sich somit gut zum Zermahlen faseriger Pflanzenkost.

Der wichtigste Sinn zum Auffinden ihrer Nahrung ist für die Braunbären der hervorragende Geruchssinn. Die Riechschleimhäute sind besonders gut ausgeprägt und lassen die Tiere Duftmoleküle schon in geringsten Mengen wahrnehmen.

Feinschmecker auf Lachsfang

An den Stromschnellen des McNeil River auf der Alaskahalbinsel stehen die Braunbären jedes Jahr zwischen Juli und August stundenlang auf Felsbrocken oder im eiskalten Wasser. Manchmal bis zu 60 Grizzlys – ansonsten Einzelgänger – versammeln sich

hier zum gemeinsamen Festmahl. An exponierten Plätzen warten sie in Ruhe ab, bis sich die zu ihren Laichplätzen ziehenden Lachsschwärme durch Stromschnellen vorwärtskämpfen oder zu deren Überbrückung aus dem Wasser springen. Solche günstigen Fangplätze bescheren den Bären leichte Beute. Meist besetzen besonders kräftige, alte und erfahrene Grizzlys solche Vorzugsplätze. Überhaupt herrscht in diesem kurzzeitigen Schlaraffenland eine strikte Rangordnung. Schwächere und vor allem jüngere Bären müssen mit den weniger ergiebigen Fangplätzen vorliebnehmen. Ständig entbrennen mehr oder weniger heftige Kämpfe. Dennoch lässt sich immer wieder beobachten, dass ranghohe ältere Männchen Bärenmütter mit ihren Jungen nicht sogleich wieder vertreiben. Ob es sich um eine Art fürsorgliche Toleranz handelt, ist aber zweifelhaft. Die Bärenmütter genießen auch bei den kräftigen Männchen großen Respekt, weil sie ihre Jungen bis aufs Letzte verteidigen und leicht reizbar sind.
Da sich die wandernden Lachse leicht fangen lassen und sehr fettreich sind, haben sich diejenigen Braunbären, denen dieser kurzzeitige Nahrungsüberfluss zur Verfügung steht, zu den größten Exemplaren entwickelt. Auch im Norden der kanadischen Provinz British Columbia und in Kamtschatka finden sich solche für die Braunbären erreichbaren und für wenige Wochen im Sommer von Lachsen übersprudelnden Flüsse und Bäche. Auf dem Höhepunkt der Lachswanderung kommt es vor, dass die Bären, satt von so viel Überfluss, nur noch die Eier der gefangenen Lachse fressen.

Erst schlemmen, dann fasten

Nach dem Ende der Lachszeit sieht die Nahrung der Grizzlys auf der Alaskahalbinsel deutlich karger aus: Da es hier keine Hirsche oder Dickhornschafe gibt, bleibt ihnen nur Gras, ergänzt durch einige Beeren und Pflanzenwurzeln – welch ein Gegensatz zu dem etwa sechswöchigen Lachsschmaus. Jedes Jahr im Spätsommer veranstalten aber alle Braunbären wahre Fressorgien: In dieser Zeit verdoppeln oder verdreifachen sie ihr Gewicht, um anschließend mehrere Monate zu fasten. Dieses Verhalten ist eine überlebenswichtige Anpassung der Bären an den jahreszeitlich bedingten Klimawechsel. Die Bären hoher Breiten stopfen sich regelrecht mit möglichst kalorienreicher Nahrung voll. In speziellen Fettzellen unter der Haut wird das Speicherfett eingelagert, vorzugsweise an den Oberschenkeln und am Rumpf. Diese Unterhautfettschicht kann mehrere Zentimeter dick werden und dient als gutes Polster für den Winter.
Mit dem endgültigen Einbruch des Winters suchen die Braunbären eine Höhle auf – und die Fastenzeit beginnt. Entweder beziehen sie eine Felshöhle oder graben sich selbst einen Unterschlupf in einen geschützten Hang. In kalten Taigawintern kommt es nicht selten vor, dass sich die Bären über sechs Monate zurückziehen, in gemäßigterem Klima wenigstens für einige Wochen. In den Überwinterungshöhlen nehmen die Tiere keinerlei Nahrung mehr zu sich und zehren allein von ihren Fettreserven. Ihr gesamter Stoffwechsel ist gedrosselt und sie scheiden weder Kot noch Urin aus. Die Folge ist eine stete Gewichtsabnahme.

So träge der Grizzly wirkt – bei Angriff oder Flucht ist er auf kurze Distanz erstaunlich schnell.

Geburt im Winterquartier

Mitten im Winter werden im Schutz der Höhle auch die Jungen geboren, meist im Dezember oder Januar. Das mag insofern verwundern, als Braunbären keine festen Brunftzeiten haben und sich etwa ab Mai bis weit in den Sommer hinein paaren. Bei Paarungen im Frühjahr kommt es dann allerdings zu einer Keimruhe, d. h., der Keim unterbricht seine Entwicklung und nistet sich erst gegen Ende des Sommers in der Gebärmutter ein. So ist gewährleistet, dass alle Jungtiere innerhalb einer kurzen Zeitspanne zur Welt kommen. Die Tragzeit kann dadurch allerdings zwischen sechs und neun Monaten variieren, wobei die eigentliche Entwicklung nur zwei bis drei Monate dauert.

Die Paarungszeit ist übrigens – sieht man einmal von den Ansammlungen beim Lachsfang ab – die einzige Zeit des Jahres, in der die Braunbären ihr Einzelgängerdasein aufgeben. Die Paarung selbst läuft ohne großartige Rituale ab und dauert kaum fünf Minuten. In den darauf folgenden Tagen kommt es noch zu wiederholten Paarungen, wodurch eine erfolgreiche Befruchtung gesichert wird. Dann aber trennen sich die Wege der Geschlechter wieder.

Die meist zwei oder drei Jungen sind bei der Geburt nur etwa rattengroß und blind. Für die nächsten zwei Jahre wird sich die Bärenmutter mit großer Hingabe um ihren Nachwuchs kümmern. Während dieser Zeit ist sie nicht paarungsbereit, was bedeutet, dass Bären nur etwa alle drei bis fünf Jahre Nachwuchs zur Welt bringen.

Fürsorgliche Mütter

In den ersten Wochen versorgen Bärenmütter ihre Jungen in ihrem Winterlager. Etwa vier Monate lang werden sie gesäugt. Die trotz der Fastenzeit der Mutter sehr nahrhafte Bärenmilch ist besonders reich an Fett und Protein. Sie allein ist die Gewähr dafür, dass aus den nur 400 g wiegenden, hilflosen Neugeborenen innerhalb weniger Monate kleine Bären heranwachsen, die nun auch die Höhle verlassen und beginnen, ihre nähere Umgebung zu erkunden. In den folgenden Monaten lernen sie von ihrer Mutter alles, was sie zu einem eigenständigen Leben und Überleben brauchen: Nahrungssuche, Jagen, Erkennen von Gefahren und Selbstverteidigung. Droht Gefahr, verteidigt sie ihren Nachwuchs, wenn es sein muss, mit Zähnen und Klauen. Junge Braunbären sind ausgesprochen neugierig und verspielt. Mit Vorliebe erklettern sie beim Fangenspielen geschickt selbst die höchsten Bäume, wobei ihnen ihre breiten Sohlen und kräftigen Krallen gute Dienste leisten.

Kritische Jugendzeit

Nach zwei Jahren ist die geschützte Kinderzeit für die kleinen Bären vorbei. Mit Drohungen und kräftigen Prankenschlägen vertreibt nun die Mutter wiederholt ihre zunächst völlig verdutzten Jungen. Hat sie es geschafft, sie endgültig zu verjagen, sind sie auf sich selbst gestellt. Häufig bleiben heranwachsende Geschwister noch eine Weile zusammen. Doch ohne die Anleitung und Unterstützung der erfahrenen Bärin haben es Bärenjunge nicht leicht, genügend Fressen zu finden. Noch dazu müssen sie sofort beginnen, ausreichend Speck als Energiereserve für den Winter anzulegen – was oft gar nicht leicht ist, werden doch die unerfahrenen Heranwachsenden häufig sehr energisch und erbarmungslos von älteren Artgenossen von guten Futterplätzen vertrieben.

Der Vielfraß gehört zur Familie der Marderartigen (Mustelidae). Er ist mit einer Länge von bis zu 1 m der größte Vertreter dieser Familie und in den polaren Regionen der Nordhalbkugel, in Skandinavien, Sibirien und Kanada zu Hause. Da Vielfraße außerhalb der Paarungszeit nicht mit Artgenossen zusammenleben und jedes Tier ein Revier einer durchschnittlichen Größe von 400–750 km² bewohnt, sieht man sie in freier Wildbahn selten.

Vielfraße: Einzelgänger mit großem Revier

Vielfraß
Gulo gulo

Klasse Säugetiere
Ordnung Raubtiere
Familie Marder
Verbreitung höhere Breiten der Nordhalbkugel
Maße Kopf-Rumpf-Länge: 70–100 cm
Gewicht 10–20 kg
Nahrung Nagetiere, Hasenartige, Jungtiere von Ren und Elch, Aas, Vögel
Geschlechtsreife mit 2–3 Jahren
Tragzeit 7–9 Monate
Zahl der Jungen 2–3, selten 4
Höchstalter 10 Jahre, in Menschenobhut 18 Jahre

Der Name – ein Missverständnis

Die deutsche Bezeichnung Vielfraß wird diesem Raubtier mit dem dichten dunkelbraunen Pelz nicht gerecht. Noch heute meinen viele, dass dieser Räuber wirklich ein wahrer Vielfraß sei. Das stimmt nur bedingt. Natürlich frisst sich der Vielfraß, dessen wissenschaftlicher Name *Gulo gulo* lautet, wie alle Raubtiere satt, wenn er die Möglichkeit dazu bekommt, aber er nimmt deshalb nicht mehr Nahrung zu sich als andere Räuber.

Man vermutet, dass die Bezeichnung Vielfraß eine Fehlübersetzung des norwegischen Worts Fjeldfross sein könnte, was so viel wie Felsenkater heißt. Dieser Name ist auch weitaus passender, lebt der Vielfraß doch vor allem im Fjell, also im felsigen Hochland. Ansonsten bevorzugt er als Lebensraum jedoch die borealen Nadelwälder, dringt aber auch – besonders im Winter – in die Tundra vor. Er hält sich in den Wäldern meist am Boden auf, obwohl er auch ein guter Kletterer ist. Unterschieden wird zwischen den Vielfraßen in Europa und Asien und den in Nordamerika lebenden Tieren. Allerdings handelt es sich dabei nicht um zwei Arten, sondern nur um Unterarten.

Der Vielfraß ist ein sehr mutiges und starkes Raubtier, das bei seinen Beutezügen 30–50 km pro Tag zurücklegt.

Riesige Reviere

Vielfraße haben weitläufige Reviere, die sie mit Kot und Duftstoffen markieren. Die der männlichen Tiere sind zumeist deutlich größer als die der Weibchen: In Einzelfällen können sie sogar bis zu 2000 km^2 umfassen und überlappen zumeist mit denen von drei bis vier weiblichen Vielfraßen. Weibchen mit Jungen besetzen in der Regel kleinere Reviere als solche ohne Nachwuchs. Zudem scheint die Reviergröße auch mit der Jahreszeit zu variieren. So sind erfahrungsgemäß die Bezirke dann größer, wenn die Nahrung knapp ist. Vermutlich ist die Reviergröße zudem abhängig von der Topographie der Region sowie von den Möglichkeiten, Höhlen anzulegen oder zu finden. Höhlen sind für Vielfraße, vor allem für die Geburt und Aufzucht der Jungen, von großer Bedeutung.

Nahrung: von Rentier bis Beeren

In erster Linie sind Vielfraße Fleischfresser. Im Sommer ernähren sie sich hauptsächlich von kleineren Nagetieren wie Mäusen oder Lemmingen, von Rentierkälbern und von Kadaverresten, die andere Raubtiere übrig gelassen haben. Im Winter gehören auch schon einmal im Tiefschnee nur langsam vorankommende erwachsene Rentiere oder seltener sogar ein Elch zu ihrer Beute. Bei solch großen Beutetieren verbeißen sich diese Marder mit ihrem kräftigen Gebiss so lange im Nacken, bis diese vor Schwäche zusammenbrechen. Dann zerteilen sie die Beute und bringen die Stücke in Verstecken am Boden oder auch in Bäumen in Sicherheit.
Warum ist ihnen im Winter das Jagdglück eher hold? Im Schnee sind sie mit ihren großen Pfoten, zwischen deren Zehen eine Haut gespannt ist, sehr beweglich, sie sacken kaum ein und pirschen sich leise an ihre Opfer heran. Im Sommer sind ihre Schritte wesentlich leichter zu hören, so dass Beutetiere rascher gewarnt sind. Falls sie im Sommer keine Beute machen können oder kein Aas finden, ernähren sich Vielfraße auch schon einmal von Beeren oder räumen die Nester bodenbrütender Vögel aus.

Verfolgt von den Menschen

In ganz Skandinavien gibt es mittlerweile lediglich noch etwa 500–700 Vielfraße. Rentier-, aber auch Schafzüchter jagen unerlaubt Vielfraße, da diese auch zahme Rentiere schlagen. Mittlerweile gibt es jedoch vielerorts Programme, die den Züchtern ihren Schaden ersetzen, um das selten gewordene Raubtier zu schützen.
Wie viele Tiere es in Nordamerika und Asien gibt, ist nicht genau bekannt, klar ist jedoch, dass sie dort auch seltener geworden sind. Neben der Jagd ist es die Einschränkung des natürlichen Lebensraums, die dem Vielfraß zu schaffen macht.

Mit ihren großen Pfoten können sich die Vielfraße problemlos – und lautlos – auf Schnee fortbewegen.

Biber: Holzfäller, Baumeister und Landschaftsgestalter

Großflächige Nagespuren an Bäumen sowie durch Dämme aus kunstvoll ineinander verschachtelten Baumstämmen und Ästen aufgestaute Bäche oder Flüsse sind ein sicheres Anzeichen, dass hier Biber am Werk waren. Diese größten Nager Europas standen Ende des 19. Jahrhunderts am Rande der Ausrottung, weil sie wegen ihres Fells und Fleisches stark gejagt wurden und außerdem ihr Lebensraum durch Rodungen immer mehr zurückging. Doch dank strenger Schutzmaßnahmen und Wiederansiedelungen sind sie in den Wäldern wieder heimisch geworden. Die Bestände haben sich sogar so weit stabilisiert, dass die Tiere in Nordamerika wieder eingeschränkt mit Fallen gejagt werden dürfen.

In einer Höhe von ca. 50 cm nagt der Biber einen Baumstamm meist rundum ab, bis er umfällt.

Nager mit Biss

Beim Biber geht man von der Existenz zweier Arten aus: Der Eurasische Biber (*Castor fiber*) lebt in den Weichholzbeständen entlang von Flüssen der Nadelwaldzone von Skandinavien bis nach Ostsibirien, aber auch in Wäldern der gemäßigten Breiten Ost- und Mitteleuropas und den Steppenzonen der Nordmongolei. Den Nordamerikanischen Biber (*Castor canadensis*) trifft man an Gewässern in den Wäldern von Alaska bis in den Norden Mexikos an.
Wichtigstes Werkzeug der Biber sind ihre auffallend großen, etwa 35 mm langen und über 5 mm breiten Nagezähne. Diese sind nur an der Außenseite von einer harten orange-gelben Schmelzschicht überzogen. Dadurch nutzt sich die weichere Innenseite beim Nagen stärker ab, und die Schneidekante wird sozusagen durch die Nagetätigkeit immer wieder geschärft. Aufgrund der offenen Wurzeln weisen die Nagezähne Dauerwachstum auf. Mithilfe ihrer kräftigen Kiefer können Biber mühelos selbst größere Bäume fällen.

Baumeister der Burgen

Ihren Bau legen Biber am liebsten in Erdwällen am Ufer an. Ist dies nur eingeschränkt oder gar nicht möglich, verstärken sie den Bau mit Ästen und Zweigen oder bauen aus diesem Material eine völlig frei im Wasser stehende Behausung, die Biberburg. Die Eingänge liegen immer unter Wasser, so dass potenziellen Feinden wie Wölfen oder Bären kein Zugang möglich ist, obwohl der Wohnkessel über der Wasserlinie liegt.
Vom Eingang führt eine Röhre zur Wohnhöhle, die einen Durchmesser von bis zu 2,5 m haben kann. Der Boden des Wohnkessels wird mit Holzspänen, Gras und Moos ausgepolstert. Egal ob Sommer oder Winter: Im gut isolierten Wohnkessel kann es die Biberfamilie sowohl bei Hitze als auch bei Temperaturen von unter –15 °C gut aushalten. Der Bau kühlt selbst bei Frost nur auf etwa –2 °C bis +3 °C ab. Für gute Luft im Kessel sorgt eine von der Decke ziemlich senkrecht nach oben steigende, schmale Belüftungsröhre.

Kunstlandschaften

Damit der Eingang zum Bau geschützt bleibt, muss der Wasserspiegel immer hoch genug sein – am besten 50–100 cm. Um dies zu gewährleisten, greifen die nachtaktiven Biber selbst regulierend ein, indem sie Dämme bauen und ihren Wohnfluss stauen. Dazu gehen sie an Land und nagen die Stämme von Weichholzbäumen wie Pappeln und Weiden so lange sanduhrartig an, bis diese an der dünnsten Stelle brechen. So fällen die bis zu 30 kg schweren Säuger Bäume mit einem Durchmesser von 1 m. Dann schleppen sie Stämme, Äste und Pflanzenmaterial ins Wasser, schichten sie geschickt zu einem Damm auf und verkleistern das Gerüst mit Lehm. Eine solche Staumauer ist häufig ca. 1,5 m hoch und zwischen 5 m und 50 m lang. Hinter dem Damm staut sich ein Teich. Hier können Wasserpflanzen wachsen, die der Biber neben Rinde und Zweigen gerne als Nahrung annimmt.
Weil die Nager am matschigen Ufer auf den immer wieder gleichen Pfaden die Äste ins Wasser zerren und wieder an Land gehen, entstehen zunächst Gräben, die sich mit Wasser füllen, dann kleine Kanäle. Die nutzen sie ähnlich wie menschliche Holzfäller Flüsse: Sie lassen darin Äste und kleine Stämme zu ihrer Burg oder zum Damm treiben. Außerdem erreichen die Baumeister durch die neuen Wasserwege ihre Nahrungsplätze schwimmend viel schneller als zu Fuß. Besonders wenn mehrere Biberfamilien in einem Gebiet leben, bauen sie oft noch weitere Dämme, hinter denen sich wiederum Teiche bilden. So vergrößern und verändern die großen Nager ihren Lebensraum stetig.
Verlassen die Biber ihr Revier, weil es nicht mehr genug Nahrung bietet, verlanden die Teiche nach einiger Zeit. Denn die Staumauer wird nun nicht mehr von ihren Erbauern gepflegt und repariert. Es entstehen immer mehr und immer größere Löcher, durch die das Wasser abfließt und Erde sowie lockere Äste mit sich führt. Wie Zoologen herausfanden, bringt das Geräusch, das beim Fließen von Wasser durch solche Löcher entsteht, die Biber dazu, ihren Damm wieder auszubessern. Irgendwann hat der Fluss den verlassenen Biberdamm schließlich völlig weggewaschen.

Noch größer als der Biber: das Capybara

Der Biber wird in der Familie der Nagetiere an Größe und Gewicht nur noch von einer Art übertroffen, dem südamerikanischen Wasserschwein oder Capybara (*Hydrochaeris hydrochaeris*). Mit einer Kopf-Rumpf-Länge von 100–130 cm überragt es den Biber um etwa ein Drittel, aber in punkto Gewicht erreicht es leicht das Doppelte: 50–70 kg.

Oft halten sich die grasfressenden Wasserschweine an Land auf, da dort ihre Rastplätze liegen.

Lebensraum Wasser

Biber entfernen sich nie weiter als etwa 50 m vom Wasser, denn an Land sind sie mit ihren kurzen Beinen wesentlich unbeholfener und deshalb stärker gefährdet. Dagegen können sie hervorragend schwimmen und tauchen. Da Ohren, Augen und Nase hoch am Kopf in einer Linie liegen, nimmt der Biber beim Schwimmen seine Umwelt wahr, ohne den ganzen Kopf aus dem Wasser recken zu müssen. Der massige Körper bleibt dabei unter Wasser, so dass der Nager seinen Feinden nicht so schnell auffällt.
Ihre Ohren sowie ihre Nasenlöcher können Biber verschließen und eine durchsichtige Nickhaut schützt das Auge unter Wasser, ohne die Sicht zu beeinträchtigen. Während sie ihre Vorderpfoten durch den gegenüberstellbaren Daumen wie Hände geschickt zum Greifen benutzen können, dienen die Hinterpfoten als Paddel zum Schwimmen. Das sehr dichte Fell der Biber – es ist schwarzbraun bei der eurasischen und rötlicher bei der kanadischen Art – bietet eine hervorragende Wärmeisolierung in den kühlen Gewässern. Dafür sorgen nicht weniger als rd. 23 000 Haare pro cm^2 auf der Bauchseite. Zusätzlich wasserabweisend wird es durch das Einölen mit einem Sekret der Analdrüsen, dem sog. Bibergeil.
Für weiteren Antrieb im Wasser sorgt der flach abgeplattete, etwa 15 cm breite und beschuppte Schwanz. Er dient auch als Stütze beim Nagen an Bäumen und sogar zur Kommunikation. Bei Gefahr warnen sich die Tiere, indem sie mit dem Schwanz auf die Wasseroberfläche klatschen.

Schwere Kost

Biber leben in Familiengruppen. Mit drei Jahren sind die Tiere geschlechtsreif und suchen sich zu Jahresbeginn einen Partner, mit dem sie für den Rest ihres Lebens monogam zusammenbleiben. 15 Wochen nach der Begattung, die natürlich auch im Wasser stattfindet, bringt das Weibchen durchschnittlich drei Junge zur Welt. Sie hatten während der Schwangerschaft genug Zeit, sich zu entwickeln, und kommen nicht nackt und blind wie viele andere Nagetiere auf die Welt, sondern mit offenen Augen und Körperbehaarung. Die Biberbabys wiegen bereits zwischen einem und anderthalb Pfund.

Biber bleiben auch bei kurzen Landausflügen stets in der Nähe des Wassers.

Biber
Castor fiber

Klasse Säugetiere
Ordnung Nagetiere
Familie Biber
Verbreitung Eurasien und Nordamerika
Maße Kopf-Rumpf-Länge: 80–110 cm, Schwanzlänge: über 30 cm
Gewicht 17–31 kg
Nahrung Wasser- und Uferpflanzen, Rinde
Geschlechtsreife mit 3 Jahren
Tragzeit 15 Wochen
Zahl der Jungen 1–5, meist 3
Höchstalter über 30 Jahre

Biber sind dank ihrer Schwimmhäute gute Schwimmer und Taucher. Sie können bis zu 15 Minuten unter Wasser bleiben.

Obwohl die Kleinen schon nach zwei Wochen beginnen, Pflanzen zu fressen, ist das endgültige Abstillen nach knapp drei Monaten die kritischste Phase in einem Biberleben: Viele Jungtiere überleben die komplette Umstellung auf reine Pflanzennahrung nicht. Diese enthält nicht nur große Mengen schlecht verwertbarer Cellulose, sondern auch noch verschiedene Schutzstoffe, wie etwa die Salicylsäure in der Rinde von Weiden. Behilflich bei der Verwertung der Cellulose und der Entgiftung der Schutzstoffe sind den Bibern spezielle Mikroorganismen, die vor allem in den auffallend großen Blinddärmen leben. Nur mit ihrer Hilfe können die Nager auch aus Rinde und Holz Energie zum Leben gewinnen. Dazu müssen sie allerdings täglich ein Fünftel ihres Körpergewichts an Grünzeug zu sich nehmen. Während sie sich im Sommer an zarterem Grün wie Wasserpflanzen und jungen Trieben von Büschen und Bäumen laben können, bleibt ihnen im Winter nichts anderes übrig, als sich mit Rinde und Ästen zu begnügen. Haben die kleinen Biber die Nahrungsumstellung hinter sich, bleiben sie noch zwei Jahre bei den Eltern. Diese ziehen in dieser Phase weiterhin in jedem Frühjahr einen Wurf Biberbabys groß und werden nun von den Erstgeborenen bei der Aufzucht der nächsten beiden Generationen unterstützt. In dieser Zeit lernt der ältere Bibernachwuchs von den Alttieren das Bäumefällen und Dämmebauen und alles andere Lebensnotwendige. Mit drei Jahren haben die jungen Biber die Geschlechtsreife erreicht und verlassen den Heimatbau, um eine Familie zu gründen.

Dezimierung und Schutz

Die Nachfrage nach Bibergeil und Biberpelzen sowie die Lebensraumzerstörung führten dazu, dass die Biber zu Beginn des 20. Jahrhunderts nicht nur in Europa, sondern auch in Asien und Nordamerika so gut wie ausgerottet waren und sich nur noch in kleinen Restpopulationen halten konnten. Ausgehend von diesen haben sie sich mittlerweile durch strenge Schutzmaßnahmen in vielen Gegenden wieder erholt. Zudem wurden sie in anderen Gebieten, in denen sie ehemals vertreten waren, wieder angesiedelt, vermehren sich dort gut und erobern viele ihrer einstigen Lebensräume zurück. Zum Leidwesen von Artenschützern wurden aber manche der Wiederansiedelungsmaßnahmen mangels Eurasischer Biber mit ihren nordamerikanischen Vettern durchgeführt. 1997 betrug der Biberbestand in Finnland wieder 10 000 Tiere – von denen allerdings 90 % der nordamerikanischen Art angehörten. Daher kommt es vielfach zu einer Vermischung der beiden Arten, die letztlich zu einer unerwünschten Reduktion der genetischen Vielfalt führt.

Der Bartkauz (*Strix nebulosa*) ist ein Charaktervogel der weitläufigen Nadel- und Birkenwälder der eurasischen und nordamerikanischen Taiga. Er ist überall anzutreffen, wo ihm ausreichend Freiflächen wie Lichtungen oder Moore Gelegenheit zur Mäusejagd geben.

Der Bartkauz: lautloser Jäger der Taiga

Gewölle

Viele Vögel würgen die harten und unverdaulichen Reste ihrer Nahrung wieder hervor. Am bekanntesten sind die Gewölle der Eulen. Eulen schlingen ihre Beute in der Regel ganz oder in großen Stücken herunter. Da ihre nicht übermäßig aggressive Verdauungsflüssigkeit die harten und nur schwer verdaulichen Bestandteile ihrer Opfer wie Knochen, Fell, Federn oder auch die Chitinpanzer von Insekten nicht auflösen kann, müssen diese wieder aus dem Verdauungstrakt entfernt werden. Die Eulen würgen diese nicht verwertbaren Überreste als fest zusammengepresste Speiballen wieder hervor, meist in der Nähe ihrer Schlaf- oder Brutplätze. Feine Knöchelchen oder sogar vollständige Säugetier- oder Vogelschädel können darin enthalten sein.

Bewegungslos in einer Lärche sitzend, lauert der Bartkauz auf Beute.

Feinstes Hören ...

Auffallend groß ist sein Kopf, seine leuchtend gelben Augen hingegen sind vergleichsweise klein. Der sie umgebende eulentypische Gesichtsschleier tritt durch seine schmalen konzentrischen Ringe besonders auffällig hervor. Diesem Federkranz kommt beim Erhören der Beutetiere eine besondere Bedeutung zu. Er bündelt ankommende Schallwellen und leitet diese an das hervorragend entwickelte Gehör weiter. Der Gesichtsschleier ist mit Bewegungen der Ohrklappen verbunden, die ihrerseits wie kleine, bewegliche Schalltrichter funktionieren. Auf diese Weise kann der Bartkauz selbst das leiseste Rascheln hören und die genaue Richtung der Geräuschquelle orten – auch unter lockerem Schnee kann er eine Maus ausmachen. Damit ist er hervorragend an seine Hauptjagdzeit in der Abend- und Morgendämmerung angepasst.

... und Sehen

Der Bartkauz kann seinen Kopf extrem weit um seine Körperachse drehen, bis zu 270°. Trotz ihrer unbeweglichen Augen haben die Ansitzjäger beim aufrechten Sitzen auf ihren Warten dadurch eine große Rundumsicht. Im Gegensatz zu anderen Vögeln sind die Augen der Eulen nach vorn gerichtet, wodurch ein sehr enges Gesichtsfeld entsteht. Die extreme Überlappung der beiden Sehfelder verschafft dem häufig auch bei Tag jagenden Bartkauz allerdings eine ausgezeichnete Tiefenschärfe beim Erspähen seiner Beute. Außerdem ermöglicht sie dem geschickten Flieger zwischen den zahllosen Bäumen eine hervorragende räumliche Wahrnehmung und Orientierung.

Bereits in der fünften Woche verlassen die jungen Bartkäuze das schützende Nest.

Auf leisen Schwingen

Das Gefieder des Bartkauzes ist auf einen nahezu lautlosen Flug spezialisiert. Die erste Handschwinge ist mit einem gezähnten Federrand versehen, der die durch den Flügelschlag erzeugten Luftdruck- oder Schallwellen bricht. So kann er meist unbemerkt herabfliegen. Mit den scharfen, gekrümmten Krallen ergreift er seine Beute. Etwa drei bis sieben Wühlmäuse nimmt ein Bartkauz jeden Tag zu sich. Nur in Notzeiten werden auch Insekten genommen.

In fremden Nestern

Gewöhnlich bezieht der Bartkauz verlassene Nester anderer Vögel. Nur wenn keine fertigen Nester zur Verfügung stehen, richtet sich die Eule selbst auf einem Baumstumpf ein. Der Bartkauz führt eine Saisonehe. Die Balz findet im Frühjahr statt. Anfang Mai bis Mitte Juni legt das Weibchen seine Eier. Die Anzahl der gelegten Eier richtet sich nach dem aktuellen Nahrungsangebot: Meist sind es drei bis sechs. Ausschließlich das Weibchen bebrütet das Gelege. Nach etwa 30 Tagen schlüpfen die Jungen. Sie sind zunächst blind und vollständig von einem schütteren ersten Federkleid bedeckt. Die erste Zeit bringt das Männchen die Beute für die Jungen, die vom Weibchen gefüttert werden. Erst ab etwa der dritten Woche unterstützt es seinen Partner dabei, die hungrigen Schnäbel zu stopfen.

Bartkauz *Strix nebulosa*
Klasse Vögel
Ordnung Eulenvögel
Familie Eulen
Verbreitung Nadel- und Birkenwälder in Eurasien und Nordamerika
Maße Länge: 70 cm; Spannweite 135–155 cm
Gewicht Männchen: 900 g, Weibchen: 1200 g
Nahrung hauptsächlich Wühlmäuse, auch andere kleine Säugetiere, selten kleine Vögel
Zahl der Eier 1–7
Brutdauer 28–30 Tage
Höchstalter in Menschenobhut 27 Jahre

Die Ostschermaus gehört zu der Gattung der Schermäuse und ist nach dem Lemming die zweitgrößte Wühlmausart in der Taiga.

Tiere der eurasischen Taiga

Während viele Tiere der Taiga zirkumboreal, also im Nadelwaldgürtel der Alten wie auch der Neuen Welt, verbreitet sind, beschränken sich andere auf eines der beiden Gebiete. So finden wir z. B. unter den marderartigen Raubtieren Vielfraß und Hermelin auf beiden Kontinenten. Ein ausschließlich im eurasischen Teil der borealen Nadelwälder vorkommender Vertreter ist der Zobel (*Martes zibellina*); das Feuerwiesel (*Mustela sibirica*) bewohnt nur Wälder im östlichen Teil des asiatischen Kontinents. Ähnlich sieht es bei größeren Raubtieren aus. Wolf und Braunbär sind mit verschiedenen Unterarten zirkumboreal anzutreffen, wohingegen vom Tiger die sibirische Unterart (*Panthera* oder *Neofelis tigris altaica*) nur in einigen Waldgebieten im äußersten Ostasien Zuflucht findet. Ebenfalls in der östlichen Taiga Asiens streift das Moschustier (*Moschus moschiferus*) durchs Unterholz. Die meisten Vögel der Taiga sind in ihrer Lebensweise eng an Bäume gebunden wie Spechte oder Kleiber.

Spezialisierte Insekten und Vögel

Den meisten Insekten der Nadelwälder dienen Nadeln und Holz der Bäume als Nahrungsgrundlage, manchmal sind sie sogar auf ganz bestimmte Pflanzenteile spezialisiert. Von den im absterbenden Holz der Bäume lebenden Kerbtieren werden vor allem Spechte angelockt: neben einem der Charaktervögel der Taiga, dem Dreizehenspecht (*Picoides tridactylus*), auch der Schwarzspecht (*Dryocopus martius*), der Große Buntspecht (*Dendrocopos major*) und im Süden der Kleinspecht (*Dendrocopos minor*). Birkhuhn (*Lyrurus tetrix*) und Auerhuhn (*Tetrao urogallus*) sind in den südlicheren Nadelwäldern der eurasischen Taiga zu finden. Im Winter ernähren sich diese Raufußhühner ausschließlich von Nadelblättern. Auf das Aufbrechen von Zapfen haben sich die Kreuzschnäbel mit ihren charakteristischen gekreuzten Schnäbeln spezialisiert.

Viele Eulen sind ebenfalls eng an die Wälder gebunden, und auch unter ihnen gibt es auf bestimmte Nahrung spezialisierte Formen. So bilden Fische die Hauptbeute des fast adlergroßen Mandschurischen oder Riesenfischuhus (*Ketupa blakistoni*). Seine Zehen sind, für Eulen untypisch, nicht befiedert – eine Anpassung an sein feuchtes Jagdrevier. Er fängt aber auch andere Wirbeltiere und größere Insekten, meist vom Boden. Der Fischuhu bewohnt die ostasiatische Taiga von Stanowoj-Gebirge bis zur Mandschurei und ist auch im Norden Japans heimisch.

Mäuse und andere Nager

Zahlreich vertreten in der eurasischen Taiga sind sowohl Nagetiere wie Hörnchen: das auch in Mischwäldern und Parks weit verbreitete Eichhörnchen (*Sciurus vulgaris*), das Sibirische Streifenhörnchen oder Burunduk (*Eutamias sibiricus*) oder das Gewöhnliche Gleithörnchen (*Pteromys volans*). Zu den häufigsten hier lebenden Nagern zählt die Graurötelmaus (*Clethrionomys rufocanus*). Mit ihren nahezu wurzellosen Backenzähnen ist sie an die harte Pflanzenkost aus Gräsern und Moosen bestens angepasst. Ihr Hauptfeind ist die zirkumpolar verbreitete Sperbereule (*Surnia ulula*).

Die Nähe der reichlich vorhandenen Gewässer bevorzugt die Ostschermaus (*Arvicola terrestris*), eine etwa rattengroße Wühlmaus, die auch unter dem volkstümlichen Namen »Wasserratte« bekannt ist. Sie kann ausgezeichnet schwimmen und tauchen und nimmt vor allem Schilf, Rohrkolben und Binsen, aber auch viele andere Wasserpflanzen zu sich. Zusätzlich ernährt sie sich – naheliegend für einen Nager, der weit verzweigte unterirdische Gangsysteme baut – von unterirdischen Pflanzenteilen. Ebenfalls an Wasser gebunden ist die Wasserspitzmaus (*Neomys fodiens*), die, wie Igel und Maulwurf zur Verwandtschaft der Insektenfresser (Insectivora) gehört. Die Spitzmaus legt sich sogar Nahrungsvorräte in Form von verletzten und nicht mehr zur Flucht fähigen Beutetieren, wie z. B. Regenwürmern, an.

Vom Riesenfischuhu existieren nur noch wenige hundert Exemplare; er zählt deshalb zu den stark bedrohten Tierarten.

In der östlichen Taiga Asiens streift das Moschustier durchs Unterholz.

Der Sibirische Tiger: Herrscher der östlichen Taiga

Ein Tiger im Schnee, dazu noch der größte seiner Art: Wie der Löwe in der Savanne ist der Sibirische Tiger (*Panthera* oder *Neofelis tigris altaica*) in der fernöstlichen Taiga der »Herrscher der Wildnis«. Sein Hauptverbreitungsgebiet liegt heute in einem etwa 650 000 km² großen Waldgebiet im Einzugsbereich der beiden Flüsse Amur und Ussuri. Mit einer Kopf-Rumpf-Länge von bis zu 2,9 m, die sich mit Schwanz auf 3,9 m Gesamtlänge aufaddiert, sowie einer Schulterhöhe bis zu 1,1 m und bis zu 320 kg sind die Männchen dieser Tigerunterart die größten Raubkatzen.

Auch im Schnee ist der Sibirische Tiger ein schneller und gefährlicher Jäger.

Von der Taiga in die Apotheke

Wurde der Sibirische Tiger früher in erster Linie wegen seines kostbaren Pelzes verfolgt, wird er heute – wie seine übrigen Artgenossen – größtenteils für die Arzneimittelschränke traditioneller chinesischer Apotheken gewildert. In China, Taiwan und Korea werden horrende Summen für Tigerknochen gezahlt. Diese werden getrocknet und pulverisiert und zu einer angeblich vielseitig stärkenden, als »Tigerwein« bekannten Volksmedizin verarbeitet. Sie wird gegen Erkrankungen wie Rheuma oder allgemeine Immunschwäche eingesetzt. Höchstpreise erzielt allerdings der Penis der Raubkatze. Auch dieses Körperteil wird getrocknet und zu einem traditionellen Arzneimittel verarbeitet. Heilmittel aus Tigerpenis sollen sexuell stimulierend sein.

In der traditionellen chinesischen Medizin werden nicht nur Kräutermischungen hergestellt, wie dieser Blick in eine Apotheke in Schanghai zeigt, sondern immer noch Teile gefährdeter Tierarten verarbeitet.

Raubkatze im Wintermantel

Im Lebensraum des Sibirischen Tigers, den ausgedehnten Taigawäldern im äußersten Osten Russlands, sinkt das Thermometer im Winter gewöhnlich auf –20 °C, manchmal sogar auf –40 °C. Als Schutz gegen die extreme Kälte entwickelt diese Unterart des Tigers im Winter ein sehr dichtes Fell aus längeren Haaren.
Nicht selten behindert eine Schneedecke von einem halben Meter Dicke den Sibirischen Tiger auf der Beutejagd, doch erleichtern ihm feste Wegenetze in seinem Revier das Vorankommen. Hat er den Neuschnee erst einmal festgetreten, kann er auf diesen Routen zügig sein Revier durchstreifen.

Sibirischer Tiger
Panthera tigris altaica

Klasse Säugetiere
Ordnung Raubtiere
Familie Katzen
Verbreitung Osten Russlands und angrenzende Gebiete in Nordchina und Nordkorea
Maße Kopf-Rumpf-Länge: 1,8–2,9 m, Schwanzlänge: 1 m, Standhöhe: bis 1,1 m
Gewicht bis 320 kg
Nahrung Säugetiere, vor allem Wildschweine und Hirsche
Geschlechtsreife mit 4 Jahren
Tragzeit etwa 100 Tage
Zahl der Jungen 2–4
Höchstalter 18 Jahre, in Menschenobhut bis 25 Jahre

Pirschjäger auf festen Pfaden

Auf der Suche nach Beute legt die reviertreue Großkatze täglich rd. 20 km, manchmal sogar bis zu 100 km zurück. Sie bevorzugt als Jagdgebiet Mischwälder, in denen die Vielfalt an Beutetieren größer ist. Bevorzugte Beute sind der Rot- und Sikahirsch, der ziegenartige Goral und das Moschustier; gelegentlich fällt dem Sibirischen Tiger aber auch ein Elch zum Opfer. Als Mitglied der Katzenfamilie ist er ein klassischer Pirschjäger. Lautlos schleicht er mit wachen Sinnen auf seinem Pfadnetz durch das Revier. Hat er eine potenzielle Beute ausgemacht, pirscht er sich tief geduckt bis auf rd. 10 m an. In wenigen Sätzen fällt er über das meist völlig überraschte Tier her, krallt sich mit den Klauen seiner Vorderpfoten im Opfer fest und reißt es mit seinen breiten Pranken zu Boden. Mit einem raschen Genickbiss oder durch Erwürgen wird die Beute schnell getötet.

Wilde Leidenschaft

Der Sibirische Tiger lebt auch außerhalb der Ranzzeit in kleinen lockeren Familiengruppen von meist einem Männchen und zwei Weibchen. Fremde Männchen werden heftig bekämpft. Zur Paarung nähern sich die beiden Geschlechter mit einer Mischung aus zärtlich anmutendem Umschmeicheln mit Aneinanderreiben der Köpfe und Körper und ruppigem Balgen. Zur eigentlichen Kopulation beißt sich das Männchen regelrecht im Nacken des niederkauernden Weibchens fest. Nach einer Tragzeit von fast 100 Tagen bringt das Weibchen zwei bis vier Junge zur Welt. Der Nachwuchs wird etwa ein halbes Jahr gesäugt und bleibt meist ein Jahr bei der Mutter. Er begleitet sie auf die Jagd und lernt so alles Notwendige für die eigene Selbständigkeit.

Im russisch-chinesischen Grenzgebiet

War der Sibirische Tiger früher auch in China beheimatet, ist er bis auf wenige verstreute Exemplare heute nur noch in den Wäldern an den russischen Berggebieten in Küstennähe zu finden.
Durch intensive Bejagung und illegalen Holzeinschlag war die Zahl der Sibirischen Tiger 1940 auf unter 30 Tiere zusammengeschmolzen. Erst dann wurden sie unter Schutz gestellt und Schutzgebiete geschaffen: das 3740 km² große Sichote-Alin- und das 1165 km² umfassende Laso-Reservat. Angesichts der Reviergröße der Tiger muten diese Schutzzonen als unzureichend an. Zwar hat sich durch die Gesamtheit der Schutzmaßnahmen der Bestand auf insgesamt rd. 450 Tiere erholt, doch noch immer werden etwa 50 Tiger pro Jahr gewildert.

Auf der Pirsch lässt sich der Sibirische Tiger auch von Wasserläufen nicht aufhalten.

Wenn er keinem Jäger zum Opfer fällt, kann der Zobel bis zu 15 Jahre alt werden.

Der bevorzugte Lebensraum des Zobels sind die riesigen, dichten und dunklen Nadelwälder. Wegen seines seidigen Pelzes wurde er so stark bejagt, dass seine Populationen stark gefährdet waren. Nachdem er 1936 in der ehemaligen Sowjetunion unter Schutz gestellt wurde, haben sich seine Bestände so weit stabilisiert, dass heute ein kontrollierter Handel mit seinem Fell wieder erlaubt ist.

Zobel: Räuber im seidenweichen Pelz

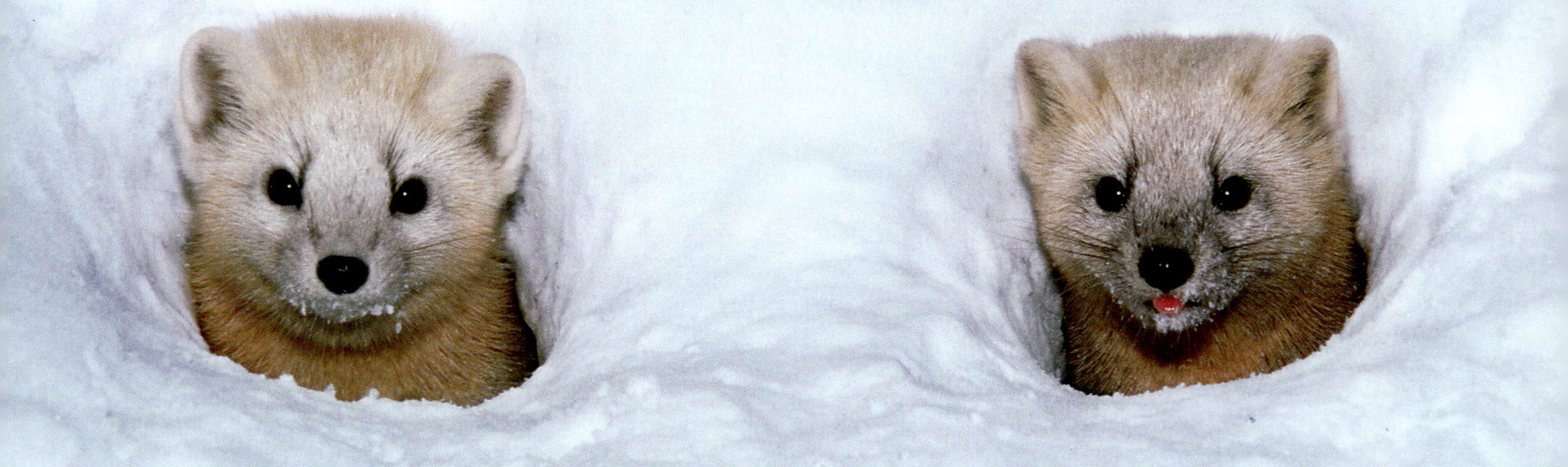

Die kleinen Zobel werden blind geboren. Erst nach etwa 30 Tagen öffnen sich ihre Augen.

Spezialist am Boden

Der Zobel (*Martes zibellina*) ist ein ausgesprochener Bodenbewohner. Hier lauert er seiner Beute auf und verfolgt sie mehr springend als laufend. Mit gekrümmtem Rücken springt er auf dem Waldboden hinter Lemmingen, Rötelmäusen und Eich- oder Streifenhörnchen her. Seltener erbeutet er auch Reptilien oder Vögel. Auf der Erde ist er ein deutlich erfolgreicherer Jäger als im Geäst der Bäume. Zwar ist der Zobel auch ein schneller und beweglicher Kletterer, aber auf den Bäumen sind ihm Eichhörnchen und Flughörnchen meist eine Nasenlänge voraus, zumal diese im Gegensatz zu ihrem Verfolger von Baum zu Baum springen können. Sind Beutetiere Mangelware, ernährt sich der Zobel überwiegend von den Früchten der Zirbelkiefer, frisst aber auch Nüsse und Beeren sowie Insekten. Bei ausreichendem Nahrungsangebot nimmt der Marder täglich etwa ein Zehntel seines eigenen Körpergewichts zu sich. Eine Zobelpopulation auf der russischen Halbinsel Kamtschatka hat sich sogar auf den Fang von Lachsen spezialisiert, wenn diese zur Laichzeit die Flussläufe hinaufziehen.

Zobel
Martes zibellina

Klasse Säugetiere
Ordnung Raubtiere
Familie Marder
Verbreitung meist Nadelwälder, aber auch Birkenwälder in Nordasien
Maße Kopf-Rumpf-Länge: 40–50 cm
Gewicht 0,5–1 kg, Männchen sogar bis 2 kg
Nahrung Nagetiere, auch Wirbeltiere bis Hasengröße und Früchte
Geschlechtsreife mit 3 Jahren
Tragzeit bis 300 Tage (Keimruhe)
Zahl der Jungen 3–4
Höchstalter 15 Jahre

Mit Keimruhe über den Winter

Innerhalb der größtenteils unberührten Waldgebiete findet der Zobel genügend Baumhöhlen, umgestürzte Bäume oder ausgehöhlte Baumstümpfe, in denen er wechselweise Unterschlupf finden kann. Je nach Nahrungsangebot besetzt er ein festes Revier von 5–30 km^2 Größe. Hier legt der Marder sowohl tagsüber als auch nachts täglich bis zu 15 km bei seiner Nahrungssuche zurück. Die Ranz fällt in den Sommer zwischen Mitte Juni und Mitte August. Die Begattung erfolgt eher ruppig: Der Rüde spürt ein brünftiges Weibchen auf und verbeißt sich nach einigen Begegnungsritualen regelrecht in seinem Nacken. Die Kopulation kann einige Stunden dauern. Nach der Befruchtung und den ersten Entwicklungsschritten verbleibt der Keim für einige Monate in einem Ruhestadium, um das harte Winterklima zu überbrücken. Die Einnistung in die Gebärmutter findet erst im folgenden Februar statt. Dann benötigt der Keim nur noch etwa 28 Tage, bis er sich voll entwickelt hat. Die Tragzeit der Zobelweibchen verlängert sich durch die Keimruhe auf bis zu 300 Tage. Mit dem nahenden Frühjahr im April werden meistens zwei bis drei hilflose, blinde und taube Welpen geboren. Nach etwa sieben Wochen verlassen die kleinen Zobelwelpen erstmals ihr schützendes Nest. Die Sterblichkeitsrate des Zobelnachwuchses ist recht hoch. Das harte Klima und periodisch auftretender Nahrungsmangel lassen nur etwa jeden fünften Zobelwelpen im dritten Lebensjahr geschlechtsreif werden.

Begehrter Kälteschutz

Verwandtschaftlich steht der Zobel als Vertreter der Familie der Marder (Mustelidae) dem in Mitteleuropa heimischen Baummarder (*Martes martes*) sehr nahe. Mit einer Kopf-Rumpf-Länge von 40–50 cm ist er jedoch kleiner als sein Vetter und wirkt mit seinem breiten Kopf und seinen runden Ohren gedrungener. Sein Gewicht schwankt zwischen 500 und 1000 g, ausgewachsene Männchen können bis zu 2 kg schwer werden. Sein vom Menschen seit Jahrhunderten begehrtes, zugleich seidenweiches und strapazierfähiges Fell ist dunkelbraun. Im Sommer ist es spärlicher entwickelt und kürzer. Um der Kälte im Winter trotzen zu können, entwickelt sich im Herbst eine extrem dichte und kräftige Unterwolle.
Der Zobel lebt in den Nadelwäldern Nordasiens, vom Ural bis in den Osten Sibiriens, in der Mongolei, dem Altai, in Korea und auf den nördlichen japanischen Inseln. Man kann ihn aber auch in Birken- und Mischwäldern sowie in Moorgebieten antreffen. Die Nähe des Menschen meidet der Marder. Einstmals auch in den Wäldern Skandinaviens beheimatet, wurde der Zobel hier durch exzessive Bejagung ausgerottet.

Wertvolle Zobelpelze

Der weiche Zobelpelz galt zu allen Zeiten als edle Kostbarkeit. Geschickte Kürschner konnten den Pelz so fein zurichten, dass er sich durch einen Wappenring hindurchziehen ließ. Grundsätzlich unterlagen alle Zobelfelle dem Monopol des russischen Kaisers. So oblag es auch dem Kaiser von Russland, Ehrenpelze an ausgewählte Herrschaften und Ehrengäste zu verschenken. Vor allem ab dem 15. Jahrhundert wurde der Zobel derart intensiv bejagt, dass sich sein Bestand verringerte und zu Beginn des 20. Jahrhunderts, ehe er unter Schutz gestellt wurde, sogar sein Fortbestand bedroht war. Der größere Pelz der Männchen ist meist dichthaariger und deshalb wertvoller. Der Pelzwert steigt außerdem, je dunkler das Haar ist. Besonders kostbar sind diejenigen Felle, bei denen nur die längsten Haare weiß sind. Diese sog. Silberzobel tragen in sich den Beweis, dass sie nicht künstlich nachgefärbt worden sind. Noch heute preisen kommerzielle Safari-Unternehmen die Pelztierjagd durch abgerichtete Hunde, z. B. rund um den Baikalsee, an.

Der wertvolle Pelz ist so begehrt, dass der Zobel aufgrund der intensiven Bejagung beinahe ausgerottet worden wäre.

Wenn die Lachse Heimweh haben

Lachse gehören zu den anadromen Wanderfischen, ziehen also zur Eiablage in die Flüsse, während sie den größten Teil ihres Lebens im Meer verbringen. Bei diesen Wanderungen legen viele Arten beträchtliche Entfernungen zurück, wobei der Quinnat (*Oncorhynchus tschawytscha*), der auch Königslachs genannt wird, wohl den Rekord halten dürfte, denn viele Exemplare dieser Art wandern alljährlich den Yukon River bis zu den Quellflüssen in Kanada hinauf – insgesamt ein Weg von bis zu 4000 km.

Die Lachse auf dem anstrengenden Weg zu ihren Laichgründen sind für Bären eine leichte Beute.

Der Königslachs ist eines der Staatssymbole Alaskas, des nördlichsten US-amerikanischen Bundesstaats. Die ersten zwei oder manchmal auch drei Lebensjahre verbringen die jungen Königslachse in dem kalten Gewässer, in dem sie geschlüpft sind. Anschließend ziehen die Fische in den Nordpazifik, wo sie im Alter von vier bis sieben Jahren geschlechtsreif werden. Jetzt haben viele Exemplare ein Gewicht von bis zu 25 kg erreicht, einige sind sogar noch schwerer. In ihren Jagdgebieten im Meer vermischen sich zwar die Lachse aus den verschiedensten Flüssen, doch nach der Geschlechtsreife schwimmt dann erstaunlicherweise jeder Fisch wieder in das Gewässer zurück, in dem er einst aus dem Ei geschlüpft ist und seine ersten Lebensjahre verbracht hat.

Wie es den Lachsen gelingt, den Weg dorthin zu finden, ist nach wie vor nicht ganz geklärt. Fest steht, dass ihnen ihr guter Geruchssinn zumindest eine große Hilfe ist. Das gilt vor allem, wenn sie die Flüsse erst einmal erreicht haben, denn dort finden sie beispielsweise die richtige Abzweigung zu »ihrem« Nebenfluss mithilfe des Riechvermögens – verstopft man ihnen die Nase,

Mit bis zu 3 m hohen und 6 m weiten Sprüngen überwinden Lachse Stromschnellen und Fischtreppen.

gelingt ihnen das nicht. Man weiß aber inzwischen auch, dass das Magnetfeld der Erde die Orientierung der Lachse beeinflusst. Möglicherweise wird auch der Sonnenstand zur Orientierung benutzt. Ebenfalls nicht völlig geklärt sind die Umstände, die die jungen Lachse zum Abwandern ins Meer veranlassen. Vermutlich ist eine wärmere Wassertemperatur einer der Hauptgründe, denn bei sehr niedrigen Temperaturen in den Spätwintermonaten bleiben die jungen Lachse länger in den Flüssen. Während es bei vielen Lachsarten zu starken äußerlichen Veränderungen kommt, wenn sie ins Süßwasser zurückkehren – etwa zu einer völligen Umgestaltung der Kiefer, die ein Schließen des Mauls nicht mehr möglich macht – behält der Quinnat sein Aussehen. Und obwohl Königslachse die längsten Laichwanderungen zurücklegen, zeigen sie nicht so starke körperliche Verfallserscheinungen wie die meisten ihrer Verwandten. Daher hat man auch schon Exemplare gefunden, die nach der Fortpflanzung in den Flüssen wieder ins Meer zurückgeschwommen waren, also die lange Wanderung zum dritten Mal auf sich genommen hatten. Allerdings ist bisher kein Fall bekannt, in dem ein Königslachs noch ein weiteres Mal in sein Laichgewässer zurückgekehrt wäre. Im Normalfall sterben aber auch die meisten Quinnats bald, nachdem sie sich fortgepflanzt haben. Sie machen auf diese Weise Platz für eine neue Lachsgeneration, die sich ein paar Jahre später ebenfalls auf die lange, beschwerliche und gefährliche Reise begibt.

Der Quinnat ist die größte im Pazifik lebende Lachsart.

Das Hermelin: Pelzträger mit weltweiter Verbreitung

Das elegante Hermelin ist ein gefährlicher Räuber, der es auch mit größeren Gegnern aufnimmt.

Das Hermelin verdankt seinen Bekanntheitsgrad seinem Winterpelz. Der weiße Hermelinpelz wurde ursprünglich von hohen Richtern und Adeligen in Großbritannien getragen. Das stets schwarz verbleibende Schwanzende wurde als besonders schmückende Zierde dem reinweißen Pelz aufgenäht. Noch 1937 wurden zur Krönungsfeier Georgs VI. über 50 000 Hermelinpelze aus Kanada eingeführt. Bis heute entstammen alle Hermelinpelze Tieren, die in freier Wildbahn erlegt wurden. Sie werden nicht auf Farmen gezüchtet.

Eleganter Bodenjäger

Das Hermelin (*Mustela erminea*), auch als Großwiesel bezeichnet, bevorzugt abwechslungsreiches Gelände und zieht in der Taiga die aufgelockerten Ufergebiete von Flussläufen und Seen den dichten Waldabschnitten vor. Obwohl der Marder die Nähe von Wasser bevorzugt, ist er auch nahe menschlicher Siedlungen zu finden, nicht nur in Hühnerställen, sondern auch in Kulturlandschaften und größeren Parkanlagen. Vorzugsweise lebt und jagt das Großwiesel am Boden, wo es sich meist mit kurzen Sprüngen, aber auch schnell laufend fortbewegt. Seine extrem biegsame Wirbelsäule verleiht ihm bei seinen Bewegungen nicht nur Eleganz, sondern auch große Wendigkeit und Geschick.

Der lang gestreckte und schlanke Marder ist auf der nördlichen Halbkugel weit verbreitet: von Alaska über Nord- und Mitteleuropa bis nach Japan und sogar bis in den Nordosten Grönlands, also auch bis in die Tundra.

Der Schwanz bleibt schwarz

Ohne Schwanz ist ein Hermelin gut 20–30 cm lang. Im Sommer ist sein Fell unterseits weiß und oben kastanien- bis zimtbraun gefärbt. Zum Winter hin färbt es sich weiß. Auf den geschlossenen Schneedecken der nördlichen Breiten ist der Räuber daher hervorragend getarnt und kaum auszumachen, wenn er nach Mäusen und kleinen Nagern unter der Schneedecke jagt. Lediglich in wärmeren

Gefilden hellt sich das Sommerfell zum Winter hin nur etwas auf. Die dichte, dunkle Schwanzquaste bleibt aber stets schwarz. Zum Schlafen rollt das Hermelin seinen schlanken Körper eng zusammen und legt den Kopf auf den Schwanz. Diese Haltung sorgt dafür, dass möglichst wenig Körperwärme verloren geht.

Mutige Jäger

Wie für Marder charakteristisch, tötet ein Hermelin seine Beute, die oft wesentlich größer ist als es selbst, schnell mit einem gezielten Biss in den Nacken. Das Opfer wird meist nicht an Ort und Stelle verzehrt, sondern in einen sicheren Unterschlupf verbracht. Lediglich austretendes Blut wird sogleich aufgeleckt. Das Hermelin kehrt so lange zum Ort des Beuteerfolgs zurück, bis es keine Opfer mehr ausmachen kann. Das kann für einen Hühnerstall schon einmal bedeuten, dass der Marder den gesamten Geflügelbestand niedermacht. Dieses Verhalten hat dem kleinen Räuber gemeinhin einen blutrünstigen Ruf eingebracht. Doch bilden vor allem in den unendlichen Wäldern der Taiga Nagetiere seine hauptsächliche Beute. Dank seines schlanken Körpers kann er seine Beutetiere sogar bis in ihre Baue hinein verfolgen. Damit ist das Hermelin ein wichtiger Regulator in diesem Ökosystem und verhindert u. a. Schäden an der Vegetation durch Überhandnehmen von Wühlmäusen. Als Mäuse- und Rattenvertilger wird es schon seit früher Zeit vom Menschen in seiner Nähe geduldet – und trotz mancher Verluste weitgehend verschont. Wenn nicht ausreichend kleine Nagetiere zur Verfügung stehen, weicht das Hermelin problemlos auf Vögel und deren Eier, Frösche oder sogar die für viele Tiere weniger schmackhaften Spitzmäuse aus. Das Hermelin ist selbst gegenüber größeren Feinden – wozu auch der Mensch zählt – nicht scheu, sondern eher angriffslustig. Um größer zu erscheinen, richtet es sich auf seine Hinterbeine auf. Nach drohendem Zischen und Schreien geht es auch bei einem wesentlich größeren Gegenüber zum Angriff über.

Strikte Einzelgänger

Je nach dem regional jahreszeitlich unterschiedlichen Nahrungsangebot besetzen die sehr ortstreuen Hermeline feste Reviere: Die der lebhafteren Männchen (Rüden) sind mit durchschnittlich 20 ha etwa doppelt so groß wie die der Weibchen (Fähen). Abgegrenzt werden die Territorien gegenüber Artgenossen durch ein aus den Analdrüsen ausgeschiedenes Sekret.
Als strikte Einzelgänger tun sich Hermeline auch zur Paarung im Frühjahr und Sommer nur für wenige Stunden zusammen. Wie viele Marder hat auch die Hermelinfähe eine durch die winterliche Keimruhe verlängerte Tragzeit von rd. 280 Tagen. Etwa 30 Tage nach der Einnistung in die Gebärmutterschleimhaut ist der Embryo voll entwickelt. Zwischen Mitte Februar und Mitte Mai werden dann meist sechs, höchstens 13 Welpen geboren. Eine biologische Besonderheit ist die manchmal auftretende frühe und zugleich erfolgreiche Befruchtungsfähigkeit von nur etwa fünf Wochen alten Weibchen. Dies dient wohl vor allem in Jahren mit guter Nahrungslage der Populationsverdichtung und damit langfristig dem Arterhalt. Besonders in härteren nördlichen Lebensräumen wie der Taiga liegt die durchschnittliche Lebenserwartung nur bei etwa eineinhalb Jahren.

Hermelin
Mustela erminea

Klasse Säugetiere
Ordnung Raubtiere
Familie Marder
Verbreitung gemäßigte und subarktische Zonen der Nordhalbkugel: Alaska, Nordosten Grönlands, Nord-, Mittel- und Osteuropa, Nordrussland, Japan; in Neuseeland und Australien eingebürgert
Maße Kopf-Rumpf-Länge: 20–30 cm, Schwanzlänge: 4–12 cm
Gewicht 40–360 g
Nahrung kleine Säuger, Vögel, Eidechsen, Fische und Insekten
Geschlechtsreife Weibchen mit 2–3 Monaten, Männchen mit 1 Jahr
Tragzeit 280 Tage (Keimruhe)
Zahl der Jungen 3–13
Höchstalter 7 Jahre

Bei allen Flughörnchen sind die vorderen und hinteren Gliedmaßen mit einer Flughaut verbunden.

Das Gewöhnliche Gleithörnchen: Leben in den Wipfeln

In der sehr formenreichen Familie der Hörnchen (Sciuridae) nehmen die Gleithörnchen der Unterfamilie Petauristinae allein schon wegen ihrer außergewöhnlichen Fähigkeit zum Gleitflug von Baum zu Baum eine Sonderstellung ein. Die weiteste Verbreitung hat das Gewöhnliche Gleithörnchen (*Pteromys volans*): Es lebt nicht nur in Asien, sondern auch in Teilen Europas, nämlich in Finnland und Nordrussland. Der Verbreitungsschwerpunkt dieses possierlichen Akrobaten liegt jedoch in der Taiga Nordasiens.

Im Sitzen ist das Gleithörnchen kaum von einem normalen Eichhörnchen zu unterscheiden.

Natürlicher Fallschirm

Als strikt baumlebendes Waldtier hat das ungefähr goldhamstergroße Gewöhnliche Gleithörnchen in der Taiga einen idealen Lebensraum gefunden. Seine Fähigkeit, Lücken im Geäst oder lichte Stellen im Wald auf direktem Luftweg zu überbrücken, bietet ihm wesentliche Überlebensvorteile: Zum einen kann es alle Winkel und damit auch sämtliche Nahrungsquellen in seinem Wohngebiet erreichen, ohne jemals auf den Boden hinuntersteigen zu müssen, was viel Energie spart. Zum anderen kann es sich auf gleitfliegende Weise geschickt vor seinen ärgsten Fressfeinden wie Mardern und dem Zobel in Sicherheit bringen. Als eingebautes Segel dient dazu eine seitlich am Körper liegende Flughaut. Sie ist voll behaart und erstreckt sich beiderseits des Leibes vom Handgelenk der Vordergliedmaßen bis zum Fußgelenk der Hintergliedmaßen. Von der Handwurzel geht zudem noch ein Knorpelstab aus, der den seitlichen Vorderrand der Gleithaut versteift und zusätzlich abspreizt.

Zielgenauer Gleitflug

Die Hörnchen gleiten auf ihren ausgebreiteten und angespannten Häuten wie mit einem Gleitschirm durch die Luft. Ihre Arme sind länger als die der gleich großen Baumhörnchen, wobei die Unterarme im Verhältnis vergrößert sind. Neueren Studien zufolge vermag das Gleithörnchen bis zu dreimal so weit horizontal zu gleiten, wie es an Höhe verliert; dabei sind Strecken von 10–50 m durchaus üblich. Da das Hörnchen in der Luft nur sehr wenig steuern kann – lediglich mit den Beinen und dem Schwanz –, peilt es sein Ziel vor dem Start genau an. Vor der Landung muss es mitten in der Luft abbremsen, indem es den Anstellwinkel seines Körpers verändert. So kann es unbeschadet auf dem Zielbaum landen.
Beim Klettern und beim Laufen im Geäst ist die Flughaut eher hinderlich und wird dann nah an den Körper gezogen, um sie nicht zu verletzen. Sie dient nicht nur der Fortbewegung, sondern wird auch als Fettspeicher für den Winter genutzt.

Gewöhnliches Gleithörnchen
Pteromys volans

Klasse Säugetiere
Ordnung Nagetiere
Familie Hörnchen
Verbreitung Waldgebiete Eurasiens von Finnland bis Japan
Maße Kopf-Rumpf-Länge: 14–20 cm, Schwanzlänge: gut 10 cm
Gewicht 90–170 g
Nahrung Flechten, Blätter, Knospen, Blüten, Früchte, Samen
Geschlechtsreife mit 1 Jahr
Tragzeit 5–6 Wochen
Zahl der Jungen 2–4
Höchstalter etwa 5 Jahre

Jungenaufzucht

Tagsüber schläft das nachtaktive Tier in einem Kugelnest aus Flechten, Gräsern, Moos und Federn in 1,5–9 m Höhe, das es bevorzugt in verlassenen Spechthöhlen einrichtet. Dort bringen die Weibchen auch nach einer Tragzeit von fünf bis sechs Wochen im Frühjahr zwei bis vier Junge zur Welt. Diese sind bei der Geburt vollkommen nackt; ihre Augen sind fest verschlossen und sie wiegen nur etwa 5 g. Die Flughaut ist jedoch schon deutlich zu erkennen. Erst nach zwei Wochen ist das Fell vollständig ausgebildet, nach viereinhalb Wochen öffnen sich die Augen und nach sechs Wochen beginnen die Jungen, die allein von der Mutter versorgt werden, die Umgebung des Nestes zu erkunden. In diesem Alter werden sie auch von der Mutter entwöhnt, sie bleiben aber noch geraume Zeit, in manchen Fällen sogar noch den Winter über, mit ihr zusammen. Das nunmehr dicke, wärmende Fell ist am Bauch immer weißlich gefärbt, am Rücken im Sommer graubraun, in den Wintermonaten Dezember bis April eher silbergrau.

Aktiv auch im Winter

Charakteristisch für das Gewöhnliche Gleithörnchen sind Baumgemeinschaften: Außerhalb der Fortpflanzungszeit finden sich auf einzelnen Bäumen häufig mehrere erwachsene Tiere desselben Geschlechts. Im Winterhalbjahr bewohnt dann meist ein Paar oder ein Weibchen mit seinen halbwüchsigen Jungen eine Baumhöhle. Durch das Aneinanderkauern wird der tägliche Energieverbrauch der Tiere deutlich gesenkt, da der Wärmeverlust geringer ist. Auch im hohen Norden halten die Gleithörnchen keinen Winterschlaf. Sie sind daher gezwungen, sich umfangreiche Futtervorräte hauptsächlich aus Flechten und unterirdisch wachsendem Pilzgewebe anzulegen, die sie entweder in Baumhöhlen oder unter der Erde verstecken und durch Sekrete der Schweiß- und Talgdrüsen markieren.
Im Frühjahr wird die karge Kost durch Knospen, junge Blätter und Blüten, im Sommer durch frisches Grün und junge Zweige, im Herbst durch Baumsamen und Nüsse ergänzt.

Beim Sprung von Ast zu Ast stößt sich das Gleithörnchen mit den Füßen ab.

Der **Burunduk** (***Tamias sibiricus***)**, auch Sibirisches Streifenhörnchen genannt, gehört innerhalb der Unterfamilie der Baum- und Erdhörnchen (Sciurinae) zur Gattung der Backen- oder Streifenhörnchen. Es handelt sich um eine ursprüngliche Tiergruppe mit recht kleinen Tieren, die allesamt ein helldunkel gestreiftes Fell und große Backentaschen besitzen. Obwohl sie ausgezeichnete und flinke Kletterer sind, spielt sich ihr Leben vorwiegend auf oder sogar im Waldboden ab. Einziger Vertreter in der Paläarktis, dem altweltlichen Teil der Nordhalbkugel bis zum nördlichen Wendekreis, ist der Burunduk. Sein Verbreitungsgebiet reicht von Russland über China bis nach Japan.**

Der Burunduk: A- und B-Hörnchens Cousin

Auch wenn die Streifen auffällig wirken, sind sie im Wald zwischen den Ästen eine ideale Tarnung.

Der buschige Schwanz des Burunduks misst mit 10 cm fast so viel wie der 15 cm große Körper des Hörnchens.

Eine geräumige Wohnung

Durch seine bräunlich graue bis ockergelbe Fellfärbung am Rücken ist der Burunduk im Wald gut getarnt. Die Längsstreifung über den gesamten Rücken und den Schwanz sowie seitlich am Kopf lässt ihn sowohl am Boden als auch im Geäst fast mit der Umgebung verschmelzen. Seine deutlich verbreiterten Zehenballen und scharfen Krallen deuten auf eine Anpassung an das Baumleben hin. Dennoch hält er sich meist am Boden auf und legt dort auch an geschützter Stelle seine Erdbauten an. Ein etwa 50 cm tiefer, um 45 Grad geneigter Zugang führt zu einem Gangsystem, das 1–2 m lang und mehrfach verzweigt ist und eine Nest- sowie eine oder mehrere Vorratskammern umfasst.

Winterruhe in Etappen

Burunduks sind recht klein und können daher im Körper nicht genug Fettreserven speichern, um bis zum Frühjahr nur von diesen zu zehren. Sie halten daher ihre Winterruhe in mehreren Etappen: Etwa alle vier Tage wachen sie auf, knabbern an den Vorräten und legen sich dann wieder schlafen. In Sibirien verschläft der Burunduk so etwa fünf Monate.

Ein reich gedeckter Tisch

Da die Schneeschmelze mitunter sehr lange auf sich warten lässt, sorgt das Sibirische Streifenhörnchen reichlich vor. Die überwiegend pflanzliche Nahrung schafft es in seinen geräumigen Backentaschen in den Bau und sortiert sie meist nach Futtersorten in unterschiedliche Vorratskammern. Teilweise scharrt es seine Vorräte jedoch auch im Boden ein.

Aufgrund des anatomischen Baus seines Darms und dank neuerer ernährungsphysiologischer Erkenntnisse hat man festgestellt, dass der Burunduk kein reiner Pflanzenfresser (Herbivor), sondern vielmehr ein Allesfresser (Omnivor) ist, der auf die Aufnahme von tierischem Eiweiß angewiesen ist. Er frisst demnach auch Insekten und Reptilien und raubt gelegentlich Jungvögel und kleine Mäuse aus ihren Nestern.

Gefährliche Vorratswirtschaft

Seine Vorratshaltung wird dem Hörnchen in Sibirien oft zum Verhängnis. Hungrige Braunbären spüren im zeitigen Frühjahr die dann oft noch mehrere Kilogramm schweren Vorräte auf, graben sie aus und fressen dabei den noch ruhenden Burunduk gleich mit. Auch im Sommer muss er vor seinen Feinden wie Mardern, Füchsen, Eulen und dem Mäusebussard auf der Hut sein. Das rein tagaktive Tier verbringt etwa 80 % seiner Wachzeit mit dem Sammeln von Futter. Bei trockenem Wetter nimmt der Burunduk gern Staubbäder und wälzt sich in Rückenlage im Sand. Bei Regenwetter bleibt er jedoch in seinem Bau.

Paarung im Sommer

Die Paarungsaktivität beginnt um die zweite Aprilhälfte und die Weibchen werfen nach einer Tragzeit von 28–40 Tagen Ende Mai oder Anfang Juni vier bis sechs Junge, die nach etwa vier Wochen das Nest verlassen. Die ortstreuen Burunduks haben ein relativ großes Aktionsgebiet, das sie regelmäßig zur Nahrungssuche durchstreifen, und ein bedeutend kleineres Kerngebiet, das sog. Territorium, das sie gegenüber Artgenossen verteidigen. Die Tiere sind zwar nicht direkt gesellig, aber doch untereinander verträglich. Lediglich während der Brunft sind insbesondere die Männchen sehr reizbar. Typisch für die Burunduks ist auch ihr breites Lautspektrum. Das häufig zu hörende »Tschip« klingt fast wie ein Vogelruf und hat vermutlich dem eng mit dem Burunduk verwandten amerikanischen Chipmunk – der Vorlage für Disneys A- und B-Hörnchen – zu seinem Namen verholfen.

Burunduk
Tamias sibiricus

Klasse Säugetiere
Ordnung Nagetiere
Familie Hörnchen
Verbreitung Waldgebiete von Russland bis Japan
Maße Kopf-Rumpf-Länge: 12–19 cm
Gewicht 50–150 g
Nahrung Samen, Nüsse, Pilze, Früchte, auch Insekten, junge Mäuse und Vogeleier
Geschlechtsreife mit 1 Jahr
Tragzeit 28–40 Tage
Zahl der Jungen 4–6
Höchstalter 2–3 Jahre

Die Polarrötelmaus: ein Leben im Untergrund

Die Lappen nennen das im nördlichen Eurasien und arktischen Nordamerika beheimatete possierliche und flinke Tierchen auch »Eichhörnchenmaus«. Diesen Namen trägt die Polarrötelmaus (*Clethrionomys rutilus*) nicht von ungefähr: Zum einen hat sie ein auffallend brandrotes Fell und zum anderen gräbt sie weniger und klettert mehr als andere Wühlmausarten, zu deren Verwandtschaft sie gehört. Sie hat vergleichsweise einfache Backenzähne, die bei den erwachsenen Tieren Wurzeln bilden und nicht wie bei den meisten anderen Wühlmausarten dauerhaft nachwachsen.

Die zahlreichen Beerensträucher in der Taiga bieten der Polarrötelmaus vor allem im Herbst reichlich Nahrung.

Reich gedeckter Tisch

In der Wahl ihres Lebensraums ist die Polarrötelmaus sehr anspruchsvoll und bevorzugt gras- und krautreiche Wälder. Dort ernährt sie sich vorwiegend von den Beeren zahlreicher Sträucher. Daneben bereichern Blätter, Knospen und Zweige von Büschen ihren Speisezettel. Im Frühsommer, vor der Beerenreife, machen Moose und Flechten einen Großteil der Nahrung aus und Insekten bilden eine wertvolle Eiweißquelle. Der Spätsommer liefert zudem noch reichlich Pilze, die dann sogar manchen Beeren vorgezogen werden. Indem die Polarrötelmäuse intensiv nach unterirdisch wachsenden Pilzen wie Trüffeln suchen, werden diese im Lebensraum der Tiere sogar weiterverbreitet. Dies ist vor allem in ökologisch gestörten Waldgebieten von Nutzen, da so auch die Verbreitung von Mykorrhiza gefördert wird, also von Symbiosen zwischen Pflanzenwurzeln und Pilzfäden. Für Notzeiten unterhalten die Rötelmäuse das ganze Jahr über einen Futtervorrat im Nest. Die Polarrötelmaus macht sich hauptsächlich bei einbrechender Dämmerung und im Schutz der Nacht auf die Nahrungssuche.

Bodenbelag als Versteck

Zum Schutz vor den allgegenwärtigen Feinden, zu denen insbesondere marderartige Raubtiere wie Dachs, Fichtenmarder, Zobel, Hermelin und Mauswiesel gehören, aber auch Eulen und in der Dämmerung Habichte, bewohnen die Polarrötelmäuse Gebiete mit einer recht hohen Bodenstreu. Diese ist vor allem in der Strauchvegetation und in offenen Taigawäldern zu finden. Da die Streuschicht nicht nur Rückzugsmöglichkeiten vor Fressfeinden, sondern auch einen gewissen Schutz vor ungünstiger Witterung bietet, findet man die kleinen Wühler weder auf Sukzessionsflächen – das sind Flächen, die z. B. nach dem Rückzug von Gletschern neu von Pflanzen besiedelt werden – noch in geschlossenen Wäldern ohne Unterwuchs. Bei einer Störung stoßen die Tiere eine Art zwitscherndes Bellen aus, das man allerdings nur aus nächster Nähe hören kann. Je nach Situation suchen sie ihr Heil in der Flucht oder verharren reglos, bis die Gefahr vorbei ist.

Im warmen Nest

Während des Winters nutzen die Polarrötelmäuse dickes Moos und Polsterpflanzen wie eine Decke gegen die Kälte und bauen darin ein kugelförmiges Nest aus Gras und Moos. Da die Tiere keinen Winterschlaf halten, sondern den ganzen Winter über aktiv bleiben, legen sie oft auch lange Gangsysteme unter dem Schnee an. Sommerbaue werden meist in geringer Tiefe in den Boden gegraben oder unter einem schützenden Stein oder einer Wurzel eingerichtet. Die Eingänge werden mit Blättern, Zweigen und Steinen getarnt.

Zahlreicher Nachwuchs

Während des gesamten arktischen Frühlings und Sommers, also von Mai bis Anfang September, widmen sich die Polarrötelmäuse der Fortpflanzung und Jungenaufzucht. Wann der erste Wurf nach einer Schwangerschaft von nicht einmal drei Wochen das Licht der Welt erblickt, hängt von der Witterung und vom Nahrungsangebot ab. Durchschnittlich sechs Junge säugt das Weibchen 18 Tage lang.

Ein kurzes Mäuseleben

Im Frühjahr geborene Mäuse erreichen ihre Endgröße schon im Alter von etwa fünf Monaten, im Sommer geborene wegen der schlechteren Nahrungsbedingungen im folgenden Herbst und Winter erst mit knapp einem Jahr. Es hängt also vom Zeitpunkt der Geburt ab, wann eine Rötelmaus ausgewachsen ist und eigene Junge in die Welt setzt. Unter besten Bedingungen kann ein Weibchen pro Jahr etwa fünf Würfe aufziehen. Wenn die Schneeschmelze sehr früh eingesetzt hat, pflanzen sich ca. 20 % der Weibchen des ersten Wurfes noch im selben Sommer fort. Ist die Populationsdichte der Mäuse sehr hoch, so kann sich die Geschlechtsreife der Weibchen verzögern oder die Tiere wandern ab und begeben sich auf die Suche nach einem neuen geeigneten Lebensraum. Die Lebenserwartung beträgt nur wenig mehr als ein Jahr und zur Zeit der Schneeschmelze besteht die Gesamtpopulation lediglich noch aus den Jungtieren des Vorjahres.

Polarrötelmaus
Clethrionomys rutilus

Klasse Säugetiere
Ordnung Nagetiere
Familie Wühler
Verbreitung nördliche Holarktis von Skandinavien über Sibirien und Alaska bis nach Kanada
Maße Kopf-Rumpf-Länge: 8–11 cm, Schwanzlänge: 2–4 cm
Gewicht 10–30 g
Nahrung Beeren, Moose, Flechten, Pilze, Samen, Knospen, Insekten
Geschlechtsreife Weibchen mit wenigen Wochen
Tragzeit knapp 3 Wochen
Zahl der Jungen 5–7
Höchstalter 1 Jahr

Die wegen ihres hell leuchtenden Augenrings im englischen Volksmund auch Goldauge genannte Ente wird in die Gattungsgruppe der Meeresenten (*Mergini*) gestellt. Ihren deutschen Namen erhielt die Schellente (*Bucephala clangula*) wegen des charakteristischen Geräusches, das die schlagenden Flügel beim Flug erzeugen. Wie etwa ein Drittel aller Enten brütet auch sie in Baumhöhlen. Dieses Brutverhalten hat ihre Verbreitung auf Wälder beschränkt, insbesondere auf die gesamte nördliche Nadelwaldzone.

Die Schellente: unterwegs zwischen Taiga und Meer

Spechte als Wohnungsbauer

Enten haben von ihrer ganzen Anatomie her keine Möglichkeit, selbst Höhlen in Bäumen anzulegen, sondern müssen sich darauf beschränken, schon vorhandene Höhlen zu nutzen. In erster Linie handelt es sich dabei um verlassene Behausungen des Schwarzspechtes (*Dryocopus martius*). Spechte ernähren sich fast ausschließlich von Insekten und diese wiederum findet man in entsprechender Anzahl in naturbelassenen Wäldern mit hohem Totholzanteil. Ideale Bedingungen sind demnach im weitläufigen und nicht sehr intensiv forstwirtschaftlich genutzten Taigagürtel gegeben.

Keine Kostverächter

Neben dem geeigneten Nistplatz ist auch ein ausreichendes Nahrungsangebot für die

Der scharf begrenzte weiße runde Fleck zwischen Schnabel und Auge ist ein typisches Merkmal des Schellentenerpels.

Schon nach zwei Wochen sind die Küken selbständig und müssen ihrer Mutter nicht mehr auf Schritt und Tritt folgen.

Auswahl des Brutgebiets maßgebend. Das Nahrungsgewässer muss nährstoffreich sein, aber keinen zu dichten Schwimmblattbewuchs aufweisen. Die Schellenten sind aber recht anpassungsfähig, was die Auswahl der Nahrung betrifft: Sie fressen hauptsächlich Insektenlarven, Schwimmkäfer, kleine Krebstierchen, Schnecken und Würmer. Beste Voraussetzungen für diese Art der Nahrung bieten kalte, klare Waldseen, seltener auch Fließgewässer. Dort tauchen die Schellenten bis zu 6 m tief senkrecht unter und drehen am Grund Steine um, unter denen viele Kleinlebewesen verborgen sind.

Bevorzugte Nistplätze

Idealerweise sollte der Nistplatz nicht allzu weit vom Nahrungsgewässer entfernt sein. Schellenten bevorzugen daher Nistbäume in Ufernähe, nehmen aber auch Wege von bis zu 2 km in Kauf. Der Höhleneingang darf nicht größer als 25 cm sein, um genügend Schutz zu bieten. Die bevorzugte Nisthöhe beträgt in der Regel 6–8 m. Ist erst einmal ein Platz gefunden, der vorteilhaft erscheint, zeigen die Schellenten eine starke Bindung zum Brutgebiet und eine ausgeprägte Nistplatztreue. Das ist schon deshalb von Nutzen, weil die Vögel den unwirtlichen Winter weiter südlich an der Nord- und Ostsee bzw. am Kaspischen und am Schwarzen Meer verbringen und so bei ihrer Rückkehr nicht lange nach Nistplätzen suchen müssen. Sie können also den kurzen Sommer ohne Zeitverzögerung zur Jungenaufzucht nutzen.

Finden Altvögel oder die Jungvögel des vergangenen Jahres keine geeignete Nisthöhle, kommt es zum Brutparasitismus, wie er beim Kuckuck sprichwörtlich ist: Die Enten legen ihre Eier teilweise in fremde Nester der eigenen Art, teilweise auch in artfremde Nester; dann entstehen sog. Mischgelege. Da zu große Gelege aber den Bruterfolg stark vermindern, weil das brütende Entenweibchen nicht alle Eier gleichzeitig wärmen kann, regelt sich auf natürliche Weise die Bestandsdichte der Höhlenbrüter.

Aufzucht der Jungen

Nach Balz und Paarung im zeitigen Frühjahr werden die Eier meist zwischen April und Mai in die nackte, nur mit Daunen ausgekleidete Höhle gelegt. Der Erpel verteidigt anfangs noch die Höhle gegen Konkurrenten, verlässt die Partnerin aber nach Ablage des letzten Eies und überlässt das Brutgeschäft und die Jungenaufzucht gänzlich ihr. Nach etwa 30 Tagen schlüpfen die weit entwickelten Jungen, die schon innerhalb der nächsten beiden Tage ihrer Nisthöhle den Rücken kehren. Die Mutter verlässt den Baum als Erste und fordert die Jungen mit lauten Rufen auf, ihr zu folgen. Mit ihren spitzen Zehennägeln erklimmen die Küken den Rand der Nisthöhle und stürzen sich in die Tiefe. Der gesamte Trupp, die sog. Schofe, macht sich dann auf den Weg zum Nahrungsgewässer.

Die Jungen sind durch ihre olivbraune Färbung zwar recht gut getarnt, fallen aber dennoch oft Raubfeinden wie Krähen, Elstern oder Greifvögeln zum Opfer. Erst im Wasser sind sie wieder sicherer. Als geschickte Schwimmer und Taucher ernähren sie sich von Anfang an selbst, werden aber noch etwa zwei Wochen lang von der Mutter geführt. Im Spätjahr folgen dann die Weibchen und Jungtiere den schon vorangeflogenen Erpeln in die Überwinterungsgebiete.

Schellente
Bucephala clangula

Klasse Vögel
Ordnung Gänsevögel
Familie Entenvögel
Verbreitung gesamte Nadelwaldzone der Nordhalbkugel, im Süden bis in Mischwälder hinein
Maße Länge: 40–50 cm
Gewicht 500–1300 g
Nahrung Schnecken, Würmer, Krebse, Insekten und deren Larven, auch kleine Fische und Pflanzenteile
Geschlechtsreife mit 1 Jahr
Zahl der Eier 8–11
Brutdauer 30 Tage
Höchstalter 17 Jahre

Das Auerhuhn: Beerenkost im Sommer, harte Nadeln im Winter

Überall in den gemäßigten Breiten, borealen und arktischen Zonen der nördlichen Hemisphäre trifft man auf Vertreter der Raufußhühner. Die einzelnen Arten sind dabei hervorragend an die verschiedenen Wald-, Tundra- und Steppentypen sowie an unterschiedliche Höhenlagen und Breitengrade angepasst. Häufig geht die Spezialisierung so weit, dass sympatrische Arten – also Arten, die gleiche oder zumindest überlappende Lebensräume bewohnen – überhaupt nicht konkurrieren, weil sie jeweils andere Ansprüche an den Lebensraum und die Nahrung haben. So überschneiden sich z. B. die Habitate von Auerhuhn (*Tetrao urogallus*) und Birkhuhn (*Tetrao tetrix*) in den nördlichen eurasischen Waldgebieten erheblich.

Bei der Balz im Frühjahr plustert sich der Auerhahn auf und gibt – für das menschliche Ohr – eigenartige Laute von sich.

Auerhuhn
Tetrao urogallus

Klasse Vögel
Ordnung Hühnervögel
Familie Fasanenartige
Verbreitung zusammenhängende lichte Waldgebiete in Europa und Nordasien
Maße Länge: Hahn bis 100 cm, Henne bis 60 cm; Spannweite: Hahn über 1 m
Gewicht Hahn bis 6 kg, Henne bis 2,5 kg
Nahrung Blätter, Beeren, Samen, Sprösslinge, Insekten, vor allem Waldameisen, im Winter Nadelblätter
Zahl der Eier 5–12, selten 15
Brutdauer etwa 28 Tage
Höchstalter 15 Jahre

An Kälte und Schnee angepasst

Von seiner Gestalt her ist das Auerhuhn ein typischer Hühnervogel. Innerhalb der Unterfamilie der Raufußhühner (Tetraoninae) ist es der größte Vertreter: Die Hähne können über 80 cm groß und bis zu 6 kg schwer werden. Alle Raufußhühner zeigen besondere Anpassungen an den kalten und im Winter besonders schneereichen Lebensraum. Dazu gehört beispielsweise die Befiederung der Beine und teilweise auch der Füße. Diese schützt zum einen vor der Kälte, zum anderen aber auch vor dem Einsinken im weichen Schnee. Dieser Schneeschuheffekt wird zusätzlich durch seitlich von den Zehen abstehende, kleine Hornstifte verstärkt.

Die unauffällige Auerhenne ist auf dem Waldboden und zwischen Blättern und Zweigen im Baum gut getarnt.

Hohe Ansprüche an den Lebensraum

Die robusten Auerhühner sind zwar recht flexibel, was ihre Nahrung betrifft, aber anspruchsvoll bezüglich ihres Lebensraums. Es handelt sich dabei ausschließlich um relativ offene, lichte und stufige Wälder mit hohem Nadelbaumanteil. Zu dichten Waldbeständen fehlt wegen des mangelnden Lichteinfalls der erforderliche Unterwuchs aus Heidelbeersträuchern. Deren Blätter und Beeren sind im Sommer die bevorzugte Nahrung des Auerhuhns und sie bieten gleichzeitig Schutz und Verstecke. Dichte Wälder mit eng stehenden Bäumen sind aber auch wegen der beträchtlichen Flügelspannweite der Hähne von über 1 m nicht als Lebensraum geeignet.
Da die Vögel die Sommernächte auf Bäumen verbringen, müssen ausreichend viele Bäume mit stabilen, waagerechten Ästen vorhanden sein. Auch kleinere Freiflächen ohne Bewuchs sind erforderlich. Dort können die Vögel ausgiebige Staubbäder zur Gefiederpflege nehmen und auch kleine Kieselsteine aufpicken, die sie zum Aufschließen der z. T. schwer verdaulichen Nahrung benötigen.

Schwere Kost

Während im Frühjahr, Sommer und Frühherbst ausreichend vitaminreiche Kost in Form von Blättern, Beeren, Grassamen und jungen Sprösslingen vorhanden ist, liegt die Vegetation im Spätherbst und Winter meist unter einer tiefen Schneedecke. Dann bilden die harten, schwer verdaulichen und nährstoffarmen Nadeln von Kiefern und Tannen die Hauptnahrung des Auerhuhns. Diese enthalten sehr viele ätherische Öle und Harze, die für viele andere Tiere in größeren Mengen giftig sind. Das Auerhuhn ist aber daran angepasst: Der scharfe Hornschnabel rupft das Pflanzenmaterial ab und zerkleinert es etwas. Im relativ großen Kropf wird die Nahrung zunächst gespeichert, bis sie in den kräftigen Muskelmagen gelangt. Dort wird sie mithilfe der aufgenommenen Magensteine weiter zerkleinert und in die beiden außergewöhnlich langen Blinddärme geleitet, wo die pflanzlichen Fasern chemisch abgebaut werden.

Umhegter Nachwuchs

Die fünf bis zwölf Küken eines Geleges schlüpfen nach einer Brutdauer von ca. 28 Tagen zwischen April und Mai. Die am Waldboden bestens getarnte Henne kümmert sich allein um die Aufzucht. Die Jungen sind zwar Nestflüchter und besorgen sich ihre Nahrung selbst, müssen jedoch wegen ihrer unzulänglichen Wärmeregulation bei Kälte noch von der Mutter unter ihren Fittichen gewärmt werden.

Die Markenzeichen dieser durch Bejagung und Waldzerstörung selten gewordener Taigabewohner sind der große, gelbe, hakenförmig gebogene Schnabel, das weiße Gefieder an den Schultern und den Beinen sowie der weiße Stirnfleck über dem Schnabel. An diesen Besonderheiten sind die Greifvögel von anderen Adlerarten leicht zu unterscheiden – und natürlich wegen der imposanten Erscheinung: Mit einem Gewicht von bis zu 9 kg und einer Flügelspannweite von fast 3 m macht der Riesenseeadler seinem Namen alle Ehre.

Riesenseeadler: Charaktervogel Kamtschatkas

Ein Freund der Küste

An den Küsten der Halbinsel Kamtschatka lebt mit 2000 Riesenseeadlern (*Haliaeetus pelagicus*) gut ein Drittel des weltweiten Bestands. Kaum zu glauben, aber die Ursache dafür liegt in der Nutzung der Region durch das russische Militär: Nur weil die Halbinsel lange Zeit militärisches Sperrgebiet war, konnten sich die großen Greife weitgehend ungestört vom Menschen entwickeln. Obwohl sich das Verbreitungsgebiet des Riesenseeadlers im Osten von Kamtschatka mit dem des Seeadlers (*Haliaeetus albicilla*) überschneidet, konkurrieren die verwandten Arten kaum miteinander um Beutetiere. Denn der Seeadler bevorzugt Flüsse und Seen als Jagdreviere, während es seine größeren Verwandten ans Meer und in die Mündungsgebiete der Flüsse zieht. Außerdem sind die Riesenseeadler am Beringmeer zu finden, am Ochotskischen Meer, an den Nordküsten von Sachalin, am unteren Amur und auf den Schantar-Inseln sowie an den Küsten Nordkoreas und Japans.

Balzen, bauen, brüten

Im Februar und März fliegen die imposanten Raubvögel in großen Kreisen über die Waldgebiete und Klippen an den Küsten. Sie zeigen ihre fantastischen Schwingen und stoßen durchdringende Rufe aus – es ist Balzzeit. Muss ein Adlerpaar ein neues Nest, einen Horst, bauen, bezieht es die Suche nach dem richtigen Platz

Neben der Abholzung seines Lebensraums gefährden Umweltgifte den Raubvogel am Ende der Nahrungskette.

Die Flügelspannweite der Riesenseeadler beträgt bis zu 2,8 m.

und die Bautätigkeit in die Balz ein. Dabei ist Bautätigkeit kein übertriebener Begriff, denn der Horst ist größer als manches Gartenhaus. Am liebsten auf Bäumen, hoch oben in den Kronen, aber auch auf Felsklippen bauen die beiden Adler aus Ästen ihren riesigen Horst, der jedes Jahr wieder benutzt und dann nur ausgebessert wird. Die Nistmulde mit rd. 35 cm Durchmesser wird von den Altvögeln sorgfältig mit Gräsern, Blättern und Rindenstückchen ausgepolstert. Dort hinein legt das Weibchen ab April nach und nach zwischen einem und drei weißgrünlichen Eiern. Das kann bis zu sechs Wochen dauern und falls die Eier geraubt wurden, legt das Adlerweibchen noch Eier nach. Das ist unverzichtbar für den Bestand der Art, denn im Schnitt überlebt nur ein Junges.

Ein bequemer Jäger

Die grauweißlichen Küken schlüpfen nach einer Brutzeit von etwa sechs Wochen. Ihr Daunenkleid wird nach einem Monat durch ein Gefieder ersetzt und einen weiteren Monat später ist der Nachwuchs flügge, aber noch längst nicht selbstständig. Auch in den nächsten zwei Monaten leben die Jungen im und am Nest, werden von den Altvögeln versorgt und absolvieren ein Flugtraining. Erst dann lösen sie sich von den Eltern und finden sich zu Jugendtrupps zusammen. Da sie immer noch nicht richtig jagen können, sitzen sie am Ufer und warten auf das, was das Meer ihnen auftischt.

Die jungen Riesenseeadler sind leicht als solche zu erkennen, denn ihr Gefieder ist bis auf die weißen Spitzen der Flügeldecken überall dunkelbraun und der Schnabel wechselt ebenso wie die Beine und Füße erst mit der Zeit von schwarz über schmutziggelb zu gelb. Erst im Alter von acht bis zehn Jahren besitzen die Adler ihre endgültige Färbung. Als ausgewachsene Riesenseeadler mit einer Länge von 85–110 cm erreichen die Weibchen ein Gewicht von 7–9 kg, die Männchen nur 5–6 kg.

Aber auch die erwachsenen Adler versorgen sich am liebsten auf einfache Art mit Nahrung: Sie sitzen an den Laichplätzen der Lachse und greifen sich die nach langer Wanderung schwach und erschöpft ankommenden Fische. Oder sie schnappen sich an den Küsten bei Ebbe zurückgebliebene Fische aus dem Flachwasser. Auch tote Fische oder Säuger fressen sie gern. Sind die Bedingungen weniger günstig, stürzen sich die Raubvögel auch von hohen Warten oder aus der Luft auf die Beute. Neben Fischen handelt es sich dann um Ratten, Kaninchen, Robben und Geflügel, und zwar meist um geschwächte oder kranke Tiere. So übernehmen die Riesenseeadler an den nördlichen Küsten die Aufgaben der natürlichen Auslese und der Gesundheitspolizei.

Riesenseeadler
Haliaeetus pelagicus

Klasse Vögel
Ordnung Greifvögel
Familie Habichtartige
Verbreitung Küstenregionen Nordsibiriens bis nach Korea und Japan
Maße Länge: bis 110 cm; Spannweite: bis 2,8 m
Gewicht Männchen 5–6 kg, Weibchen 7–9 kg
Nahrung Lachse, kleine Säugetiere, auch Aas
Geschlechtsreife mit 4–5 Jahren
Zahl der Eier 1–3
Brutdauer etwa 6 Wochen
Höchstalter gut 25 Jahre

Nach zwei Monaten sind die Jungen flügge, sie bleiben jedoch noch weitere zwei Monate am und im Horst.

Er ist kleiner als ein Star, wagt sich aber an Nagetiere und Drosseln heran, die so groß und schwer sind wie er selbst. Bei Mäusemangel weicht er auf Kleinvögel aus und umgekehrt. Er legt Vorräte an wie ein Hamster und jagt bei Tageslicht: Das Fliegengewicht unter den Eulen ist ein komischer Kauz.

Der Sperlingskauz: ein draufgängerischer Zwerg

Die weißen »Augenbrauen« über den gelben Augen sind typisch für die zierliche Eule. Mit ihren 16–18 cm ist sie nur wenig größer als ein Sperling.

Überraschungsjäger

Der Sperlingskauz (*Glaucidium passerinum*) ist vorwiegend dämmerungs- und tagaktiv. Das dürfte mit der Tageslänge in seiner skandinavischen und sibirischen Heimat zusammenhängen: Wer so weit nördlich lebt, dass es in den Frühsommernächten überhaupt nicht dunkel wird, der ist gezwungen, bei Licht zu jagen. Die Schneeeule, die Sperbereule und andere hochnordische Eulen teilen dieses »Schicksal«. Im Allgemeinen schlafen die Käuze bei Dunkelheit und nutzen die Dämmerungsstunden für die Jagd. Tagsüber wechseln Jagd- mit Ruhephasen ab, die sie dösend in dichten Nadelbäumen verbringen.

Von einer erhöhten Warte wie der Spitze einer Fichte aus beobachten die Käuze aufmerksam die Umgebung. Haben sie eine ahnungslose Maus oder einen Kleinvogel erspäht, schießen sie im Gleit- oder Sturzflug heran und überraschen die sitzende Beute von hinten. Kleine Vögel werden sogar in der Luft gegriffen, indem der Kauz sie nach Falkenart von unten anfliegt und seine mit spitzen Krallen bewehrten Füße im letzten Moment nach oben reißt.

Vorratshaltung im hohlen Baum

Während die meisten Käuze und Eulen (Familie Strigidae) Tiere bis Wühlmausgröße als Ganzes verschlucken können, müssen die winzigen Sperlingskäuze die Beute mit dem Schnabel zerrupfen.
Ihre Gewölle, Speiballen aus unverdaulichen Resten, enthalten deshalb neben Haaren und Federn kaum vollständige Schädel und Knochen, sondern viele Splitter. Die Bestimmung ihres Nahrungsspektrums anhand solcher Hinterlassenschaften ist deshalb schwieriger als bei verwandten Arten.
Auch satte Käuze nutzen jede Möglichkeit zum Beutemachen. Das ist die Voraussetzung für eine erfolgreiche Vorratshaltung, ohne die die Sperlingskäuze bei widrigen winterlichen Bedingungen verhungern müssten. Während im Sommerhalbjahr die Beutedepots in der Regel nur einzelne tote Vögel oder Kleinsäuger umfassen, die offen in Astgabeln oder auf dickeren Ästen abgelegt werden, verstecken die Käuze vom Spätherbst an ihre Beutetiere auch in größerer Zahl und benutzen dafür z. B. verlassene Schwarzspechthöhlen oder ausgefaulte Baumstämme. Die Gefahr, dass die Vorräte von anderen Tieren geplündert werden, ist so geringer. Die Temperatur in den »Speisekammern« ist normalerweise so tief, dass die Vorräte nicht verderben. Ausnahmsweise können solche Verstecke mehrere Dutzend Beutetiere enthalten und einem Pärchen Sperlingskäuze an vielen Tagen das Überleben sichern.
So gefährlich der Sperlingskauz für die Singvögel und Kleinsäuger seines Lebensraumes ist, so wehrlos ist er selbst den Angriffen größerer Jäger ausgesetzt. Fast alle anderen Eulen und Greifvögel der Taiga können ihn schlagen und greifen zu, wenn sie nur Gelegenheit dazu bekommen.

Nachmieter in der Buntspechthöhle

Schon im Herbst markieren die Käuze ihre Reviere. Durch eifriges Rufen in der Dämmerung stecken sie ihren »Claim« ab und bekräftigen den Gebietsanspruch nochmals im Frühjahr. Da beide, Männchen und Weibchen, eine gewisse Standorttreue besitzen, ist die Chance hoch, dass die Partner vom Vorjahr wieder zusammenfinden. Andernfalls wird jedes Jahr eine neue Saisonehe geschlossen. Ihrem Weibchen bieten die Kauzmännchen meist mehrere verlassene Spechthöhlen als Nistplätze an. In eine von ihnen, oft in einer hohen Fichte oder Kiefer, legt das Weibchen in der zweiten Aprilhälfte drei bis sieben Eier, nachdem es alle Hinterlassenschaften des Vormieters entsorgt hat. Nach vier Wochen Brutzeit, in der das Weibchen vom Männchen versorgt wird, schlüpfen die Jungen.
In den folgenden vier Wochen füttert das Weibchen die Jungen hauptsächlich mit fein zerteilten Mäusen, die das Männchen zur Höhle bringt. In dieser Zeit achtet die Eulenmutter weiter auf peinliche Sauberkeit in der Kinderstube. Nahrungsreste, Gewölle und der Kot der Jungen werden regelmäßig entfernt. Erst nach einem Monat, wenn der Nachwuchs das Nest verlässt, übergibt das Männchen seine Beute auch direkt an die Jungen und beteiligt sich das Weibchen am Beutemachen. Einen weiteren Monat lang werden die flüggen Jungkäuze von den Eltern mit Nahrung versorgt. Zunächst lernen die Halbstarken, wie sie ihr Essen zerteilen müssen, dann versuchen sie selbst Beute zu machen. Da zu dieser Jahreszeit viele flügge Singvögel unterwegs sind, haben die Käuze reichlich Gelegenheit, das Schlagen von Beutetieren zu erlernen. Bis zum Herbst, wenn die Jungen geschlechtsreif werden, dulden die Eltern sie in ihrem Revier.

Der Sperlingskauz ist vor allem in der Abend- und in der Morgendämmerung aktiv.

Sperlingskauz
Glaucidium passerinum

Klasse Vögel
Ordnung Eulenvögel
Familie Eulen
Verbreitung Nadelwälder in Eurasien: von Frankreich bis Ostsibirien
Maße Länge: 16–18 cm; Spannweite: etwa 35 cm
Gewicht 60–100 g
Nahrung kleine Wirbeltiere, vor allem Mäuse und kleine Vögel
Geschlechtsreife mit 4 Monaten
Zahl der Eier 3–7
Brutdauer 4 Wochen
Höchstalter 7 Jahre

Die Überkreuzung von Ober- und Unterhälfte des Schnabels gibt dem Vogel seinen Namen.

Innerhalb der Familie der Finken (Fringillidae) ist die Gattung der Kreuzschnäbel (*Loxia*) schon wegen der außergewöhnlichen Schnabelform eine Besonderheit. Im Lauf der Evolution haben diese Vögel eine erstaunliche Anpassung an ihren Nahrungserwerb vollzogen: Der Schnabel ist durch die Überkreuzung der Ober- und Unterhälfte zu einem idealen Werkzeug zum Knacken von Koniferenzapfen geworden.

Der Kreuzschnabel: Nahrungsspezialist im Nadelwald

Rechts- und Linksschnäbler

Wie es beim Menschen Rechts- und Linkshänder gibt, gibt es bei den Kreuzschnäbeln Rechts- und Linksschnäbler. Der Oberschnabel kann nach jeder der beiden Seiten über den Unterschnabel gekreuzt sein. Beide sind gleich gut zum Nahrungserwerb geeignet: Die Vögel stecken die gekreuzten Schnabelspitzen unter Zapfenschuppen, spreizen diese mit der Hebelwirkung des Schnabels sowie unter Hin- und Herbewegen des Kopfes ab und holen mit der Zunge die nahrhaften Samen aus dem Zapfen heraus. Dabei verfahren die Vögel, deren Oberschnabel nach links gekreuzt ist, spiegelbildlich zu den Rechtsschnäblern.

Die Männchen der Kreuzschnäbel sind rötlich gefärbt; hier ein Kiefernkreuzschnabel.

Nahrungserwerb ohne Konkurrenz

Während Kiefernzapfen sehr hart sind und derbe Zapfenschuppen aufweisen, sind die Zapfen von Fichten, Tannen und Lärchen wesentlich weicher. Entsprechend muss der Schnabel zum Erreichen der Nahrung angepasst sein. Da es in der Natur von großem Vorteil ist, sich auf eine Ressource zu spezialisieren, die von anderen Tierarten nicht genutzt werden kann, haben sich im Lauf der Evolution die entsprechenden Zapfenspezialisten herausgebildet.
Man unterscheidet den Kiefernkreuzschnabel (*Loxia pytyopsittacus*), den Fichtenkreuzschnabel (*Loxia curvirostra*), den Binden-

Die Kreuzschnäbel sind 15–18 cm groß und wiegen rd. 40 g; hier ein Fichtenkreuzschnabel.

kreuzschnabel (*Loxia leucoptera*) und den Schottischen Kreuzschnabel (*Loxia scotica*). Der Erste hat wegen der hartschuppigen Kiefernzapfen den dicksten und kräftigsten Schnabel. Er lebt hauptsächlich in trockenen Kiefernwäldern und ist nur selten mit anderen Kreuzschnabelarten vergesellschaftet, da jene mit ihren schwächeren Schnäbeln in diesem Lebensraum kein Auskommen finden. Der Fichtenkreuzschnabel besiedelt Fichtenwälder oder Nadelmischwälder, während der Bindenkreuzschnabel vorwiegend in Zirbelkiefern- und Lärchenwäldern anzutreffen ist.
Die Schnabelformen der Letztgenannten unterscheiden sich nicht so stark; mit ihren schmaleren Schnäbeln bearbeiten sie vorzugsweise weichschuppige Zapfen. Wegen dieser Gemeinsamkeit sind diese beiden bei ausreichendem Nahrungsangebot häufig miteinander vergesellschaftet. Der kräftigere Schnabel des ausschließlich in Schottland vorkommenden schottischen Kreuzschnabels liegt in der Größe zwischen dem des Kiefern- und dem des Fichtenkreuzschnabels und zeigt eine deutliche Anpassung an die Zapfen der Schottischen Kiefer. Nur bei extremem Nahrungsmangel versuchen sich Kreuzschnäbel auch an anderen als den bevorzugten Zapfen oder fressen Bucheckern, Ahorn- oder Erlensamen sowie Blattknospen.

Zigeunervögel

Normalerweise handelt es sich bei den Kreuzschnäbeln um Stand- und nicht um Zugvögel. Besonders bei den Bewohnern des borealen Waldes kommt es wegen des schwankenden Nahrungsangebots aber häufig zu plötzlichen Wanderungen, die nicht vom Rhythmus der Jahreszeiten geprägt sind wie das normale Zugverhalten. Bei diesen sog. Zigeunervögeln endet die Wanderung nicht wie bei Zugvögeln in einem bestimmten Gebiet, sondern wird dort unterbrochen, wo das Nahrungsangebot gerade günstig ist. Derartige Massenwanderungen erregten schon zu früheren Zeiten einiges Aufsehen: Im Jahr 1251 berichtete der Chronist Matthew Paris von einer Kreuzschnabelinvasion in England, wo sich die Vögel in Ermangelung von Nadelbäumen an Apfelbäumen gütlich taten und die gesamte Apfelernte vernichteten.

Gemeinsame Brutfürsorge

Ist genügend Nahrung vorhanden, sorgen die Vögel für Nachwuchs – und zwar unabhängig von Jahreszeit und Temperatur. Entsprechend der Samenreife der Nadelbäume liegt die Hauptbrutzeit zwar im Frühjahr, sie kann sich aber auch in den Sommer und sogar in den Winter verschieben. In Russland wurden schon bei Außentemperaturen von –19 °C erfolgreich Bruten aufgezogen. Das gelingt nur durch die Zusammenarbeit beider Elterntiere: Das Weibchen muss in dem aus Gräsern, Moos und Flechten gefertigten Nest die Eier und dann die frisch geschlüpften Küken beständig wärmen, während das Männchen die Versorgung der Mutter und der Jungen übernimmt. Die Jungtiere müssen anschließend noch einige Wochen von den Eltern gefüttert werden, bis sie kräftig genug sind und gelernt haben, ihren Schnabel als Werkzeug zu benutzen.

Kreuzschnäbel
Loxia

Klasse Vögel
Ordnung Sperlingsvögel
Familie Finken
Verbreitung gesamte Nordhalbkugel
Maße Länge: 15–18 cm
Gewicht etwa 40 g
Nahrung Samen aus Zapfen, auch Samen von Laubbäumen oder Blattknospen
Zahl der Eier 2–4
Brutdauer 14–16 Tage

Die Tannenmeise sieht fast wie eine Kohlmeise aus – bis auf den weißen Fleck im Nacken.

Die Tannenmeise: agiler Höhlenbrüter mit gutem Gedächtnis

Die Familiengruppe der Meisen besteht aus den Schwanzmeisen (Aegithalidae), den Beutelmeisen (Remizidae) und schließlich den eigentlichen Meisen (Paridae). Deren wichtigste, weil umfangreichste Gattung sind die Waldmeisen (*Parus*). Diese im Vergleich zu anderen Singvögeln kleinen Tiere sind über weite Teile Eurasiens, Afrikas und Nordamerikas verbreitet.

Weite Verbreitung

In ihrer Färbung ähnelt die Tannenmeise der bekannten Kohlmeise (*Parus major*), sie unterscheidet sich von dieser jedoch durch einen auffälligen weißen Fleck im Nackengefieder und die etwas verwaschenere, blassere Färbung. Auch das Verbreitungsgebiet beider Arten entspricht sich weitgehend: Es reicht von Nordafrika über das südliche Europa und Teile Asiens bis in den hohen Norden. Während die Kohlmeise aber Eichenmischwälder als Lebensraum bevorzugt, halten sich die Tannenmeisen vorwiegend in Nadelwäldern auf, insbesondere in Tannen- und Fichtenwäldern.

Konfliktvermeidung in Mangelzeiten

Dieser Lebensraum bietet den agilen Vögeln ein reichhaltiges Nahrungsangebot an Insekten und Spinnen. Mit Vorliebe fressen die Tannenmeisen Insekteneier; sie sind daher für die Gesundhaltung des Ökosystems

Wald von großer Bedeutung. Mit ihrem kurzen, harten Schnabel picken sie auch geschickt die Samen aus relativ weichen Tannen- und Fichtenzapfen. Dank ihrer kräftigen, kurzen Beine klettern sie auf der Jagd nach kleinen Beutetieren behände durchs Geäst. Wegen ihres geringen Gewichts können sie ihre Beute bis an die Spitzen kleiner Zweige verfolgen. Dies ist ein wesentlicher Vorteil in Gebieten, in denen mehrere Meisenarten vorkommen. Wenn das Nahrungsangebot z. B. in Wintermonaten nicht so reichlich ist, teilen die Meisen ihre Futterbäume in Zonen ein: Während die leichten Tannenmeisen an den Zweigspitzen hoch oben im Baum nach Nahrung suchen, halten die etwas schwereren Blaumeisen (*Parus caeruleus*) die mittleren Plätze auf den Ästen besetzt und die Weidenmeisen (*Parus montanus*) tun sich näher am Stamm gütlich.

Lebenswichtige Vorratshaltung

Das ist umso wichtiger, als diese lebhaften Vögel einen sehr hohen Grundumsatz haben und in kalter Umgebung ihre Körpertemperatur nur durch Aufnahme relativ großer Nahrungsmengen aufrechterhalten können.
Eine Meise kann innerhalb eines halben Tages verhungern, wenn sie in einer kalten Nacht viel Körperfett verbrennen musste, um nicht zu erfrieren. Die Tannenmeise beugt einer derart fatalen Situation vor, indem sie Nahrungsdepots anlegt. Sie versteckt dann Samen, aber auch tote Insekten hinter Borkenstückchen oder vergräbt sie im Moos. Das Problem ist allerdings, die Depots bei Bedarf wiederzufinden, was eine gute räumliche Orientierung und ein gutes Gedächtnis erfordert. In anatomischen Studien und mittels Verhaltenstests hat man herausgefunden, dass bei der sammelnden Tannenmeise im Vergleich zur nicht sammelnden Kohlmeise ein bestimmtes Hirnareal stark vergrößert ist, das ganz offensichtlich ein besseres Gedächtnis gewährleistet.
Mit dieser Befähigung können Tannenmeisen bei ausreichendem Nahrungsangebot sogar im Brutgebiet überwintern.

Die Eier der Tannenmeise sind wie die der Kohlmeise rot gefleckt.

Zahlreiche Nachkommenschaft

Für einen typischen Höhlenbrüter wie die Tannenmeise ist der Nadelwald ein ausgezeichnetes Brutgebiet, da hier zwischen ausgefaulten Wurzelstöcken oder in Astlöchern viele natürliche Hohlräume zu finden sind und auch von anderen Tieren erschaffene Höhlen genutzt werden können. Dazu eignen sich kleine Spechthöhlen und vielfach auch Mauselöcher. In ihnen baut das Weibchen ein napfförmiges, gut mit Haaren und Federn als Wärmeschutz ausgekleidetes Moosnest. Ins Nest legt das Weibchen anschließend bis zu elf Eier.
Die Gelegegröße ist dabei von Faktoren wie der Siedlungsdichte, dem Nahrungsangebot und dem Alter des Weibchens abhängig. Da junge Weibchen mit zu vielen Nestlingen überfordert wären, haben sie in der Regel kleinere Gelege. Das Männchen versorgt das brütende Weibchen mit Nahrung und hilft auch bei der Versorgung der Jungen. Häufig schließt sich noch eine zweite Brut mit etwas weniger Eiern an. Dies ist notwendig, da der Nachwuchs bei Nahrungsmangel oder schlechter Witterung und wegen der vielen Feinde – u.a. Sperber, Eulen, Marder – meist stark dezimiert wird.

Die kleinen Tannenmeisen verlassen nach 18–20 Tagen das Nest.

Die Larven des Kupferstechers verursachen ein auffälliges Fraßbild im Fichtenholz.

Nadelbäume dominieren die Taiga und bilden in manchen Regionen sogar natürliche Monokulturen. Diese Artenarmut bietet immer wieder Angriffsfläche für Massen von Schädlingen. So kann es besonders nach natürlich auftretenden Waldschäden wie Windbruch zur Massenvermehrung von Borkenkäfern kommen. Auch in mitteleuropäischen Breiten sind sie als Forstschädlinge kommerzieller Fichtenmonokulturen gefürchtet und geächtet. Die Käferfamilie der Borkenkäfer (Ipidae [Scolytidae]) zählt zu den größten Schädlingen an Koniferen. Von den kleinen, meist kaum 1 cm großen, walzenförmigen Käfern sind weltweit rd. 4600 Arten bekannt.

Borkenkäfer und andere Nadelholzschädlinge

Der Buchdrucker legt seine Eier meistens in alten oder kranken Fichten ab.

Buchdrucker und Kupferstecher

Der bekannteste Borkenkäfer, der rd. 5 mm große Buchdrucker (*Ips typographus*), ist in ganz Eurasien bis nach Nordchina verbreitet und mit einigen Gattungsgenossen auch in Nordamerika vertreten. Normalerweise ist er ein sekundärer Schädling, der alte, kranke oder vertrocknete Fichten befällt. Nur wenn bei starker Vermehrung nicht genügend geschwächte Bäume vorhanden sind, greift er auch auf gesunde über. Das Männchen bohrt die Fichtenborke an und frisst eine rundliche sog. Rammelkammer ins Holz. Duftstoffe in seinem Kot locken die Weibchen an, die in der Kammer begattet werden. Jedes Weibchen legt von hier aus einen Muttergang an, so dass im Holz ein sternförmiges Muster entsteht. In seitliche Einschnitte legt jedes Weibchen rd. 60 Eier ab. Die schon bald schlüpfenden Larven nagen eigene, etwa 5 cm lange Gänge senkrecht zum Muttergang. Im verbreiterten Ende des Gangs verpuppt sich die Larve. Der geschlüpfte Käfer nagt zur Nahrungsaufnahme noch einen unregelmäßigen Gang durch das Holz, ehe er sich zum Ausfliegen ein Loch durch die Rinde beißt.
Häufig ist im selben Verbreitungsgebiet gleichzeitig der Kupferstecher (*Pityogenes chalcographus*) zu finden, der auch junge, gesunde Fichten befällt. Der Riesenbastkäfer (*Dendroctonus micans*) legt hauptsächlich in Fichten bis zu 60 Eier in Haufen ab.

Waldgärtner

Monogam lebt der Große Waldgärtner (*Blastophagus piniperda*) in paläarktischen Nadelwäldern. Bei dieser Käferart lockt ein Weibchen ein Männchen in die fertige Rammelkammer. Die befruchteten Eier werden anschließend in einen 15 cm langen Gang gelegt. Die geschlüpften Käfer fügen vor allem Kiefern durch Reifefraß in den Kronen Schäden zu. Junge Triebe höhlen sie so aus, dass sie beim nächsten Windstoß abbrechen. Daher der Name: Die geschädigten Bäume sehen aus wie vom Gärtner gestutzt. Der Lärchenborkenkäfer (*Ips cembrae*) schädigt auf ähnliche Weise seine namengebenden Brutbäume.

Borkenkäfer
Ipidae

Klasse Insekten
Ordnung Käfer
Familie Borkenkäfer
Verbreitung weltweit
Maße Länge: 1 cm
Nahrung meist Holz oder Rinde, aber auch krautige Pflanzen, teilweise selbst eingeschleppte Pilze

Läuse aus Ananasgallen

Die zu den Blattläusen (Aphidina) gehörende Rote Fichtengallenlaus (Adelges laricis) bewirkt die Ausbildung von markanten Gallen am Ende von Fichtenzweigen. Bei der Eiablage abgesonderte Sekrete, die Pflanzenhormonen ähnliche Substanzen enthalten, führen zur Umprogrammierung der umliegenden Pflanzenzellen, so dass sie diese ungewöhnliche Gewebswucherung hervorbringen. Wegen ihrer stets gleichen spezifischen Form werden die bis zu 2 cm großen Pflanzengebilde auch Ananasgallen genannt. Sie enthalten in ihrem Inneren mehrere Larvenkammern. Die Larven sind dort gut geschützt und ernähren sich während ihrer Entwicklung von dem nahrhaften Gewebe ihrer Pflanzengalle. Die Rote Fichtengallenlaus ist sowohl in eurasischen als auch in nordamerikanischen Nadelwäldern beheimatet. Kleine erdbeerfarbene Gallen dagegen ruft die ebenfalls zirkumpolare Tannentrieblaus (*Dreyfusia nordmannianae*) an den Tannen *Abies nordmanniana* und *Abies alba* hervor.

Die Hinterlassenschaften der Fichtengallenlaus verursachen unappetitliche Wucherungen an den befallenen Pflanzen.

Sein weißes Winterfell bietet dem Schneeschuhhasen im Winter perfekte Tarnung.

Die Tiere der nordamerikanischen Taiga

An die arktische Tundrenzone schließt sich die Region der borealen Nadelwälder an. Die nordamerikanische Taiga ist mit einer Fläche von etwa 7 Mio. km^2 eines der größten zusammenhängenden Waldgebiete der Erde. Typisch für die Taiga sind kurze, stellenweise recht warme Sommer und lange, z. T. sehr kalte Winter, in denen die Taiga von einer geschlossenen Schneedecke bedeckt ist. Dann ist der karge Boden länger als ein halbes Jahr von lockerem, teils metertiefem Schnee bedeckt. Zahlreiche Säuger sind gut an den Wechsel der Jahreszeiten und die Kälte der langen Wintermonate angepasst.

Die nördlichen Unterarten des Virginiahirsches sind größer als seine Verwandten in Mittelamerika. Sie sind gute, wendige Läufer.

Die großen Landsäuger

Elche (*Alces alces*) sind die größten Weidegänger in den borealen Nadelwäldern. Im Sommer fressen sie Laub und Wasserpflanzen an den Ufern der Seen, im Winter ernähren sie sich hauptsächlich von Flechten, Zweigen und Knospen. Elchfleisch war seit jeher für das Überleben der Menschen in den entlegenen Gegenden der Taiga von entscheidender Bedeutung.
Nicht viel kleiner als der Elch ist ein anderer Weidegänger der Taiga: in Europa das Rentier (*Rangifer tarandus*) und in Nordamerika das eng verwandte Karibu (*Rangifer tarandus caribou*). Karibus legen von allen großen nordamerikanischen Landtieren die weitesten Wanderungen zurück. Sie bilden oft riesige Herden und sind ständig in Bewegung, um in diesen nahrungsarmen Regionen genug Futter zum Überleben zu finden. Im Frühwinter ziehen die Karibus aus ihren Sommerstreifgebieten in der Tundra nach Süden und suchen in der Waldtundra und in den nördlichen Rändern der flechtenreichen Taiga Zuflucht. Gegen Ende des Winters wandern sie meist in offenes Waldgebiet oder suchen Nahrung an riedbestandenen Seeufern oder vom Wind freigefegten Berghängen. Zu Beginn des Frühlings ziehen die Tiere dann zurück in die Tundra.
Wie Elche und Wapitis, eine Unterart des Edelhirschs, werden Karibus von Wölfen gejagt. Letztere sind allerdings nicht die größten Raubtiere der Taiga: Besonders an beerenreichen Stellen trifft man sehr oft auf Braun- und Schwarzbären.

In der Luft und zu Wasser

In der Taiga leben zahlreiche Vogelarten. Das ganze Jahr über trifft man hier auf Häher, Spechte, Eulenvögel und Raufußhühner. Zu den Tierarten, die vor dem langen Winter fliehen und nur den Sommer hier verbringen, gehören Eistaucher, Stockente, Kanadagänse und zahlreiche Singvögel. Der Sommer bringt darüber hinaus riesige Schwärme Blut saugender Insekten wie Stech- und Kriebelmücken, die Menschen und anderen großen Säugern das Leben zur Qual machen, aber als unerlässliche Nahrungsquelle für Vögel und Fische eine wichtige Funktion haben.
In den kühlen, tiefen Wassern der Taigaseen hat der Amerikanische Seesaibling (*Salvelinus namaycush*) seinen Lebensraum, in Bächen und Flüssen ist die Regenbogenforelle (*Oncorhynchus mykiss*) heimisch, die in Europa erfolgreich eingebürgert wurde. Im Frühjahr ziehen Lachse die Flüsse hinauf, um ihre Laichgebiete aufzusuchen. Früher wurden Weißfische in großer Zahl gefangen, aber aufgrund der zunehmenden Wasserverschmutzung geht der Ertrag besonders in den großen Seen inzwischen zurück.
Insgesamt ist die Biomasse in der Taiga höher als in der Tundra, aber deutlich niedriger als z. B. in sommergrünen Laubwäldern.

Die borealen Wälder des nordwestlichen Kanada und Alaska waren einst der Lebensraum einer großen Anzahl von Waldbisons (*Bison bison athabascae*). Heute leben allerdings nur noch wenige dieser nahen Verwandten des Präriebisons in kanadischen Nationalparks (vor allem in den Northwest Territories) – die Zahl der reinrassigen Waldbisons wird auf etwa 3000 geschätzt.

Waldbison: Wiederbelebung eines fast ausgestorbenen Säugetiers

Hauptgefahr Mensch

Über die damals vorhandene Landbrücke der Beringstraße wanderten in der Eiszeit aus Eurasien stammende Vorfahren des Bisons nach Nordamerika ein. Hier entwickelten sie sich zu zwei Unterarten des Bisons (*Bison bison*): dem Prärie- und dem Waldbison. Bis zum Jahr 1800 stiegen die Bestände des Waldbisons auf rd. 170 000 Tiere an. Doch dann griff der Mensch ein: Die eingewanderten Europäer rotteten den Waldbison bis zum Ende des 19. Jahrhunderts durch intensive Jagd nahezu aus. Nur eine Herde von rd. 300 Tieren überlebte. Daraufhin sprach die kanadische Regierung ein Jagdverbot auf Waldbisons aus, um die Art zu erhalten.

Allerdings wurden in den 1920er Jahren dann Präriebisons in der Region ausgesetzt, in der die wenigen verbliebenen Waldbisons lebten. In der Folge kam es zur Vermischung beider Arten, so dass Biologen schließlich davon ausgingen, dass der reinrassige Waldbison ausgestorben sei. Doch seit der sensationellen Entdeckung einer reinrassigen Herde von rd. 200 Tieren 1957 achten die Wildhüter heute verstärkt darauf, dass die Tiere sich nur unter ihresgleichen paaren. Trotz der Erholung der Bestände gilt der Waldbison noch immer als gefährdet.

Durch die bulligen Schultern und den tief angesetzten Kopf wirkt der Körper des riesigen Waldbisons besonders massig.

Wald als Heimat

Anders als der Präriebison, der weite Graslandschaften bevorzugt, fühlt sich der Waldbison in den borealen Wäldern Nordamerikas am wohlsten. Allerdings ist er kein reiner Waldbewohner: Er sucht vor allem zum Fressen die inselhaft im Wald liegenden Tundra- und Prärielandschaften im Norden und Süden auf. Seine Nahrung besteht vorwiegend aus Gräsern, aber er frisst auch Weidenblätter, junge Baumtriebe, Rinden und Flechten. Im Winter scharrt er mit seinen Hufen den Schnee beiseite, um an Gräser zu gelangen.
Im Gegensatz zu den Präriebisons, die sich häufig zu großen Herden zusammenschließen, lebt der Waldbison in kleineren Gruppen. Sie bestehen aus weiblichen und männlichen Tieren verschiedener Altersgruppen. Im Inneren eines Trupps halten sich zum Schutz vor Angreifern wie Wölfen oder Bären die Mutterkühe mit ihren Kälbern auf.

Waldbison
Bison bison athabascae

Klasse Säugetiere
Ordnung Paarhufer
Familie Hornträger
Verbreitung Nadelwälder im Nordwesten Kanadas
Maße Kopf-Rumpf-Länge: bis 3,8 m
Standhöhe: etwa 1,8 m
Gewicht bis 800 kg
Nahrung Gräser, Blätter, Triebe, Rinde, Flechten
Geschlechtsreife mit 2 Jahren
Tragzeit 9 Monate
Zahl der Jungen 1
Höchstalter 20 Jahre

Wahre Giganten

Mit einer Länge von rd. 3,8 m, einer Höhe von etwa 1,8 m und einem Gewicht von ca. 800 kg sind die männlichen Waldbisons imposante Erscheinungen. Auch die etwas kleineren weiblichen Tiere sind – verglichen mit anderen Paarhufern wie Rindern – wahre Giganten. Waldbisons sind damit etwas größer als ihre nächsten Verwandten, die Präriebisons. Ihre Fellfarbe ist zudem von einem dunkleren Braun. Den Bullen fehlt weitgehend die für Präriebisons typische Behaarung an den Vorderbeinen, der Buckel hinter ihrem Kopf ist höher, ihr Bart läuft spitzer zu und ist im Ganzen etwas dünner als der der Präriebisons. Ihre Hörner (wobei Bullen wie auch Kühe Hörner besitzen) sind ein wenig länger. Im Gegensatz zu den Präriebisons, die früher jährliche, teils recht weite Wanderungen unternommen haben, sind Waldbisons vergleichsweise sesshaft. Die Unterschiede zwischen den beiden Arten sind insgesamt aber nicht besonders groß: Sie lassen sich problemlos miteinander kreuzen.

Geschlechtsreif mit zwei Jahren

Die weiblichen Waldbisons können im Alter von zwei Jahren trächtig werden; sie kalben in aller Regel mit drei Jahren zum ersten Mal. Auch die Bullen werden mit zwei Jahren geschlechtsreif; da sie jedoch in den Rangkämpfen mit den älteren und stärkeren Bullen noch nicht mithalten können, paaren sie sich selten vor Ablauf ihres sechsten Lebensjahres. Diese Rangkämpfe finden in der Brunftzeit zwischen Juli und September statt. Die Bullen belassen es nicht bei Drohgebärden wie Scharren, Brüllen oder Stampfen, sie kämpfen teils heftig miteinander, so dass mancher unterlegene Rivale Wunden davonträgt.
Nach der Paarung des ranghöchsten Bullen mit den Kühen seiner Herde dauert es neun Monate, bis jede Kuh ein Kalb zur Welt bringt. Dieses kann gleich mit der Herde mitlaufen. Nach einer Säugezeit von etwa sieben Monaten wird es schließlich entwöhnt, bleibt aber weiterhin bei seiner Herde.

Wapiti – so lautet der alte indianische Name für die nordamerikanischen Unterarten des Rothirsches. Er bedeutet so viel wie weißes Hinterteil, eines der Kennzeichen der Wapitis. Die imposanten Wiederkäuer leben vor allem in denGebirgsregionen im westlichen Nordamerika, dort insbesondere in den Rocky Mountains.

Wapitis: Grasfresser zwischen Berg und Tal

Durch Röhren machen die Wapiti-Hirsche in der Brunftzeit ihre Vorherrschaft deutlich.

Das helle Hinterteil der Wapitis nennt man »Spiegel«. Hier messen zwei Hirsche ihre Kräfte.

Der Weg nach Nordamerika

Die in Nordamerika lebenden Wapitis sind direkte Nachfahren der Rothirsche (*Cervus elaphus*) Europas und Asiens. Aufgrund der Unterschiede zu den eurasischen Rothirschen nahmen Biologen lange an, dass es sich bei den Wapitis um eine eigene Art handele, doch heute herrscht Konsens darüber, dass sie ebenfalls zu den Rothirschen gehören. Wahrscheinlich wanderten die ersten eurasischen Rothirsche während der Eiszeiten vor rd. 120 000 Jahren über die zugefrorene Beringstraße nach Nordamerika aus. Hier entwickelten sie sich weiter, so dass sie sich heute in einigen Merkmalen von ihren eurasischen Verwandten unterscheiden. So sind Wapitis größer; die Schulterhöhe der männlichen Tiere beträgt etwa 1,5 m, ihre Rumpflänge 2,7 m und sie erreichen ein Gewicht von bis zu 400 kg.

Flexibilität hilft beim Überleben

Wapitis sind anpassungsfähige Tiere, die auch in anderen Regionen und Klimaten Nordamerikas, wie z. B. in den trockenen Tälern Mittelkaliforniens, vorkommen. Ihre große Anpassungsfähigkeit zeigt sich u. a. in der Vielfalt ihrer Nahrung. So fressen sie mehr als 70 Grassorten, über 100 unterschiedliche Pflanzen, aber auch Zweige, Nadeln oder Blätter. Im Winter, wenn die Nahrung knapp ist, stehen auch Moose, Rinde und Flechten auf dem Speiseplan. Für die harten Lebensbedingungen der nordamerikanischen Taiga sind sie so bestens gerüstet.

Nutzen für die Umwelt

Wapitis spielen eine wichtige Rolle für die Natur. Die Tiere, die jeden Tag zwischen 6,8 kg und 12 kg Nahrung zu sich nehmen, sorgen durch ihren immensen Appetit für ein besseres und artenreicheres Pflanzenwachstum. Ebenso sorgen Wapitis für eine bessere Durchlüftung des Bodens, da sie ihn mit ihren Hufen praktisch »durchpflügen«.

Gewaltige Geweihe

Zu den hervorstechendsten Merkmalen der männlichen Wapitis gehört ihr Geweih, das bis zu 18 kg schwer und etwa 1 m lang werden kann. Die Bullen werfen es Anfang jeden Jahres ab, wenn der Testosteronspiegel im Blut sinkt. Dieses männliche Hormon steuert das Wachstum des Geweihs; wenn der Testosteronspiegel kurze Zeit nach dem Abwerfen des alten Geweihs wieder steigt, sprießt allmählich auch ein neuer Kopfschmuck. Das Wapiti-Geweih wächst im Sommer rd. 2 cm pro Tag. Das Geweih dient nicht nur als Waffe bei Rangkämpfen, ein ausladender Kopfschmuck zeigt auch, dass ein Bulle in der Lage ist, die besten Futterplätze ausfindig zu machen, denn das Geweihwachstum erfordert die Aufnahme großer Mengen Mineralstoffe. Zudem ist es im Hochsommer eine natürliche Klimaanlage. Zirkuliert das Blut durch die Sprossen, kühlt es ab und senkt die Körpertemperatur.
Die Bullen mit den prächtigsten Geweihen sind meistens auch diejenigen, die im September/Oktober von den Wapiti-Kühen zur Paarung auserwählt werden.

Wapiti
Cervus elaphus

Klasse Säugetiere
Ordnung Paarhufer
Familie Hirsche
Verbreitung Gebirgsregionen im nordamerikanischen Westen
Maße Kopf-Rumpf-Länge: bis 2,7 m, Standhöhe: Männchen 1,5 m
Gewicht Männchen bis 400 kg
Nahrung Gräser, Kräuter, Moose, Flechten, Zweige, Blätter
Geschlechtsreife mit 2 Jahren
Tragzeit etwa 235 Tage
Zahl der Jungen 1, selten 2
Höchstalter 20 Jahre

Nach der Zahl seiner Geweihsprossen muss dieser männliche Wapiti mindestens drei oder vier Jahre alt sein.

Im Sommer und im Winter sind Fische die Lieblingsnahrung des Mink.

Der Mink: seidenweiche Jagd unter Wasser und zu Lande

Mink
Mustela vison

Klasse Säugetiere
Ordnung Raubtiere
Familie Marder
Verbreitung gewässerreiche Nadel- und Mischwälder Nordamerikas
Maße Kopf-Rumpf-Länge: 30–50 cm, Schwanzlänge: bis 23 cm
Gewicht 0,7–2,3 kg
Nahrung Insekten, Schnecken, Reptilien, Vögel, kleine Säugetiere, Fische
Geschlechtsreife Weibchen mit 12, Männchen mit 18 Monaten
Tragzeit 35–70 Tage
Zahl der Jungen 2–10, meist 6
Höchstalter 8 Jahre

Der Mink, auch als Amerikanischer Nerz oder Vison bekannt, ist ein an Wasser gebundener Marder, der in Nordamerika von der Ost- bis zur Westküste und von Alaska bis Florida weit verbreitet ist. Das dichte und seidenweiche, dunkel- bis schwarzbraune Fell ist allerdings vielen der Marder zum Verhängnis geworden: Der amerikanische Vertreter der Nerze ist der Hauptlieferant der begehrten Nerzpelze. Heute stammen fast alle Nerzpelze aus speziellen Zuchtfarmen, wo unzählige der in der freien Natur sehr bewegungsfreudigen Minke ein erbärmliches Dasein fristen. Jedes Jahr werden mehr als 20 Mio. Nerzfelle in den Industriekäfigen »produziert«, davon mehr als die Hälfte in den skandinavischen Ländern.

Vielseitiger Uferbewohner

Die Gewässer in den weiten Wäldern Nordamerikas bilden den Lebensraum des semiaquatisch lebenden Minks (*Mustela vison*). Er bewohnt dicht bewachsene Uferregionen von Flüssen und Seen, wo er ausreichend Unterschlupfmöglichkeiten im Dickicht findet. Mit seiner lang gestreckten und kurzbeinigen Gestalt erinnert der Mink an einen Iltis. Er ist jedoch einheitlich braun gefärbt und trägt lediglich an der Körperunterseite und unter dem Kinn einige weißliche Flecken, wie der Europäische Nerz (*Mustela lutreola*).

Unterwasserjäger mit Fernortung

Wie sein europäischer Vetter ist der Mink in seiner Lebensweise eng an das Wasser gebunden. Obwohl er nicht über ausgeprägte Schwimmhäute zwischen den Zehen, verschließbare Ohren- und Nasenöffnungen und einen kräftigen Ruderschwanz verfügt, ist der Mink ein hervorragender Schwimmer und Taucher. Zugute kommen ihm dabei neben seinem dichten, Wasser abweisenden Fell die besonders langen Tasthaare (Vibrissen) an der Schnauze, die ihm sozusagen als »Ferntastsinn« dienen. Oft sitzt der Mink auf einem über die Wasseroberfläche ragenden Ast und streckt seinen Kopf flach über den Wasserspiegel vor. Die Spitzen der Tasthaare tauchen dabei ins Wasser ein und registrieren jede Bewegung und Strömungsänderung unter der Oberfläche. Hat er einen Fisch, Frosch oder Krebs ausgemacht, stößt er sich blitzschnell mit seinen Hinterpfoten ab und schießt wie ein Torpedo durchs Wasser. Dann schleppt er den Fang ans Ufer, um ihn dort in Ruhe zu fressen. Sogar wenn im Winter im Norden seines Verbreitungsgebiets die Gewässer zugefroren sind, begibt sich der Mink auf Unterwasserjagd. Dabei legt er tauchend unter der Eisschicht erstaunlich weite Strecken zurück.

Auch ohne Schwimmhäute ist der Mink perfekt an den Lebensraum Wasser angepasst.

Breites Beutespektrum

Doch nicht nur zu Wasser, auch an Land bewegt sich der sowohl tagsüber als auch nachts aktive Mink sehr wendig. Dank seiner sehr biegsamen Wirbelsäule und der kräftigen kurzen Beine erweist er sich auch am Boden als geschickter Jäger. Sein Beutespektrum variiert je nach Lebensraum und jahreszeitlichem Angebot: Es reicht von Insekten und Schnecken über Reptilien und Vögel bis zu kleineren Säugetieren wie Bisamratten. Bisweilen fällt er auch in die Brutkolonien von Seeschwalben, Möwen oder Watvögeln ein. Im Winter stöbert der Mink sogar unter der Schneedecke Wühlmäuse auf, zugleich seine Hauptbeute an Land. Während der kalten Jahreszeit ist sein Haarkleid besonders dicht und Wasser abweisend.

Ein Leben ohne festen Partner

Zur Fortpflanzungszeit (Ranz) im Februar und März streifen die Rüden auf der Suche nach einem paarungswilligen Weibchen – einer brünstigen Fähe – kilometerweit auch in fremden Revieren umher, denn die Amerikanischen Nerze bilden keine festen Paare. In der ersten Maihälfte bringt die Fähe zwischen zwei und zehn, meist jedoch sechs Junge zur Welt. Die Aufzucht ist allein ihre Angelegenheit. Erst nach etwa 30 Tagen öffnen sich die Augen der bei der Geburt nur knapp 10 g wiegenden, völlig hilflosen Welpen. Kurz darauf verlassen sie erstmalig ihr geschütztes Nest und schon bald beginnen sie zu schwimmen und zu tauchen. Wenn die Jungen etwa vier Monate alt sind, suchen sie sich eigene Reviere.

Das weiche, dunkelbraune Fell des schlanken Marders hat ihn zu einem begehrten Ziel für Pelzjäger gemacht.

Im Wasser ist der Fischotter in seinem Element. Er ist ein sehr guter und schneller Schwimmer und Taucher.

Nordamerikanischer Fischotter: ein eleganter Wassermarder

Der Nordamerikanische Fischotter bewohnt nahezu alle fischreichen, ungestörten Gewässer in Nordamerika. Sein Verbreitungsgebiet erstreckt sich von Alaska bis Labrador und reicht bis zu den Südstaaten der USA. Da jedoch aufgrund der allgemeinen Gewässerverschmutzung die Fischbestände seit vielen Jahren stetig sinken, findet auch der Fischotter vielerorts nicht mehr ausreichend Nahrung. Ein Übriges richtet die Lebensraumzerstörung durch die Befestigung und Bewirtschaftung von Flussufern oder Trockenlegung von Feuchtgebieten an. Daraufhin sind in manchen Regionen die Bestände stark zurückgegangen. Mit Wiedereinbürgerungsprogrammen soll der Fischotter hier wieder angesiedelt werden.

Ausgestattet für ein Leben im Wasser

Im Unterschied zu den übrigen Vertretern aus der Familie der Marder (Mustelidae) weisen Otter (Unterfamilie Lutrinae) zahlreiche Anpassungen auf, die sie für ein Leben im Wasser prädestinieren. Zwischen den Zehen spannen sich Schwimmhäute, mit denen sich die Otter durch paddelnde Bewegungen an der Wasseroberfläche fortbewegen. Zum Tauchen legen sie die Beine an und verschaffen sich durch Schläge ihres muskulösen Schwanzes Antrieb. Beim Wechsel zwischen Wasser und Luft können sich die Augen sekundenschnell an die verschiedenen Brechungsverhältnisse des Lichts anpassen. Die sensiblen Barthaare teilen den Tieren jede Strömungsveränderung im Wasser mit. Außerdem können bei den Tauchgängen Nasen- und Gehöröffnungen verschlossen werden. So vermag der Nordamerikanische Fischotter bis zu acht Minuten unter Wasser zu bleiben.

Im Jagdrausch

Der Nordamerikanische Fischotter (*Lutra* oder *Lontra canadensis*) ist deutlich größer und dunkler gefärbt als sein eurasischer Vetter (*Lutra lutra*). Von Uferplätzen aus lauert er seiner Beute auf und lässt sich, wenn er einen Fisch bemerkt, lautlos ins Wasser gleiten. Nach einer kurzen Verfolgungsjagd packt er seine Beute und bringt sie an Land, um sie dort zu verzehren. Neben Fischen kommen auch Krebse, Schlangen, Vögel und Säugetiere als Beute in Betracht. Der Nordamerikanische Fischotter gerät gelegentlich in einen regelrechten Jagd- und Tötungsrausch, wenn er ein Überangebot an Beutetieren vorfindet. Was in der Natur so gut wie nie vorkommt, findet der Fischjäger in teichwirtschaftlich betriebenen Gewässern vor: Beute in großer Dichte, die ihm nicht entkommen kann. Wie in seinem natürlichen Lebensraum bringt er jeden erbeuteten Fisch an Land, seine angeborenen Instinkte lassen ihn jedoch nicht eher ruhen, bis er alle erreichbaren Fische getötet hat.

Rodelvergnügen im Schnee

Wie alle Otter sind auch die Nordamerikanischen Fischotter für ihre große Spielfreude bekannt. Neben ausgiebigen Verfolgungsspielen und Balgereien an Land und im Wasser lieben sie es, rutschige oder mit Schnee bedeckte Hänge kopfüber bäuchlings herunterzurutschen. Auch auf zugefrorenen Seen nehmen die Otter gern Anlauf und gleiten über die Eisfläche. Nicht selten können die Tiere gar nicht genug von den Rutschpartien bekommen.

Aufzucht als Nachmieter

Ihren Nachwuchs ziehen die Fischotter am liebsten in einem verlassenen Bisamratten- oder Biberbau auf. Hier bringt das Weibchen zwischen Februar und April zwei bis drei etwa 100 g schwere Junge zur Welt – nicht ohne zuvor das Männchen aus dem Bau vertrieben zu haben. Etwa zwei Monate versorgt es allein den Nachwuchs. Dann erst stößt der Rüde wieder zu seiner Familie und beteiligt sich an der Aufzucht.
Wie alle Marderwelpen sind auch die Jungen des Nordamerikanischen Fischotters Nesthocker. Sie öffnen erst mit 30 Tagen ihre Augen und verlassen erstmals um die fünfte Lebenswoche den Bau. Im Spätherbst ist der Nachwuchs selbstständig und jedes Familienmitglied geht nun seinen eigenen Weg.

Nordamerikanischer Fischotter
Lutra canadensis

Klasse Säugetiere
Ordnung Raubtiere
Familie Marder
Verbreitung saubere fischreiche Gewässer in Nordamerika
Maße Kopf-Rumpf-Länge: bis 1 m
Gewicht 8–9 kg
Nahrung kleine Fische, auch Krebse, Insekten, kleine Nagetiere und Vögel
Geschlechtsreife Männchen mit 2, Weibchen mit 3 Jahren
Tragzeit 60–65 Tage
Zahl der Jungen 2–3, selten 4
Höchstalter etwa 20 Jahre

Mit ihren niedlichen Gesichtern bieten die Fischotter einen possierlichen Anblick.

Der Urson kann nur schlecht sehen, dafür aber sehr gut hören und riechen.

Nordamerikanischer Baumstachler (Urson): ein wehrhafter Einzelgänger

Den Namen Urson verdankt der Nordamerikanische Baumstachler seinem bärenartigen Aussehen: Ursus bedeutet »Bär«. Tatsächlich erinnert der Baumbewohner bisweilen an einen kleinen Bären, wenn er im Geäst klettert. Sträubt er allerdings sein dichtes Fell, so kommt ein Stachelkleid zum Vorschein, das ihn recht wehrhaft gegenüber Angreifern macht. Ein ausgewachsener Urson kann bei einer Körperlänge von bis zu 1 m ein Gewicht von 14 kg erreichen.

In Bäumen zu Hause

Die Nagetierfamilie der Baumstachler (Erethizontidae) kommt ausschließlich auf dem amerikanischen Doppelkontinent vor. Der ehemals nur Wälder mit überwiegend Nadelholzbestand bewohnende Urson (*Erethizon dorsatum*) lebt heute in einem Verbreitungsgebiet, das sich von der Waldtundra und der Taiga Alaskas bis nach Mexiko erstreckt. Der Urson ist trotz seiner Kurzsichtigkeit ein äußerst geschickter Kletterer. Als Anpassung an die überwiegend kletternde Lebensweise sind seine kurzen Beine sehr kräftig ausgebildet. Die Sohlen der großen Füße sind unbehaart und verschaffen ihm durch Wülste und Hautfalten guten Halt im Astwerk. Die Zehen tragen lange gebogene Krallen, die zusätzlich für einen sicheren Griff sorgen.

Schmerzhafte Erfahrung für Angreifer

Weil die Bewegungen des Baumstachlers eher zeitlupenhaft sind, könnte man meinen, er sei ein leichtes Opfer für Raubtiere – aber weit gefehlt. Unter seinem langen, steifen und etwas abstehenden Deckhaar verbergen sich an Rumpf und Schwanz gefährliche Verteidigungswaffen: etwa 30 000 dicke, rd. 8 cm lange, mit Widerhaken versehene Stacheln. Wenn sich ein Urson bedroht fühlt, richtet er diese auf. Weicht der Angreifer nicht zurück, so dreht er sich blitzschnell um und schlägt mit seinem gut 20 cm langen stachelbesetzten Schwanz zu. Die Stacheln dringen durch den Keulenschlag tief in das Fleisch des Angreifers ein, lösen sich ab und bleiben stecken. Durch die Widerhaken bohren sie sich sogar mit jeder abweh-

Nordamerikanischer Baumstachler
Erethizon dorsatum

Klasse Säugetiere
Ordnung Nagetiere
Familie Baumstachler
Verbreitung Waldgebiete Nordamerikas von Alaska bis Mexiko, auch Kulturlandschaften
Maße Kopf-Rumpf-Länge: bis 1 m
Gewicht bis 14 kg
Nahrung überwiegend Blätter und Rinde
Tragzeit 7 Monate
Zahl der Jungen 1
Höchstalter 18 Jahre

Aufgrund seiner Verwandtschaft mit dem Meerschweinchen wird der Urson auch »Baumstachelschwein« genannt.

renden Bewegung noch tiefer in das Gewebe hinein. Gelingt es dem so abgewehrten Angreifer nicht, diese Stacheln zu entfernen, wandern sie mit gut 2 cm pro Tag durch seinen Körper – eine äußerst schmerzhafte Tortur, die ihn zukünftig einen weiten Bogen um den wehrhaften Nager machen lässt.

Nachtaktiver Einzelgänger

Den Tag verschläft der nachtaktive Einzelgänger meist in Erdbauten, hohlen Baumstümpfen oder Felsspalten. Nachts begibt er sich in Bäumen auf die Suche nach Nahrung, die hauptsächlich aus Blättern und Rinde, aber auch Früchten und frischen Trieben besteht. Als guter Schwimmer nimmt er im Sommer zudem gern Teichpflanzen zu sich. Die Winternahrung bilden fast ausschließlich Borke und Nadeln.
Ursons bewohnen als Einzelgänger Gebiete von rund 10 ha Größe. Trotz ihrer eher behäbigen Fortbewegungsweise unternehmen sie weite Wanderungen zu neuen Nahrungsgründen. Abgeschälte Bäume und stark riechende Urinsignale markieren die Wechsel und festen Futterbäume. Auch zum Auffinden eines passenden Geschlechtspartners legt der Urson häufig weite Strecken zurück. Vor der Paarung wird das Weibchen vom Männchen über und über mit Urin bespritzt.

Verwandte der Meerschweinchen

Nach einer Tragzeit von etwa 200 Tagen kommt in einer Baumhöhle nur ein, allerdings recht großes und bereits gut entwickeltes Junges zur Welt. Schon bald nach der Geburt kann es selbst klettern und nimmt neben der Muttermilch feste Nahrung zu sich. Und sogar die Verteidigung durch Aufstellen des Stachelkleids funktioniert schon nach wenigen Lebenstagen.
Zwar bestehen die Stacheln der Baumstachler wie bei den eigentlichen Stachelschweinen aus umgebildeten Körper- und Schwanzhaaren, aber die der Baumstachler sind deutlich kürzer und sehen anders aus. Auch von ihrem gesamten Erscheinungsbild sind die Tiere den altweltlichen Stachelschweinen nicht allzu ähnlich und leben auch nicht wie diese auf dem Boden. Die sehr klettergewandten Baumbewohner werden heute in die Meerschweinchenverwandtschaft gestellt, deren Wurzeln in Südamerika liegen.

Der Urson hat schon Holzhäuser zum Einstürzen gebracht, weil er die Pfosten zernagt hatte.

Als Vertreter der Raufußhühner (Tetraonidae) ist das Tannenhuhn (*Falcipennis canadensis*) ein typischer Bewohner des Nordens; es ist in den dichten Nadelwäldern des nördlichen Nordamerika zu Hause. In diesem von starken jahreszeitlichen Schwankungen mit teils recht warmen Sommern und harten, schneereichen Wintern geprägten Lebensraum verbringen die Vögel das ganze Jahr. Um unter diesen Bedingungen zu überleben, haben Tannenhühner spezielle anatomische, physiologische und verhaltensbiologische Anpassungen entwickelt.

Das Tannenhuhn: genügsam und kältefest

Beeren sind für Tannenhühner eine wichtige Ergänzung zur harten Nadelkost.

Strenge Winter

Während viele andere Vogelarten nur den Sommer in den nördlichen Nadelwäldern verbringen und vor Einbruch des Winters in den wärmeren Süden ziehen, sind die Tannenhühner als Standvögel für die kalte Jahreszeit gut gerüstet: Ihr Federkleid ist sehr dicht, sogar die Nasenlöcher sind mit Federn bedeckt und auch die Läufe sind befiedert (»Raufuß«). Zudem tragen Tannenhühner an jeder Zehe zwei Kämme aus seitlich herausragenden Hornplättchen. Diese sog. Balzstifte sind kurze Federn ohne Federfahnen, die im Frühjahr abgeworfen werden und bis zum Wintereinbruch wieder nachgewachsen sind. Während die »Federunterhosen« Auskühlung verhindern, sorgen die Balzstifte dafür, dass die Vögel im tiefen Schnee nicht so leicht einsinken. Auch erleichtern sie das Graben im Schnee, eine wichtige Anpassung, denn so können sich Tannenhühner die isolierende Eigenschaft des Schnees zunutze machen: Zum Schutz vor Kälte bauen sie sich Höhlen unter der Schneedecke, um bei Annäherung eines Raubfeindes ungehindert flüchten zu können.

Karge Kost

Tannenhühner ernähren sich im Winter hauptsächlich von Koniferennadeln, vor allem Fichte (englisch »spruce«, daher auch Spruce Grouse) und Kiefer. Diese Nahrung ist schwer verdaulich: Koniferennadeln enthalten wenig Energie, dafür viel Zellulose und Abwehrstoffe (Öle und Harze), die sie für andere Vögel und Säuger ungenießbar oder gar giftig machen. Tannenhühner haben einen großen Kropf und einen Muskelmagen, den sie mangels Zähnen mit Quarzsteinchen füllen, um die Nahrung mechanisch zu zerkleinern. In ihrem besonders langen Darm und Blinddarm werden die harten Zellulosezellwände der Nadeln durch symbiontisch lebende Bakterien zersetzt und entgiftet.
Tannenhühner wechseln zwischen Winter- und Sommerhabitat, die oft kilometerweit auseinanderliegen. In der wärmeren Jahreszeit, wenn die Balz sowie Jungenaufzucht viel Energie kosten, ergänzen Tannenhühner ihre Kost durch zucker- und eiweißreiche Beeren, Knospen und Blätter.

Brütende Weibchen: nur nicht auffallen

Kaum ist die Schneeschmelze vorbei, wetteifern die Hähne, die etwas auffälliger gefärbt und größer sind als die Hennen, bei der Balz lautstark um Partnerinnen. Nach der Paarung ist die Henne jedoch auf sich allein gestellt, der Hahn beteiligt sich nicht an der Aufzucht der Jungen.
Tannenhühner nisten einzeln; sie haben ein Gelege pro Jahr. Die in ihrem bräunlichen Gefieder gut getarnte Henne baut ihr Nest meist versteckt im Unterholz oder unter tief hängenden Zweigen – deshalb bevorzugen Tannenhühner in der Regel jüngere Wälder, wo die Äste noch bis zum Boden reichen – und füllt es mit vier bis zehn Eiern. Im Gegensatz zu den balzenden Hähnen verhält sich die Henne zudem sehr still, um keine Räuber auf sich und ihr Gelege aufmerksam zu machen.
Die Küken sind Nestflüchter und fressen energiereiche tierische Nahrung, vor allem Insekten. So wachsen sie rasch heran und stellen sich erst im Herbst auf die Kost aus Koniferennadeln um.
Dank ihrer großen Gelege haben Tannenhühner ein recht hohes Fortpflanzungspotenzial. In der Regel entscheiden die Witterungsverhältnisse darüber, ob viele oder nur wenige Küken durchkommen; das führt regional zu starken Schwankungen der Populationsdichte.

Ein wichtiges Glied der Nahrungskette

Tannenhühner spielen in den nördlichen Nadelwäldern als Beutetiere für Fleischfresser eine wichtige Rolle. Sie werden von Kojoten, Luchsen, Füchsen, Eulen und Greifvögeln erbeutet und auch von der einheimischen Bevölkerung wegen ihres wohlschmeckenden Fleisches als Jagdwild geschätzt, wobei ihnen ihre geringe Menschenscheu den Spitznamen »Fool Hen« – »dummes Huhn« – eingebracht hat. Der Tannenhühnerbestand gilt als nicht gefährdet, doch im südlichen Teil ihres Verbreitungsgebietes ist ihr Lebensraum durch Abholzung, Straßenbau und eine wachsende Freizeitindustrie bedroht.

Tannenhuhn
Falcipennis canadensis

Klasse Vögel
Ordnung Hühnervögel
Familie Raufußhühner
Verbreitung Nadelwälder des nördlichen Nordamerika
Maße Länge: 38–43 cm
Nahrung Kiefern-, Tannen- und Fichtennadeln, Beeren, Knospen, Blätter
Zahl der Eier 4–10
Brutdauer 3 Wochen

TUNDRA

Im Griff des Dauerfrosts

Große Kälte, Trockenheit und ein Winter, der mehr als sechs Monate dauert und noch dazu dunkel ist, machen die Tundra zu einem unwirtlichen und extremen Lebensraum. Aber im kurzen Sommer sprießen Gräser und krautige Binsengewächse, treiben Zwergsträucher aus und Zwergbäume, die sich nur kriechend an der windgeschützten Bodenschicht halten können. Für kurze Zeit hüllt sich die karge Landschaft in einen bunten Blütenteppich. Karibu- und Rentierherden, die in südlicheren Regionen überwintert haben, finden jetzt reichlich Futter. Durch die Erderwärmung könnte sich allerdings die bewaldete Taiga weiter nach Norden in die baumlose Tundra ausbreiten.

Schneebedeckte Bäume in der Abenddämmerung

Tundrenformen: von der Waldtundra zur polaren Wüste

Obwohl sie sehr monoton wirkt, ist die Tundra nicht völlig einheitlich. Da die Sonne an der Grenze zur Taiga höher am Himmel steht als am Rand der polaren Kältewüste, nehmen auch die Sommertemperaturen und die Länge der Vegetationsperiode von Süd nach Nord ab. Diesem klimatischen Gefälle entsprechend lassen sich in der Pflanzendecke verschiedene Unterzonen erkennen, die sich – parallel zu den Breitengraden – gürtelartig zwischen der Taiga im Süden und dem ewigen Eis im Norden staffeln. Als allgemeiner Trend lässt sich beobachten, dass die Vegetation immer niedriger wird, je weiter man in der arktischen Tundra nach Norden kommt. Die entscheidende Ursache hierfür ist die artspezifische Kältetoleranz der einzelnen Arten. Das »Existenzminimum« der höherwüchsigen Sträucher oder Bäume liegt weiter südlich als das von Zwergsträuchern oder Polsterpflanzen. Bildhaft kann man sich diese Abfolge so vorstellen, als würde ein aus mehreren Stockwerken bestehender Wald von oben nach unten sukzessive abgebaut.

Ein Steckbrief der Tundra

Um die geringen Unterschiede in der Tundrenvegetation verstehen zu können, ist es sinnvoll, zunächst das Verbindende zu nennen: Die Tundra ist durch sehr nährstoffarme Böden und recht kühle sommerliche Lufttemperaturen von unter 10 °C gekennzeichnet. Schnee liegt von Oktober bis Mai, manchmal sogar noch länger. Die pflanzliche Produktivität ist deshalb sehr gering. Auch der Abbau abgestorbener Pflanzenteile verläuft gehemmt. Die Streu wird nicht vollständig remineralisiert, sondern häuft sich an. Es kommt zur Bildung von Rohhumus bzw. Torf. Trotz geringer Jahresniederschläge – weniger als 500 mm, oft sogar nur um 250 mm – begrenzt Trockenheit nur an wenigen Standorten das Wachstum, da Wasser nur in geringem Umfang, etwa zu 30 %, verdunstet. Zu allen Jahreszeiten können starke Winde auftreten.
Die Zusammenhänge zwischen Klima, Boden, biotischen Einflüssen und der Vegetation lassen sich im Detail nur analysieren, wenn die einzelnen Arten und ihre Ansprüche gut bekannt sind. Aber man muss kein Spezialist für Vegetationsökologie sein, um die dominierenden Wuchsformen zu erkennen und die Regeln ihrer Verteilung in der Landschaft nachvollziehen zu können.

Der Wald löst sich auf

Wo in der Taiga die Wurzelschicht der Gehölze in den Einflussbereich eines Frosthorizonts im Boden gerät, beispielsweise in Senken mit Kaltluftstau, wird der Wald lückenhaft. Je ausgedehnter das Bodeneis wird, desto größer werden die »Löcher« in der Taiga, bis Wald und offene Flächen etwa gleich große Anteile besitzen. Weiter nördlich »verinselt« der Wald und zieht sich auf die örtlich begrenzten klimatisch geschützten Lagen zurück, aus denen der Schnee nicht fortgeweht wird. Die Höhe und Vitalität der noch vorhandenen Bäume nimmt dennoch immer mehr ab. Schließlich sieht man nur noch krüppelige oder zwergwüchsige Einzelexemplare.

In den meisten Regionen der Arktis wird die nördliche Baumgrenze von Nadelgehölzen gebildet: In Sibirien westlich des Ural und in Nordamerika sind es Fichten, im mittleren und östlichen Sibirien dagegen Lärchen. Der geschilderte Übergang, die »Kampfzone« des Waldes, ein Gürtel zwischen 5 km und 300 km Breite, ist die sog. Waldtundra. Streng genommen handelt es sich nicht um einen eigenen Vegetationstyp, sondern um die mosaikartige Verzahnung von borealem Wald und Strauchtundra. Wenn der Wald in einigen Regionen abrupt endet und übergangslos an die offene Tundra grenzt, hat dies meist keine klimatischen Ursachen. Oft ist dafür ein Wechsel des Bodentyps oder eine kaum erkennbare Nutzungsgrenze verantwortlich.
Die dominierenden Sträucher der Waldtundra sind Beerensträucher aus der Familie der Heidekrautgewächse, besonders Blau-, Preisel- und Rauschbeere. Bärentraube (*Arctostaphylos*), Rosmarinheide (*Andromeda*) und Krähenbeere (*Empetrum*) sind ebenfalls häufig. Unter diesen Zwergsträuchern ist ein dichter Filz von Laubmoosen entwickelt. Auf feuchteren Standorten können auch Torfmoose, Seggen und Wollgräser vorkommen.

(1)
Im Indian Summer ist die Waldtundra bunt gefärbt, wie hier im Denali-Nationalpark in Alaska.

(2)
Blühende Sträucher, Moospolster und kleine Teiche beleben die karge Tundrenlandschaft.

Über weite Flächen ist die Tundralandschaft, hier in Alaska, sehr trist und karg.

Strauchtundra: Wald ohne Bäume

Dort, wo die Vegetationsperiode für die Bäume zu kurz wird und Gehölze wegen des hoch liegenden Frosthorizonts »kalte Füße« bekommen, herrschen die Sträucher allein. Der Begriff Strauch sagt aber nur etwas über die vom Grund an verzweigte Wuchsform, dagegen wenig über die Größe. In der Tundra kann man »Strauch« getrost mit »Zwergstrauch« übersetzen, denn alles, was über die winterliche Schneedecke hinausragt, wird durch Kälte und Sturm abrasiert. Zudem handelt es sich in der Mehrzahl um Arten, die auch unter günstigen Klimabedingungen kleiner als 1 m bleiben.
In der Artenzusammensetzung entspricht die Strauchtundra einem nordischen Wald ohne Bäume, denn die meisten Pflanzen haben einen deutlichen Verbreitungsschwerpunkt in der borealen Zone. In der typischen Strauchtundra dominieren 20–30 cm hohe Heidekrautgewächse, überragt von halbmeterhohen Birken, z. B. *Betula nana* und Weiden. Bei länger andauernder Schneebedeckung kann das moosähnliche Heidegewächs *Cassiope tetragona* vorherrschen. Oft sind Stauden wie Lupinen, Anemonen, Goldrute oder Läusekraut (*Pedicularis*) eingestreut. Da sie in der offenen Tundra dem Wind stärker ausgesetzt sind als im Schutz von Gehölzen, sind sie hier seltener als im Wald. Der rohhumusreiche Boden ist von einer geschlossenen Moosschicht überzogen. In versumpften Niederungen besitzen Sumpfporst (*Ledum palustre*), Rauschbeere (*Vaccinium uliginosum*), Preiselbeere (*Vaccinium vitis-idaea*) oder kniehohe Weiden (*Salix*) höhere Anteile. Nässetolerante Seggen und Wollgrasarten bilden dort den Unterwuchs. In windgeschützten Senken bilden die Polarbirken und Zwergweiden ein niedriges Dickicht. Auch ihre Höhe von maximal 40 bis 60 cm entspricht der durchschnittlichen Schneehöhe.

Die typische Tundra oder Grastundra

Das gleiche Schicksal, das in der Waldtundra die Bäume trifft, nämlich ihre Schrumpfung und Beschränkung auf geschützte Lagen, ereilt weiter nördlich auch die Beerensträucher: Sie werden zunehmend auf feuchte Mulden, kleine Täler und geschützte Hänge zurückgedrängt, während die Birken und Weidenarten, die hier noch existieren können, zu Bodendeckern degradiert sind. In der typischen Grastundra, wie sie in Nordalaska, Nordostkanada und Nordsibirien riesige Flächen einnimmt, haben Süß- und Sauergräser die Vorherrschaft und bilden eine etwa 15–35 cm hohe Decke. In der Zwergstrauchtundra sind sie nur Lückenbüßer. Darin verteilt sind niedrige Stauden, Rosetten- und Polsterpflanzen. Sie gehören meist zu den Familien der Steinbrech- und Hahnenfußgewächse, zu Kreuzblütlern, krautigen Rosengewächsen und Rachenblütlern. Besonders auf stark sauren Böden ist die Tundra aber auch in dieser Zone sehr einförmig und artenarm.

Im Nordwesten Kanadas führt der Dempster Highway von Klondike nach Inuvik durch von niedrigen Stauden aufgelockerte Grastundra.

Auf Böden mit schlechtem Wasserabfluss kann sich ein – durch Hügel aus Wurzeln und Moos, sog. Bulten – sehr unebener Tundrentyp entwickeln. Er ist gekennzeichnet von Seggen und Wollgräsern, die keine Ausläufer bilden, sondern als kompakte Büschel nach und nach über das Bodenniveau hinauswachsen.
Eine eher rasenartige Sauergras-Moos-Tundra herrscht dagegen in den küstennahen Ebenen Nordamerikas und Sibiriens auf feuchten Böden vor. Dort dominieren Seggenarten wie *Carex aquatilis, Carex rotundata, Carex membranacea* und Wollgräser (*Eriophorum angustifolium, Eriophorum scheuchzeri*). Auch Süßgräser wie *Arctagrostis, Dupontia* und *Arctophila* können beigemischt sein. Das Wasser steht dicht unter der Bodenoberfläche. In wassergefüllten Vertiefungen kommen Schachtelhalme (*Equisetum*), Fieberklee (*Menyanthes trifoliata*) und Sumpfblutauge (*Comarum palustre*) vor. Eine geschlossene Schicht von Moosen (*Sphagnum, Drepanocladus, Aulacomnium, Calliergon*) profitiert vom ständigen Wasserüberschuss.

Hocharktische Moos- und Flechtentundra

In der Hocharktis ist die Polsterpflanzen-Flechten-Tundra eine verbreitete Pflanzengemeinschaft. Sie ist deutlich lückenhafter und artenärmer als die Grastundra. Häufige Pflanzen sind Silberwurz (*Dryas*), zwergwüchsige Weiden (*Salix*) und Hainsimsen (*Luzula*) sowie weitere Gräser und Seggen. Deckungsgrad und Produktivität sind gering. Da die Blütenpflanzen nicht dicht stehen und sie viel mehr Platz für die sonst konkurrenzschwachen Moose und Flechten lassen, treten diese stärker hervor.
Von Flechten dominierte Tundren gibt es nicht nur an der nördlichen und an der Höhengrenze der Vegetation, sondern auch dort, wo Trockenheit die meisten Blütenpflanzen scheitern lässt. Das ist vor allem auf Kuppen mit sandigem Boden der Fall. Außerdem sind Flechten an windigen Stellen überlegen, weil Blütenpflanzen dort wegen des fehlenden Schneeschutzes einen schweren Stand haben. Besonders artenreich ist in der Flechtentundra die Gattung der Rentierflechten (*Cladonia*) entwickelt. Ihre Vertreter sehen oft wie kahle, bleiche Sträucher in winzigem Maßstab aus und können große Flächen bedecken.
Die »arktische Wüste« besteht aus Rohböden mit wenig Feinanteilen. Die letzten Vorposten unter den Blütenpflanzen, die der Kälte trotzen und sich den durch Frostsprengung verwitterten Fels mit Moosen und Flechten teilen, sind Polsterpflanzen wie Stängelloses Leimkraut (*Silene acaulis*), Felsenblümchen (*Draba*), Arktischer Mohn (*Papaver radicatum*), Steinbrech (*Saxifraga*), Arktische Weide (*Salix arctica*) und Sauergräser. Die Pflanzen bedecken oft weniger als 3 % des Bodens.
Die Kontaktlinien zwischen den geschilderten Zonen sind selten scharf ausgeprägt. Vielerorts gibt es allmähliche Übergänge. Auch in zeitlicher Hinsicht sind die Grenzen nicht starr, denn die Vegetation reagiert auf Klimaschwankungen und biotische Einflüsse, z. B. wechselnde Beweidungsintensität. Schließlich sind unterschiedliche Vegetationszonen in der Realität durch das Relief, durch unterschiedliche Boden- und Wasserverhältnisse, vor allem auch durch die Dauer und Höhe der winterlichen Schneebedeckung in vielerlei Weise abgewandelt.

In der arktischen Tundra – hier in Norwegen – gedeihen nur noch Moose und Flechten.

Die sibirischen Sommer sind kurz, aber warm. In den Tälern des Altai-Gebirges blühen Trollblumen und andere Pflanzen auf alpinen Wiesen.

Polares Klima

Das Klima der Tundra ist generell geprägt von der polaren Lage, in der Tageslicht und Sonnenenergie auf einen kurzen Sommer begrenzt sind. Nördlich des Polarkreises steigt die Sonne im Winter selbst am Tag nicht über den Horizont, und je weiter nördlich man sich befindet, desto länger ist die Zeit dieser Polarnacht: In den meisten Tundragebieten sind es einige Wochen bis Monate, in der die Temperatur weit unter den Gefrierpunkt sinkt. Der Hochsommer ist von einer ebenso langen Periode der Mitternachtssonne geprägt, in der die Sonne rund um die Uhr am Himmel steht. Sie steigt zwar nicht sehr hoch, doch insgesamt besteht im Hochsommer kein Mangel an Sonnenenergie – der flache Einfall der Strahlen wird durch die Tageslänge so kompensiert, dass die Polargebiete über drei Monate hinweg sogar etwas mehr Energie als der Äquator erhalten. Daher kann es zwar stellenweise für einige Tage bis zu 30 °C warm werden, doch bisland ist die Sommerphase viel zu kurz, als dass sie das gefrorene Land weiträumig und dauerhaft erwärmen könnte.

Marines und kontinentales Klima

Differenzierter als Tundrenklima und Eisklima beschreiben kontinentale sowie maritime oder ozeanische Klimate eine Region. Die polaren maritimen Klimate sind deutlich von der Nähe zum Meer geprägt mit vergleichsweise hohen Niederschlagsmengen und milden Wintertemperaturen. Die Aleuten, die Küste Grönlands, Island und die europäische Arktis sind Beispiele hierfür. Polares kontinentales Klima ist hingegen durch extrem kalte Winter und geringe Niederschläge unter 500 mm im Jahr geprägt. In manchen Gebieten, etwa in Nordgrönland und Nordkanada, ist der Niederschlag mit unter 100 mm Regen so gering, dass man von einer Arktischen Wüste spricht. Zum kontinentalen Klima gehören Alaska, Kanada und Sibirien und viele Inseln des Kanadisch-Arktischen Archipels, denn der Einfluss des Meeres ist dort wegen der ganzjährigen Eisschicht geringer.

Kalte Winter, kurze Sommer

Der Winter setzt schon im September oder August ein. In den kontinentalen Gebieten sinken die Temperaturen weit unter den Gefrierpunkt, in Kanada und der sibirischen Arktis werden –40 °C erreicht, stellenweise sogar unter –60 °C. Im Innern der Kontinente bildet sich eine stabile Hochdrucklage mit kalten, trockenen Luftmassen, die wenig Niederschläge führen. Gelegentlich kommt es zu heftigen Schneestürmen.
In den maritimen Klimaten sind die Wintertemperaturen selten extrem und fallen im Monatsdurchschnitt kaum unter –5 °C. Vom Meer kommende Stürme bringen reichlich Niederschläge.
Erst im März oder April ist die Sonne stark genug, die Temperaturen ansteigen zu lassen. Doch noch lange in den Sommer hinein liegt an vielen Stellen Schnee. Die weiße Fläche wirft einen so großen Teil der Sonnenenergie zurück, dass der Schnee sich selbst und seine Umgebung kühlt. So ist die Vegetationsperiode kurz: oft nur sechs bis zehn Wochen. In den kontinentalen Regionen kann der Sommer Perioden mit klarem Wetter und Temperaturen bis 30 °C bringen. Die maritimen Polarklimate hingegen sind meist wolkenverhangen und das Thermometer steigt selten über 10 °C. Frostfreie Perioden gibt es selbst im Sommer nicht. Unter diesen Bedingungen kann der Boden nur oberflächlich auftauen, während er in der Tiefe als Dauerfrostboden (Permafrost) ganzjährig gefroren bleibt. Doch seit einigen Jahren wird ein Rückzug der Permafrostlinie nach Norden beobachtet. Im getauten Boden zersetzen Mikroorganismen den Kohlenstoff und setzen CO_2 und Methan frei – Treibhausgase, die ihrerseits die Erderwärmung forcieren.

Klimadiagramm: polares Klima Arktis

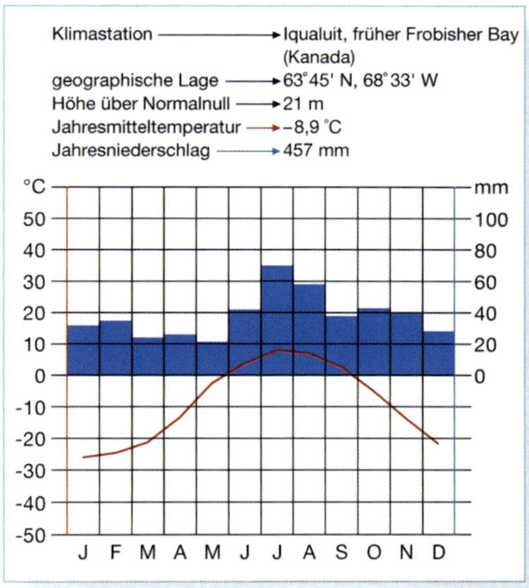

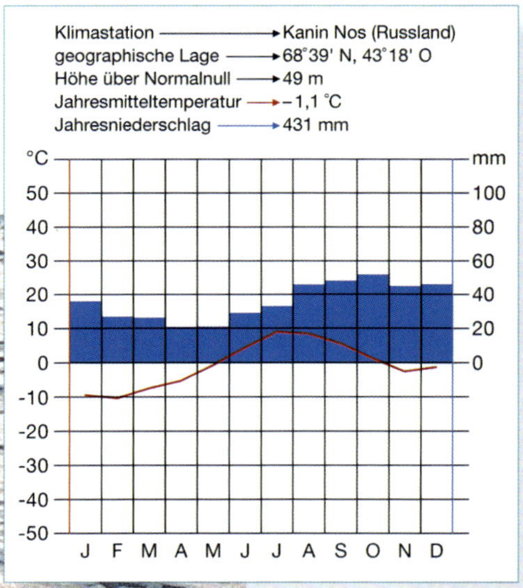

Klimadiagramm: polares Klima Eurasien

DIE TIERWELT DER TUNDRA

Anpassung an die Extreme

Das extreme Klima der arktischen Tundra verlangt den wenigen Tierarten große Anpassungsleistungen ab. Kleine Tiere fliehen z. B. vor der Kälte des neun Monate langen Winters unter die isolierende Schneedecke und suchen im Sommer in der Erde oder der niedrigen Pflanzenschicht Nahrung und Schutz. Die Artenarmut des hohen Nordens ist jedoch nicht leicht zu erklären. Eine Rolle spielt die geringe Biomasse an der Basis der Nahrungspyramide, deshalb sind für die Raubtiere an der Pyramidenspitze wenige Nischen vorhanden. Reptilien und Amphibien fehlen, da ihr Stoffwechsel in der Kälte versagt. Viele Tierarten sind circumarktisch, bzw. – wenn sie eher im Nadelwald leben – circumboreal verbreitet: Die altweltlichen Rentiere und die neuweltlichen Karibus gehören derselben Spezies an. Wie viele andere Warmblüter verbringen sie nur einen Teil des Jahres hier und ziehen im Winter in die südlich angrenzende Taiga; die meisten Vögel treibt es jedoch noch viel weiter in den Süden.

Schneegänse nehmen auf ihrem Weg in den Süden viele Risiken auf sich. Die Gefahren – hauptsächlich durch den Menschen – drohen überall.

Der Kälte entfliehen: Nomaden und Gäste

Die meisten der etwa 100 Vogelarten der Tundra sind Sommergäste, die zum Brüten in diesen Lebensraum kommen. Auslöser für die Abreise der Zugvögel aus der Tundra sind zumeist nicht Nahrungsmangel oder das Zufrieren der Gewässer, sondern die kürzer werdenden Tage. Da es im hohen Norden im Spätsommer abends länger hell bleibt als weiter im Süden, brechen die Tiere umso später auf, je weiter nördlich sie gebrütet haben. Man mag sich fragen, warum die Vögel nicht das ganze Jahr in ihren klimatisch angenehmeren Winterrevieren bleiben. Zum einen ist dort vermutlich der Feinddruck größer und zum anderen ermöglicht ihnen der arktische Sommer wohl die Aufzucht größerer Bruten: Ein paar Wochen lang gibt es Gras und Insekten im Überfluss und der Dauertag erlaubt es, rund um die Uhr auf Futtersuche zu gehen.

Riskante Fernflüge

Unterwegs und in ihren Sommerrevieren drohen den Zugvögeln viele Gefahren. So ist die Zahl der sibirischen Schneegänse stark zurückgegangen, weil ihre Rastplätze in Kalifornien von Menschen besiedelt wurden. Die Zugrouten folgen oft uralten Traditionen aus menschenärmeren, vorindustriellen Zeiten; so ziehen viele Vögel aus Kanada, die einst über die Beringstraße nach Amerika eingewandert sind, immer noch über Europa nach Afrika. Die Zwerggänse, die in der schwedischen und finnischen Tundra brüten, ziehen auf ihrem Weg in die Überwinterungsgebiete am Niederrhein durch gefährliches Terrain in Osteuropa. Hier wurden sie in den letzten 50 Jahren durch massive Bejagung und durch die Trockenlegung der Seen, an denen sie Rast machen, bedrohlich dezimiert. Da die Routen nicht genetisch vorprogrammiert sind, versucht man heute, den Rückgang der Vögel durch spezielle Maßnahmen aufzuhalten: Man gewöhnt die Jungvögel an Ultraleichtflugzeuge und fliegt mit ihnen fast 2000 km weit über weniger riskante Gebiete in Dänemark und Deutschland an den Niederrhein – in der Hoffnung, dass sie sich die neue Strecke einprägen und an ihre Kinder weitergeben. Mit neuen Techniken wie der Telemetrie gelang es binnen weniger Jahre, viele Zugrouten aufzuklären. Hierzu werden den Tieren leichte Sender umgehängt und ihre Zugwege per Satellit erfasst. Die Pioniere der Satelliten-Telemetrie waren die Zwergschwäne, die um 1990 in Holland erstmals mit Sendern ausgestattet wurden. So stellte man fest, dass sie auf dem Weg in ihre sibirischen Brutgebiete mehrere hundert Kilometer über die offene Ostsee fliegen. Die westsibirischen Prachttaucher vollführen einen sog. Schleifenzug, d. h., sie ziehen auf einer völlig anderen Route zurück nach Norden als zuvor nach Süden.

Für ihre Wanderungen schließen sich die Rentiere zu großen Herden von manchmal mehr als 100 000 Tieren zusammen.

Dank ihres extrem langen Zugweges von der sommerlichen Arktis bis in die sommerliche Antarktis und wieder zurück genießt die Küstenseeschwalbe mehr Helligkeit als die meisten anderen Lebewesen.

Zu Fuß unterwegs

Auch manche Säugetiere ziehen im Winter aus der Tundra fort, wobei eher ihr knurrender Magen der Motor ist. Polarfüchse versuchen zwar auch, extremen Minusgraden auszuweichen, wandern aber sogar über das zugefrorene Meer, um Beute zu finden. Rentiere suchen Wälder und Gebirgszüge auf, in denen die Schneedecke dünn genug ist, um darunter Pflanzen frei scharren zu können. Die Karibus der nordamerikanischen Porcupine-Herde paaren sich jeden Herbst am Porcupine River; danach ziehen sie den Winter über in kleinen Gruppen durch die Ogilvie Mountains, wo sie problemlos –60 °C ertragen. Mehrere hundert Kilometer weiter treffen sich die trächtigen Kühe im Frühjahr am Setzplatz, jedes Jahr an einer anderen Stelle. Nach dem Kalben stoßen auch die Männchen wieder dazu. Auf ihrer über 1000 km langen Rundwanderung durch Kanada und Alaska passieren sie seit Jahrhunderten dieselben Furten. Zusehends schränkt das durch die Erderwärmung bedingte Auftauen des Permafrostbodens in unwegsamen Morast die Wanderungen der Tundrabewohner ein.

Rentiere: Wanderer zwischen Tundra und Taiga

Die Rentiere Nordeuropas und Nordasiens gehören derselben Art an wie die Karibus Nordamerikas: *Rangifer tarandus* aus der Familie der Hirsche. Von allen anderen Hirschen unterscheiden sie sich darin, dass auch die Weibchen Geweihe tragen. Während die Rentiere bereits vor über 5000 Jahren domestiziert wurden und seither das Leben etlicher Nomadenvölker geprägt haben, ist dies bei den Karibus nie gelungen.

Die männlichen Rentiere tragen besonders ausladende Geweihe. Sie sind bei jedem Tier anders geformt.

In der Brunftzeit herrscht ein harter Kampf zwischen den Rentierbullen. Mit ihren mächtigen Geweihen können sie sich gegenseitig schwere Verletzungen zufügen.

Wärmetauscher und Spezialschmiermittel

Gleich bei seiner Geburt muss ein Renkalb einen Temperatursturz von über 50 °C verkraften und trotz seiner noch dünnen Fettschicht und Behaarung eiskalten Regen und Schneestürme aushalten. Bei schlechtem Wetter kann es seine Wärmeerzeugung auf das Fünffache des Normalwerts hochfahren: ein Luxus, den die extrem nahrhafte Milch seiner Mutter möglich macht. Außerdem haben die Tiere lange, dünne Beine und große Füße, über die eigentlich viel Wärme entweichen müsste. Verhindert wird dies durch ein Adernetzwerk am Übergang zwischen Rumpf und Gliedmaßen. Hier tritt ein Großteil der Wärme aus den Arterien direkt in das ausgekühlte venöse Blut über, ohne erst in die Beine zu gelangen. Dass diese trotz dieser Auskühlung beweglich bleiben, liegt an den besonders kurzkettigen Kohlenwasserstoffen des Beinfetts, das auch bei niedrigsten Temperaturen flüssig bleibt. Die Inuit und Indianer, die Karibus erlegen, können daher das Fett aus den Füßen als flüssiges Schmiermittel und das Markfett aus der Schulter als Nahrungsmittel nutzen. Rentierhaare sind an der Spitze dicker als an der Wurzel und enthalten viel Luft, wodurch das Fell hervorragend isoliert. Im Winter sind sogar die Nasenkuppen und Lippen behaart, damit beim Äsen kein Schnee in Nase und Mund gelangt.

Rentier
Rangifer tarandus

Klasse Säugetiere
Ordnung Paarhufer
Familie Hirsche
Verbreitung zirkumpolar auf der Nordhalbkugel, meist Tundra, auch Taiga
Maße Kopf-Rumpf-Länge: 1,2–2,2 m
Gewicht 100–315 kg
Nahrung vielerlei Pflanzenkost, vor allem Blätter, Kräuter, Seggen, Pilze und Flechten
Geschlechtsreife mit 2 Jahren
Tragzeit 200–240 Tage
Zahl der Jungen 1–2, selten bis 4
Höchstalter 15 Jahre

Ständig auf Nahrungssuche

Es ist also nicht die Kälte, die die Rentiere im Winter aus der Tundra vertreibt, sondern der Futtermangel: Zwar sind sie nicht wählerisch und vertilgen sogar Lemminge, aber die Tundra kann im Winter höchstens ein Viertel der Rene ernähren, die im Sommer dort äsen. Daher ziehen sie dorthin, wo mehr Nahrung zugänglich ist: nicht unbedingt nach Süden, sondern in Waldgebiete, in denen der Schnee weniger verharscht ist, oder an Berghänge, auf denen er nicht so hoch liegt. Selbst breite Flüsse halten sie nicht auf; mit ihren paddelartigen Hufen sind sie gute Schwimmer. Ein unüberwindliches Hindernis stellten jedoch die im 19. Jahrhundert geschlossenen Landesgrenzen zwischen Finnland und Norwegen bzw. Schweden dar: Auf Satellitenfotos ist der Grenzverlauf anhand der unterschiedlichen Vegetationsbedeckung beiderseits der Zäune – infolge der Überweidung – heute deutlich erkennbar. Dort, wo ihre Bestände stark zurückgegangen sind, stellen die Tiere ihre offenbar nicht fest ins Erbgut einprogrammierten Wanderzüge aber auch ohne solche Behinderungen ein, sobald die spärlichen Flechten, Seggen, Gräser und Sträucher der Tundra ausreichen, um die Herden ganzjährig zu ernähren.

Ein Jahr im Leben der George-River-Karibus

Die George-River-Herde aus der Unterart *Rangifer tarandus caribou* lebt in einem Territorium von etwa 700 000 km^2 im nördlichen Quebec und Labrador. Sie ist die mit Abstand größte Karibuherde des nordamerikanischen Kontinents. Teile dieser Herde legen in einem Jahr 4000 km, manche Tiere sogar 9000 km zurück. Der Zyklus beginnt mit der Frühjahrswanderung. Die trächtigen Weibchen führen ihre kleinen Gruppen von den Winterweideplätzen in den Nadelwäldern zu den Kalbungsgebieten auf den baumlosen Hochebenen am Ostufer des George River. Alle trächtigen Kühe gebären binnen zweier Wochen, so dass die Kälber den Schutz der Gruppe genießen. Dennoch werden viele von Wölfen, Bären oder Steinadlern geschlagen oder nach Stürmen und Kälteeinbrüchen von Krankheiten dahingerafft. Das frische Woll- und Riedgras der Kalbungsgründe liefert den Müttern die nötigen Nährstoffe zur Produktion ihrer calcium- und fettreichen Milch.

Schon bei der Geburt haben die 6 kg schweren Kälber so starke Knochen, dass sie gleich aufstehen; mit einem Tag sind sie bereits so schnell und sicher auf den Beinen, dass sie jedem Menschen davonlaufen können. Mit sechs Tagen schaffen sie schon 15 km am Tag, so dass ihre Mütter die Wanderung wieder aufnehmen können. Ende Juni schließen sich die restlichen Kühe, Jährlinge und jungen Bullen, die die Wintergründe erst später verlassen haben, den Müttern und ihren Kälbern an und bilden große Züge von oft über 100 000 Tieren, die gemeinsam zu den Sommerweidegründen wandern und bis August zusammenbleiben.

Auf der Flucht vor gefährlichen Plagegeistern

Diese Zusammenballung bietet vermutlich einen gewissen Schutz vor den riesigen Schwärmen von Stechmücken und Dasselfliegen. Während des Höhepunkts der Insektenplage nehmen die Karibus ab, da sie nur noch ein Drittel ihrer Tage mit Äsen und Wiederkäuen verbringen können, und fallen vermehrt Raubtieren zum Opfer. Am liebsten halten sie sich nun auf Höhenzügen auf, deren kalte Luft die Insekten meiden. Die überaus unangenehmen Angriffe von Dasselfliegen und Hautdasseln können ganze Herden in Panik versetzen; erst der herbstliche Kälteeinbruch macht der Plage ein Ende. Ab Mitte September haben die Karibus dann endlich wieder mehr Zeit zum Fressen und verlieren nicht mehr so viel Energie durch die ständige Flucht. Mit saftigen Gräsern, nahrhaften Pilzen und Beeren fressen sie sich nun eine Fettschicht für den Winter an.

Anstrengende Brunftzeit

Die ersten schweren Schneefälle des Herbstes sind das Signal zum Aufbruch gen Süden. In großen Gruppen ziehen die Tiere jetzt zu den Brunftplätzen, an denen die erwachsenen Männchen ab Mitte Oktober um das Recht kämpfen, möglichst viele Kühe zu begatten. Seit Monaten haben sie sich in Scheinkämpfen geübt und ihr nun über 1,5 m langes Geweih gefegt, also den Bast, der es während des Wachstums überzog, an Büschen abgerieben und dabei auch ihre Halsmuskeln gestärkt. Der Hals ist fast doppelt so dick wie sonst, das Körpergewicht um 20 % gestiegen: Große Bullen wiegen nun bis zu 315 kg.

Wenn rein symbolisches Kräftemessen durch breitbeiniges Kopfneigen nicht zu einem Ergebnis führt, lassen zwei Bullen ihre Geweihe mit voller Wucht aufeinanderprallen und schieben und stoßen sich mit verkeilten Waffen hin und her; dabei kommt es oft zu schweren, mitunter auch tödlichen Verletzungen. Zwei Wochen lang bleiben die Bullen in ständiger Erregung, sie fressen und ruhen nicht und zehren ihre Reserven auf. Am Ende der Brunftzeit, im November, hat ein starkes Tier im Schnitt zwölf Kühe begattet; viele erschöpfte Bullen überleben den anstehenden Winter nicht. Die Männchen werfen nach der Paarungszeit ihr Geweih ab; im Mai wächst ein neues. Die Weibchen haben ihre Geweihe erst im Juli bekommen und behalten sie bis zur Geburt ihrer nächsten Kälber. So können sie Futterlöcher, die sie in den Schnee scharren, gegen Männchen und nicht trächtige Kühe verteidigen.

Überleben im Schnee

Jedes Jahr verbringen die George-River-Karibus 70 % ihrer Zeit im Schnee. An den Füßen schrumpfen die Ballen und die Haupthufe und Afterklauen werden so lang, dass die fleischigen Sohlen vor dem Kontakt mit dem eisigen Boden geschützt sind.
Die Winternahrung besteht vor allem aus Flechten, die zwar nahrhaft, calciumreich und gut verdaulich sind, aber wenig Proteine enthalten. Ein Teil des Calciums wird bei den Weibchen als Vorrat im Geweih eingelagert, ein Teil in die Knochen des heranreifenden Embryos eingebaut, damit das Kalb nach der Geburt rasch auf die Beine kommt, und ein Teil mit dem Kot ausgeschieden.
Am häufigsten wird die weiße oder graugrüne Rentierflechte *Cladonia rangiferina* gefressen, deren 5 cm hohe, lederartige Zweige die Tiere noch unter 60 cm Schnee wittern und ausgraben. Ende Dezember legen Karibus im Wald nur noch 5 km am Tag zurück; um mit der kargen Nahrung auszukommen, stellen sie ihr Wachstum ein und reduzieren ihren Grundumsatz um 25 %.
Die Jungtiere verlieren 10 % ihres Körpergewichts, obwohl ihre Mütter mehr als zwölf Stunden am Tag mit dem Scharren von über 100 Futterlöchern verbringen.
In sehr harten Wintern ziehen Teile der George-River-Herde in die Nähe menschlicher Siedlungen; dann sind sie mit Motorschlitten und modernen Schusswaffen besonders leicht zu jagen und zu erlegen.
Neben dem Fett und den mageren Steaks gelten auch die anverdauten und daher für Menschen genießbaren Flechten im Magen mancherorts als Delikatesse. Aus den Geweihen werden Angelhaken, aus den Schienbeinknochen Messer, aus den Sehnen starke Stricke gefertigt und die Felle werden zu Kleidung verarbeitet.

Rentiere sind gute Schwimmer. Auf ihren langen Wanderungen durchqueren sie problemlos auch breite Flüsse.

Rentierkälber müssen sofort nach der Geburt aufstehen. Hier trinkt ein gerade geborenes Rentierbaby bei seiner erschöpften Mutter.

Folgen des Klimawandels?

In Südlabrador und anderen nicht ganz so kalten Taiga- und Tundragebieten leben etliche kleinere Herden mehr oder weniger stationär; auch einige eurasische Rentiergruppen haben ihre traditionellen Wanderungen in den letzten Jahren aufgegeben. Möglicherweise schränkt das Auftauen des Dauerfrostbodens infolge der Erderwärmung in undurchdringlichen Morast die Mobilität der Rentierherden immer mehr ein.
Womöglich schwanken die Herdengrößen aber auch vollkommen unabhängig vom Klima, weil ein starkes Anwachsen langfristig zu einer Schädigung der Pflanzendecke in den Weidegründen und damit wieder zu einem Schrumpfen der Populationen führt. Vor allem die Regeneration überweideter Rentierflechtenbestände dauert wegen des außerordentlich langsamen Wachstums dieser Pflanzen – nur 5 mm pro Sommer – mehrere Jahrzehnte.

Moschusochsen leben in den Tundren Grönlands, Kanadas, Alaskas, Nordnorwegens und der russischen Wrangel-Insel. Aus unseren Gefilden haben sie wohl steinzeitliche Jäger und der Klimawandel vertrieben: Bei trockenen und stürmischen –50 °C fühlen sie sich wohler als bei moderater Temperatur und Feuchtigkeit. Ihr Fell aus teils über 60 cm langen Grannenhaaren und einer sehr dichten Unterwolle ist nämlich nicht wasserfest, da sie keine Talgdrüsen besitzen. Trocken isoliert es wegen der eingeschlossenen Luft aber hervorragend.

Moschusochsen: eiszeitliche Energiesparmeister

Kältefeste Ziegenverwandte

Moschusochsen bekämpfen die Widrigkeiten des nordischen Winters durch Energiesparen. Schon bei den Neugeborenen ist das Fell so lang, dass es die dünnen Beine fast bis zum Boden bedeckt. Außerdem kommen sie mit einem Fettgewebe in der Leibeshöhle zur Welt, das zur Wärmeerzeugung »verstoffwechselt« wird. So können sie ihre Körpertemperatur unmittelbar nach der Geburt 75 °C über die Umgebungstemperatur anheben. Neben dem fast schwarzen Fell hilft auch die schiere Masse: Die Männchen werden bis zu 2,5 m lang und wiegen bis zu 400 kg. Die Weibchen sind deutlich leichter, aber von ähnlich gedrungener Gestalt. Die Beine,

Moschusochse
Ovibos moschatus

Klasse Säugetiere
Ordnung Paarhufer
Familie Hornträger
Verbreitung arktische Tundra
Maße Kopf-Rumpf-Länge: 200–250 cm
Standhöhe: 125–130 cm
Gewicht Männchen 260–400 kg
Weibchen 180–200 kg
Nahrung Gräser, Seggen, Kräuter, Blätter
Geschlechtsreife mit 4 Jahren
Tragzeit 7–9 Monate
Zahl der Jungen 1
Höchstalter über 20 Jahre

der Hals und der Schwanz sind kurz, die Ohren fast völlig im Fell verborgen. Indem sich die kleinen Herden von 5–20 Tieren bei Eisstürmen zusammendrängen, reduzieren sie die Auskühlung. Die Köpfe mit den empfindlichen Sinnesorganen werden dabei in die Mitte des Kreises gerichtet.

Acht Monate Winter

Im hohen Norden bringt der lange Winter nicht nur viel Schnee, sondern auch anhaltende Dunkelheit. Moschusochsen haben aber ein hervorragendes Gehör und Augen mit großen Pupillen und empfindlichen Netzhäuten, so dass sie sich in der arktischen Dauernacht gut orientieren können. Dank ihrer breiten Hufe mit den großen Nebenhufen sinken sie auf hartem Schnee kaum ein. Überhaupt legen sie nur im kurzen Sommer mehr als 2 km am Tag zurück; im Winter bleiben sie an ihren bevorzugten Futterplätzen, die sich durch eine niedrige Schneedecke auszeichnen.
Die Tiere halten sich oft an Flussufern und Küsten oder auf zugigen Hügelflanken auf, wo der Wind den Schnee abträgt. Obwohl sie sich ihren Lebensraum mit Rentierherden teilen, ist die Nahrungskonkurrenz minimal: Moschusochsen fressen nur zur Not Flechten und bevorzugen Flusstäler, die von Renen gemieden werden. Durch das Weiden und ihren Kot fördern sie sogar das Wachstum von Seggen, die mit ihren unterirdischen Rhizomen gegen Verbiss und Vertritt resistenter sind als andere Pflanzen. An größere Bäume lehnen sie sich mit den Vorderbeinen an, um an die oberen Blätter zu gelangen. Ihr effizienter Stoffwechsel ermöglicht die Nutzung solch minderwertiger Nahrung, von denen andere Wiederkäuer nicht leben können. Die zunehmende Erderwärmung führt allerdings zum Überfrieren angetauten Schnees. Die Eiskruste versperrt den Moschusochsen den Zugang zu ihrer Nahrung. Passiert dies häufiger, sind sie vom Aussterben bedroht.

In Igelformation gegen Wölfe und Bären

Neben harschen Hungerwintern oder plötzlichen Wärmeeinbrüchen mit Regen fallen Moschusochsen vor allem den Nachstellungen von Wölfen, Eis- oder Grizzlybären und Menschen zum Opfer. Erst 1869 haben die Europäer die Art bei einer Nordpolexpedition überhaupt entdeckt. Wenige Jahrzehnte später, um 1900, hatten sie sie bereits fast ausgerottet. Durch Schutzmaßnahmen und Wiederansiedlungen hat sich der Weltbestand inzwischen auf schätzungsweise 60 000–80 000 Tiere erholt.
Dass Moschusochsen so leicht zu schießen sind, liegt an ihrer angeborenen Verteidigungsstrategie: Wenn sie von Raubtieren angegriffen werden, fliehen die Erwachsenen nicht, sondern bilden eine halbkreis- oder kreisförmige Phalanx, hinter der die Kälber geschützt werden. Ab und zu bricht ein Bulle aus, stürzt mit bis zu 40 km/h auf den Gegner zu und versucht ihn mit den Hörnern zu treffen, die auf der Stirn zu einer dicken Platte verwachsen sind. Auch in der Brunst werden diese Waffen eingesetzt: Die Bullen krachen immer wieder frontal aufeinander und klären so, wer die Kühe decken darf. Der Verlierer kann aber meist in der Herde bleiben, denn gemeinsam hat man im Überlebenskampf in der Tundra einfach bessere Chancen.

Der Kreis oder Halbkreis ist die typische Verteidigungsformation.

Lemminge: die heimlichen Herrscher der Tundra

Über kein anderes Tier der Tundra kursieren so hartnäckige Fehlvorstellungen wie über *den* Lemming. Das fängt schon damit an, dass es den Lemming gar nicht gibt, sondern allein 17 echte Lemmingarten in vier Gattungen sowie fünf Mulllemminge und einige Wühlmäuse, die ebenfalls als Lemminge bezeichnet werden. Der klassische, ja »sprichwörtliche« Lemming, der vermeintlich alle paar Jahre einer selbstmörderischen Massenpsychose unterliegt, ist der Berglemming. Er nimmt eine Schlüsselrolle in den Nahrungsketten der Tundra ein: als Konsument, »Gärtner«, Konkurrent und unentbehrliche Nahrungsgrundlage vieler Bewohner dieses Lebensraums.

① *Im Sommer legt der Berglemming seine Gangsysteme in der oberen Bodenschicht an, im Winter unter dem Schnee.*

② *Das Sommerfell des Berglemmings hat eine gelbe, braune und schwarze Zeichnung. Das Winterfell ist vorwiegend weiß.*

Wasserfester Pelz

Alle 17 echten Lemmingarten leben im nördlichen Wald- und Tundrengürtel. Allen gemein ist die gedrungene Gestalt mit der kurzen Schnauze und dem kaum aus dem langen, dichten Pelz herausragenden Schwanz: eine typische Kälteanpassung, um Wärmeverluste über Körperteile mit großer Oberfläche zu reduzieren. Dazu passen auch die kleinen, runden Ohrmuscheln, die fast ganz im lufthaltigen, wasserbeständigen Fell verborgen sind.

Der in Skandinavien und Nordwestrussland beheimatete Berg- oder Fjelllemming (*Lemmus lemmus*) ist ein lebhaftes, 15–17 cm großes Nagetier. Seine breiten Füße mit den dicht behaarten Sohlen und den vor allem vorn stark ausgebildeten, abgeflachten Grabkrallen an den ersten Zehen weisen auf ein Leben im Schnee und im Boden hin. Das Fell ist mit Weiß-, Gelb-, Rotbraun- und Schwarztönen ausgesprochen bunt, aber im äußersten Norden des Verbreitungsgebiets färbt es sich im Winter zur Tarnung weiß: bei Nagern eine Seltenheit. Mit seinen scharfen Zähnchen und Krallen wehrt sich der Berglemming mutig gegen Angreifer. Weiter im Osten wird er vom Braunen Lemming (*Lemmus sibiricus*) und dem Amurlemming (*Lemmus amurensis*) abgelöst.

Gänge im Schnee

Lemminge sind im Prinzip Warmblüter wie Menschen und fangen bei Außentemperaturen unter +20 °C an zu zittern. Aber ihre winzigen Babys sind in den ersten Tagen so isoliert, dass man sie eigentlich als wechselwarm bezeichnen muss: Selbst wenn sie sich kurz auf +3 °C abkühlen, nehmen sie keinen dauerhaften Schaden. Nach etwa zehn Tagen lernen sie zu zittern, um mit den Muskeln Wärme freizusetzen; ihr Fell sprießt und eine isolierende Fettschicht wird aufgebaut.

Diese bleibt jedoch dünn und trotz des dichten Fells würden die Tiere an der eiskalten Luft den Winter nicht überleben. Daher ziehen sie sich in weit verzweigte Gangsysteme unter der dicken, leichten Schneedecke zurück: Am Boden ist es immerhin 0 °C »warm«, so dass die Berglemminge ohne Winterschlaf und gehortete Nahrungsvorräte auskommen und sogar noch Junge aufziehen, wenn 50 cm über ihnen –20 °C herrschen. Ihre kugeligen Nester sind dick mit Gras und Moos ausgepolstert. Moos bildet im Winter auch ihre wichtigste Nahrungsquelle, denn es bleibt unter dem Schnee frisch und leicht zugänglich. Da diese Kost schwer verdaulich und kalorienarm ist, müssen die Tiere ständig fressen. Auch Knospen von Zwergsträuchern, Rentierflechten, Samenkörner, Wurzeln und Rinde gehören zu ihrer Winternahrung.

Unentbehrliche Gärtner

Alle drei bis vier Stunden müssen Lemminge auf Futtersuche gehen, sechs- bis achtmal am Tag, denn ihr Stoffwechsel brennt gerade im Winter auf Hochtouren und ihre Nahrung ist energiearm. Im Sommer fressen Berglemminge im feuchten Tiefland vor allem die Gräser und Seggen, während die Halsbandlemminge der Gattung *Dicrostonyx* in höheren, trockeneren Lagen Kräuter vertilgen.

Die meisten Lemminge haben ständig nachwachsende Mahlzähne, mit denen sie harte, kieselsäurehaltige Kost wie Gräser kauen können. Außerdem schließen Mikroorganismen in ihrem Blinddarm Zellulose auf; diese Fermentation liefert den Tieren bis zu 30 % ihrer Energie sowie Vitamin B. Manchmal fressen Lemminge wie Hasen ihren eigenen Kot, um die magere Kost durch zweifache Verdauung besser zu nutzen.

Wenn Berglemminge im Sommer Gänge in die obere Erdschicht graben, belüften sie den Boden und verbessern so die Wachstumsbedingungen für Gräser und Seggen. Außerdem beschleunigen sie durch die Zerkleinerung toter Pflanzenteile die Kompostierung und düngen den Boden mit ihrem Kot. Ohne sie würden die Mineralien nicht so schnell in den Stoffkreislauf zurückkehren – und das noch aus einem zweiten Grund: Wenn sie die toten Vegetationsanteile nicht kappen würden, wäre der Boden im Sommer durch die Pflanzendecke stärker isoliert und würde nicht so tief auftauen, so dass die Mineralstoffe aus den tieferen Schichten für die Pflanzen unerreichbar blieben.

Echte Lemminge
Lemmus

Klasse Säugetiere
Ordnung Nagetiere
Familie Wühler
Verbreitung höhere Breiten der nördlichen Halbkugel
Maße Kopf-Rumpf-Länge: 15–17 cm
Gewicht 40–130 g
Nahrung Moose, Seggen, Binsen, Gräser
Geschlechtsreife mit 3 Wochen
Tragzeit 21–25 Tage
Zahl der Jungen 1–13, meist 6–8
Höchstalter 2 Jahre

Die Nester der Berglemminge befinden sich unter der Erde, manchmal auch überirdisch. Sie sind mit Gras und Moos ausgepolstert und gut versteckt.

Jahreszeitliche Wanderungen

Sobald im Frühjahr Tauwetter einsetzt, drohen die Gänge im Schnee einzubrechen; das Moos trocknet und wird dadurch für die Berglemminge ungenießbar. Von ihren Winterquartieren an den Berghängen ziehen sie nun rasch tiefer auf die offenen Moorflächen der Tundra, in Birken- und Weidenwälder oder auf die feuchten Wiesen der Täler. Die Weibchen, vor allem die trächtigen, lassen sich als Erste an geeigneten Fress- und Nistplätzen nieder, die Männchen ziehen weiter. Da sie während der Wanderung leichte Beute sind und viele von ihnen in Gegenden mit ungeeigneten Lebensbedingungen landen, gibt es deutlich weniger erwachsene Männchen als Weibchen.
Im Sommer legen die Berglemminge ihre kleinen Nester dicht unter der Erdoberfläche oder auch oberirdisch an – unter Moos, Flechten, Grasbüscheln oder Baumstümpfen versteckt. Sobald im Frühherbst die Seggen welken und der Boden wieder gefriert, wandern sie auf die geschützten Schneeböden und Hänge der Berge zurück, wobei sie oft zum Fressen Halt machen. Normalerweise ziehen sie nur nachts. Dabei legen sie regelrechte Trampelpfade an.

Populationsschwankungen

Berglemminge sind ausgeprägte Einzelgänger; unmittelbar nach der Paarung gehen sie wieder getrennte Wege. Je nach Klima kann ein Weibchen zwei- bis drei-, ja bis zu fünfmal im Jahr Junge werfen. Meist sind es, passend zu den acht Zitzen, sechs bis acht, es wurden aber auch schon zwölf gezählt. Trächtige Weibchen gehen auseinander wie Pfannkuchen und werden ziemlich unbeweglich, weshalb sie untereinander stark um gute Reviere konkurrieren, in denen sie zur Futtersuche nicht weit laufen müssen.
Die hohe Reproduktionsrate ist eine Anpassung an das kurzfristig reichliche Nahrungsangebot in der Tundra: Weibchen, die darauf besonders schnell mit viel Nachwuchs reagieren konnten, trugen stärker zum Genpool bei als andere. Mit drei Wochen erreichen die Jungen die Geschlechtsreife, mit sechs Wochen können sie selbst schon werfen, so dass viele Weibchen aus dem Frühjahrswurf im Herbst bereits Mütter sind. Außer während des ersten Schneefalls und der Schneeschmelze kann die Reproduktion im Winter weiterlaufen: Da es dann weniger Verluste durch Raubtiere gibt, finden die meisten Bevölkerungsexplosionen der Lemminge unter der Schneedecke statt.
Nicht nur bei den Berglemmingen, sondern bei mindestens zehn Lemming- und Wühlmausarten schwanken die Bestände zyklisch. Manchmal wächst die Population innerhalb von zehn Monaten um einen Faktor von 250 an. Die Frage nach der Ursache bzw. dem Motor dieser Zyklen ist – wie die nach Henne oder Ei – schwer zu beantworten. In raubtierarmen Regionen scheinen sich die Lemminge durch Überweidung ihr eigenes Grab zu schaufeln: Bei über 200 Nagern pro Hektar wird die Vegetation massiv geschädigt, da sie in der Not auch die zum neuen Austreiben wichtigen Teile der Pflanzen fressen. Dann verstärkt sich die Erosion, das Erdreich taut tiefer auf, viele Lemminge verhungern oder sterben an Krankheiten.
Im Lauf der nächsten zwei bis vier Jahre erholt sich die Vegetation und damit der Lemmingbestand wieder.

Auswirkungen auf andere Arten

In anderen Gebieten scheinen Raubtiere die Bestandsschwankungen zumindest zu verstärken. Von der Schneeschmelze an dezimieren Greifvögel wie Raufußbussarde, Raubmöwen, Schnee- und Sumpfohreulen die Lemminge massiv, in Nordalaska z. B. binnen weniger Juniwochen auf ein Zehntel oder Zwanzigstel. In schlechten Lemmingjahren brüten sie erst gar nicht, Eisfüchse

wandern aus oder stellen sich auf andere Beutetiere um, viele Räuber verhungern. Dadurch sinkt der Jagddruck und der Nagerbestand kann sich in den folgenden Jahren erholen.
Auch Bären, Wölfe, Vielfraße und Iltisse, ja sogar Rentiere fressen Lemminge. Ihre Skelette werden von Spornammern und Schnepfenvögeln als Kalkspender genutzt. Andere Tiere sind sozusagen um zwei Ecken herum von den Lemmingen abhängig. So vermehren sich Eiderenten besser, wenn wegen einer Lemmingschwemme viele Schnee-Eulen und Raubmöwen brüten. In deren Nachbarschaft nistende Enten sind nämlich vor Eisfüchsen geschützt, da die Raubvögel sie vertreiben. Außerdem werden weniger Enteneier und Küken gefressen, wenn den Räubern – Vögeln wie Füchsen – genug kleine Nager zur Verfügung stehen.

Stress bei Überbevölkerung

Wenn die Berglemminge in einem Gebiet zu dicht aufeinanderhocken, bricht unter den Tieren immer öfter Streit aus. Sie fauchen sich an und raufen; der Stress schwächt ihr Immunsystem und sorgt für einen Reproduktionsstopp. Viele gehen an Seuchen ein, noch bevor die Nahrung so knapp wird, dass sie verhungern müssten. Dann endet die Herbstwanderung nicht an den üblichen Winterrevieren. Die jungen Männchen der Population, die bei der Vielzahl starker älterer Männchen keine Gelegenheit hätten, ein Weibchen zu erobern, ziehen weiter, um in einem anderen Lebensraum ihr Glück zu versuchen.

Keineswegs selbstmörderisch

Die Tiere suchen also keineswegs kollektiv den Tod, sondern versuchen vielmehr dem Kollektiv zu entkommen, um weiterzuleben. Nur die Topographie der Landschaft führt dazu, dass sie zu Abertausenden dicht an dicht in dieselbe Richtung eilen, und der Stress treibt sie auch tagsüber voran. In Skandinavien und auf der Halbinsel Kola kann man solche Züge am Pfeifen schon von weitem hören. Etwa dreimal im Jahrhundert dringt so ein Berglemming-Zug dabei im Süden bis zu 200 km in den borealen Wald vor.
An Hindernissen wie Steilhängen und Meeresbuchten stauen sich die Tiere. Da sie mit ihren großen Füßen und dem Luftkissenfell vorzügliche Schwimmer sind, können sie bei gutem Wetter ohne Probleme 2–3 km schwimmen und so Seen oder Flüsse durchqueren. Allerdings vermögen sie mit ihren kleinen, schwachen Augen aus ihrer niedrigen Perspektive einen See oder eine schmale Bucht nicht vom offenen Meer zu unterscheiden, in das sie daher unverzagt hinauspaddeln – zumal die von hinten nachdrängenden Artgenossen eine Umkehr unmöglich machen. Dann ertrinken sie in Scharen und fallen Fischen, Möwen, Raben und Greifen zum Opfer. Aber auch die Überlebenden schaffen es nur ganz selten, sich irgendwo dauerhaft anzusiedeln. Die legendären Lemmingzüge sind also ein Paradebeispiel für sog. Totwandern.

Berglemminge fressen neben Moos und Gräsern auch kleine Sträucher, soweit sie diese erreichen können.

Ein »Hasenfuß« ist der Eis- oder Polarfuchs keineswegs, wenn er Eisbären oder Wölfen folgt, um deren Beutereste zu vertilgen. Aber natürlich muss er vor ihnen auf der Hut sein. Der zweite Teil seines wissenschaftlichen Namens *Alopex lagopus* bedeutet »hasenfüßig«, da seine Sohlen mit Fell bedeckt sind, damit sie auf gefrorenem Boden, Schnee oder Eis nicht zu stark auskühlen. Er ist der einzige Hundeartige mit dieser Schutzvorrichtung.

Der Eisfuchs: ein hasenfüßiger Wanderer

Der Nahrung hinterherziehen

Im langen Tundrawinter wird für alle die Nahrung knapp, aber kleine bis mittelgroße Raubtiere trifft es besonders hart: Alle Zugvögel sind verschwunden, die Nagetiere haben sich unter die dicke Schneedecke verkrochen, Rentiere und Moschusochsen sind zu groß, um erlegt zu werden. Daher wandern die zirkumpolar verbreiteten Eisfüchse der Nahrung hinterher: In Sibirien ziehen manche 1000–2000 km nach Süden, andere wagen sich sogar auf das zugefrorene Meer hinaus. Sie haben nur eine dünne Fettschicht und müssen erfrieren, wenn ihr Pelz nass wird. Auf Eisschollen, die vom Packeis losbrechen, treiben sie oft hunderte von Kilometern ab; viele verhungern, manche haben es jedoch geschafft, entlegene Eilande wie Island, Spitzbergen oder die Wrangelinsel zu besiedeln. Wie bei zahlreichen anderen Arten sind die Inselfüchse kleiner und leichter als ihre Festlandvettern – wohl weil ihre Beute ebenfalls klein bleibt und sie sich keiner großen Konkurrenten und Fressfeinde zu erwehren haben.

Das Sommerfell ist im Vergleich zum Winterfell kürzer und bietet auch in der warmen Jahreszeit eine perfekte Tarnung.

Eisfuchs
Alopex lagopus

Klasse Säugetiere
Ordnung Raubtiere
Familie Hundeartige
Verbreitung zirkumpolar: nördlich der Waldgrenze Eurasiens, Nordamerikas und Grönlands
Maße Kopf-Rumpf-Länge: 50–70 cm, Standhöhe: 30 cm, Schwanzlänge: 30–40 cm
Gewicht 5–9 kg
Nahrung Allesfresser: bevorzugt Kleinsäuger, Eier und Beeren, auch Aas und Exkremente
Geschlechtsreife nach 10 Monaten
Tragzeit 49–56 Tage
Zahl der Jungen 1–20
Höchstalter 10 Jahre

Auf dem Eis heften sie sich oft allein oder zu mehreren an die Fersen eines Eisbären, um die Überreste seiner Beute zu fressen. Sie vertilgen sogar seinen fettreichen Kot.
In Alaska ziehen die Füchse im Herbst von ihren Reproduktionsgebieten an die Küsten. Dort patrouillieren sie bei Ebbe am Strand und ernähren sich von Muscheln und Krebsen, Fischen und angespültem Aas, sogar von Tang. Im Frühjahr wandern sie wieder zurück zu ihren Bauen.

Je mehr Lemminge, desto mehr Nachwuchs

Im kurzen Sommer frisst der Eisfuchs, was immer er bekommen kann: vor allem Lemminge. Anders als der dämmerungs- und nachtaktive Rotfuchs ist er wegen der besonderen Lichtverhältnisse in der Arktis und Subarktis auch am Tag aktiv. Eine Eisfuchsfamilie nimmt ein 860–6000 ha großes Revier in Anspruch. Bei dem meist monogamen Paar lebt oft noch ein Weibchen aus einem früheren Wurf, das bei der Aufzucht der Jungen hilft. Der Rüde schafft Futter heran und verteidigt den Bau mit lautem Gekläff gegen Eindringlinge. Größere Rudel bilden sich nicht.
In »fetten« Lemmingjahren kann eine Fähe bis zu 20 Junge werfen: mehr als alle anderen Hundeartigen. Zur Versorgung eines solch großen Wurfs schleppt das Elternpaar rd. 100 Lemminge am Tag an. Wenn deren etwa vierjähriger Populationszyklus seinen Tiefpunkt erreicht, tragen die meisten Fähen nicht, haben Totgeburten oder bekommen nur wenige Junge. Es scheint, dass die Zahl der im zeitigen Frühjahr entstehenden Embryonen nicht vom aktuellen Ernährungszustand der Weibchen abhängt, sondern die Zahl der Lemminge im folgenden Sommer gewissermaßen antizipiert. Wie das funktioniert, ist allerdings noch unbekannt.

Musterbeispiel für die Allen'sche Regel

Vergleicht man die Gestalt von Eisfuchs, Rotfuchs und Fennek bzw. Löffelhund, so findet man die Allen'sche Regel bestätigt, nach der großflächige oder hervorstehende Körperteile bei verwandten Arten umso kleiner ausfallen, je kälter ihr Lebensraum ist. Eisfüchse haben sehr kleine Ohren, die Hundeartigen der Wüste hingegen riesige Löffel, die nicht nur zum Einfangen von Schall dienen, sondern auch zur Abstrahlung überschüssiger Wärme.
Die Stoffwechselrate des Eisfuchses steigt erst bei –50 °C deutlich an; selbst bei –70 °C verbraucht er nur ein Drittel Energie mehr, um seine Körpertemperatur zu halten. In Relation zu seinem zierlichen Körper (Rotfüchse werden fast doppelt so schwer) hat er im Winter lange Haare: Bis zu 7 cm messen die dichten Deckhaare im Winter. Im Sommer ist der Pelz viel kürzer und dünner, um eine Überhitzung zu verhindern.
Neben der Dichte ändert sich auch die Fellfarbe zweimal im Jahr. Die sog. Blaufüchse

Um im Schnee gut getarnt zu sein, wechselt der Eisfuchs im Winter seine Fellfarbe von Graubraun zu Weiß.

sind im Winter schieferblau und im Sommer schokoladenbraun. Wo lange viel Schnee liegt, wird das Fell im Winter weiß und im Sommer graubraun. Beide Farbschläge können aber – mit allen möglichen Übergängen – in ein und demselben Wurf auftauchen. Genetisch ist das Blaugrau dominant, das Weiß hingegen eine rezessive Mutation. Da es im Schnee eine bessere Tarnung vor Feinden und Beute ermöglicht, wird es in der Arktis aber durch die Auslese bevorzugt. Auf manchen Inseln hingegen, wo der Wind den Schnee rasch vom dunklen Grundgestein abträgt, sind die Blaufüchse in der Überzahl.

Die Schneehasen halten sich in kleinen Gruppen auf – im Gegensatz zu unseren einzelgängerischen Feldhasen.

Mit seinem hasentypischen Blickfeld von fast 360 Grad, den beweglichen Löffeln und den extrem langen, schneeschuhartigen Hinterpfoten vermag der Schneehase (*Lepus timidus*) seinen Fressfeinden oft zu entkommen. Ungewöhnlich für die sonst einzelgängerischen Hasen: In der Arktis hocken oft über 100 Tiere beieinander, damit sie Raubtiere rascher entdecken und verwirren können.

Schneehasen: Mümmelmänner mit Gemeinschaftssinn

Weiß oder braun, je nach Temperatur

Mittelgroße Säuger wie Schneehasen haben es in extremen Lebensräumen wie der arktischen Tundra besonders schwer: Sie sind zu groß, um Gänge im Schnee anzulegen, und zu klein, um sich gegen Wölfe oder Füchse zur Wehr zu setzen. Deshalb färben sich Schneehasen zweimal jährlich zur Tarnung um. Im Sommer sind sie mit ihrem grau-, rot- und gelbbraunen Fell ebenso schwer zu erkennen wie im Winter mit ihrem weißen Pelz. Dieser hält zudem die Körperwärme etwa 25 % besser als die Sommertracht, da er dichter ist und die einzelnen Haare statt Pigmenten gut isolierende Luft enthalten. Die Ohrenspitzen bleiben ganzjährig schwarz und dienen als Signale für Artgenossen. Die Ohren selbst sind deutlich kürzer als bei

Schneehase
Lepus timidus

Klasse Säugetiere
Ordnung Hasentiere
Familie Hasen
Verbreitung nördliches Eurasien: Skandinavien, Schottland, Irland, Alpenraum, Baltikum, Osteuropa, Sibirien bis in die Mongolei, Nordchina, Nordjapan (Hokkaido)
Maße Kopf-Rumpf-Länge: 40–60 cm
Gewicht 3–5,5 kg
Nahrung Gräser, Kräuter, Heidekraut, Zweige, Rinde
Geschlechtsreife mit 9–11 Monaten
Tragzeit 50 Tage
Zahl der Jungen 2–5, selten bis 12
Höchstalter 8 Jahre

den südlichen Verwandten, um Wärmeverluste zu reduzieren. Die Haare an den Hinterpfoten, auf deren Pflege sie einen großen Teil ihrer Ruhezeit verwenden, sind besonders lang und steif und die Zehen können weit abgespreizt werden, so dass die Tiere auf Schnee und Eis schneller vorankommen als Feldhasen (*Lepus europaeus*).

In Tundra, Wald und Moor

Schneehasen leben auch in lockeren Mischwäldern, Zirbelkieferdickungen, Mooren oder Schilf- und Gestrüppzonen an Flussufern zwischen dem 50. und 77. Breitengrad. In Mitteleuropa sind sie seit dem Rückzug der eiszeitlichen Gletscher, vor allem aber seit den mittelalterlichen Waldrodungen vom Feldhasen nach Norden bzw. in die alpine Zone verdrängt worden. Ihr amerikanischer Verwandter wird oft als separate Art geführt: Der Nordamerika-Schneehase oder Arktishase (*Lepus arcticus*) wird bis zu 5,5 kg schwer und ist damit der größte Hase. Da im nordamerikanischen Taigagürtel der nicht näher verwandte Schneeschuhhase (*Lepus americanus*) zu Hause ist, streift der Arktishase in Kanada und Alaska durch offenes Gelände.
Die Schneehasen zieht es im Winter oft auf Höhenzüge mit flacher Schneedecke. Beim Fressen drehen sie dem Wind den Rücken zu; wenn er zu stark wird, suchen sie Deckung neben Felsen oder ducken sich in selbst gegrabene Schneekuhlen. Ihre Winterkost besteht aus der Rinde und den dünnen Zweigen von Birken, Espen, Weiden, Hasel- und Beerensträuchern. Im Sommer fressen sie Kräuter wie Löwenzahn, Gänseblümchen und Thymian sowie Beeren und Gräser. In Schottland nehmen die Nahrungsopportunisten viel Heidekraut zu sich, in Irland sogar Meeresalgen.

Je nördlicher, desto größer

Schneehasen sind Musterbeispiele für die sog. Bergmann'sche Regel, der zufolge die Exemplare einer Art im Durchschnitt umso größer sind, je kälter ihr Lebensraum ist. An der Schädellänge lässt sich dieses Nord-Süd-Gefälle gut ablesen: In Schottland sind es nur 70 mm, auf der japanischen Insel Hokkaido 80 mm und in Nordsibirien sowie Nordwestalaska sogar 87,5 mm. Der Grund dafür ist nicht ganz klar. Zwar haben größere Tiere eine relativ kleinere Oberfläche und können daher ihre Körpertemperatur leichter aufrechterhalten, aber ein dickeres Fell oder Ähnliches würde mit geringerem Aufwand denselben Zweck erfüllen. Vielleicht wachsen die Tiere im Norden langsamer; sie werden dort jedenfalls später geschlechtsreif.

Vorsichtige »Rabenmütter«

Auch die Zahl und Größe der Würfe hängt vom Klima ab. Während Alpenschneehasen zwei- bis dreimal im Jahr je zwei bis drei Junge bekommen, werfen die Häsinnen in Jakutien nur einmal, dann aber im Mittel sieben, maximal zwölf Junge. Darin folgen sie ebenfalls einer Regel: In extremen Lebensräumen ist es effektiver, viele Kinder zu zeugen und in das einzelne dann wenig Energie zu investieren. Nach 50 Tagen Tragzeit kommen die Kleinen voll behaart und mit offenen Augen zur Welt. Nur im hohen Norden legen die Häsinnen Mulden oder Erdhöhlen für sie an. Die Jungen werden getrennt abgelegt und die Mutter schaut nur nachts einmal kurz zum Säugen vorbei; da ihre Milch 23% Fett enthält, reicht das völlig aus.

Schneehasen – hier ein Exemplar im Sommerfell – können bis zu acht Jahre alt werden.

Schnee-Eulen: von hoher Warte auf Lemmingjagd

Diese Schnee-Eule bringt den Jungen im Nest einen erbeuteten Lemming.

Die Schnee-Eule scheut den Wald und sucht die offene Landschaft: skandinavische Fjells (also baumlose Hochflächen), arktische Tundren und felsige nordische Inseln – sofern es dort Lemminge gibt. Von diesen Wühlmausverwandten ist sie, obwohl Nahrungsopportunist, stark abhängig. Für die Jagd und zum Nisten benötigt sie erhöhte Warten wie Felsen, die aus Schnee- und Eisfeldern herausragen, um den Überblick zu behalten.

Uhuverwandte mit »Moonboots«

Mit Flügelspannweiten von 1,5–1,7 m sind Schnee-Eulen (*Nyctea scandiaca*) fast so groß wie Uhus. Mit diesen sind sie nach neuesten molekularbiologischen Erkenntnissen auch nah verwandt und werden daher z. T. als *Bubo scandiacus* bezeichnet. Sie behalten ganzjährig ihr helles Tarnkleid. Allerdings sind nur ältere Männchen fast ganz weiß; Jungvögel und Weibchen haben dunkle Querbänder, »Schuppen« oder Sprenkel, durch die sie zwar bei der Jagd auf Schneefeldern stärker auffallen, aber in der Nistmulde oder auf Geröllfeldern besser getarnt sind. Anders als ihre nachtaktiven südlichen Verwandten jagen Schnee-Eulen zumindest im Polarsommer notgedrungen auch bei Licht. Die Weibchen sind erheblich größer und schwerer als die Männchen. Ihr Gefieder ist dichter und länger als das jeder anderen Eule; sogar die Beine und die Zehen mit den langen, kräftigen Krallen sind mit Federn bedeckt. Diese »Moonboots« schützen sie zudem vor den Bissen ihrer Beutetiere. Schnee-Eulen ertragen Kälte bis zu –68 °C. Um im Winter bei –30 °C ihre Körpertemperatur auf 38–40 °C zu halten, müssen sie täglich vier bis sechs große Lemminge oder sieben bis zwölf Mäuse fressen. Im Unterschied zu allen anderen Eulen können sie sogar Körperfett speichern, so dass sie nicht gleich verhungern, wenn Dauernebel oder ein Schneesturm sie an der Jagd hindert.

Schnee-Eule
Nyctea scandiaca

Klasse Vögel
Ordnung Eulenvögel
Familie Eulen
Verbreitung offene Landschaften im Norden von Asien, Europa und Nordamerika
Maße Länge: bis 66 cm; Spannweite: bis 1,7 m
Gewicht 1,7–2,1 kg
Nahrung Kleinnager, aber auch Schneehasen, Vögel bis Gänsegröße und Aas
Zahl der Eier 7–9, selten bis 14
Brutdauer 30–34 Tage
Höchstalter etwa 30 Jahre

Vielseitige Jäger

Gejagt wird durch Lauern auf einer Warte und im lautlosen, langsamen Pirschflug 10–15 m über dem Boden. Fast 50 Säuger- und 90 Vogelarten gehören zum Beutespektrum der Schnee-Eule. Wühlmäuse und Lemminge bilden 80–85 % ihrer Kost. Die Tiere werden mit den Krallen ergriffen, dann bricht die Eule ihnen mit dem Schnabel das Genick. Lemminge werden am Stück verschlungen; 18 bis 24 Stunden später würgen die Vögel das Gewölle mit den unverdaulichen Resten wieder aus.
Sie verschmähen auch Aas nicht und lernen schnell, regelmäßig die Fallen abzusuchen, mit denen Jäger Pelztieren nachstellen. Dank ihrer scharfen Sinne spüren die Eulen selbst unter der Schneedecke Kleinsäuger auf; sie fangen Enten im Flug und können Fische und Wasservögel aus dem Wasser ziehen. Da sie aber in der unmittelbaren Umgebung ihres Nestes nicht jagen, brüten z. B. nordische Gänse und Enten gern in ihrer Nachbarschaft, wo sie vor Füchsen sicher sind.

Familienplanung

Im März oder April versuchen die Eulenmännchen durch Imponierflüge, Herumstolzieren und Liebesgaben wie Lemminge eine Partnerin zu gewinnen. Diese scharrt dann eine Mulde in den Boden. Pünktlich zur Schneeschmelze, in der zweiten Maihälfte, beginnt die Eiablage. Meist legt das Weibchen im Abstand von je zwei Tagen sieben bis neun Eier, selten bis zu 14. Nach 30–34 Tagen schlüpfen die Jungen, auch zeitversetzt, so dass sehr unterschiedlich entwickelte Vögel im Nest sitzen. Das hat zwei Vorteile: Erstens wärmen die älteren Geschwister die jüngeren, zweitens schnappen die stärkeren Jungvögel den schwächeren – allerdings nur bei Nahrungsmangel – das Futter weg, so dass wenigstens zwei oder drei von ihnen wohlgenährt überleben, statt dass der gesamte Nachwuchs hungert. Bis zu 120 kg Futter – etwa 1500 große Lemminge – müssen die Eltern heranschleppen, bis ihre Jungen gegen Ende des Sommers selbständig werden.

Bei Lemmingmangel ab in den Süden

Außer Füchsen, Wölfen und Raubmöwen haben Schnee-Eulen wenig Feinde; man könnte fast sagen, dass ihre Hauptbeute ihr schlimmster Feind ist. Wenn die Lemmingpopulation alle drei bis fünf Jahre großflächig zusammenbricht, kann auch der Eulenbestand auf ein Zehntel zurückgehen. Auf der Banksinsel in Kanada fällt ihre Dichte z. B. von einer Schnee-Eule pro 2,6 km² auf eine pro 26 km². Nicht nur, dass viele verhungern oder sich nicht fortpflanzen: Sie wandern auch – genau wie die Sumpfohreulen, Raufußbussarde und Raubmöwen – massenhaft nach Süden aus. Dabei halten sie sich an möglichst tundraähnliche Lebensräume wie Seeufer, Meeresküsten, Ackerland und Prärien.

Weibchen und jüngere Vögel haben dunkle Flecken und Bänder oder Querlinien auf ihrem weißen Gefieder.

Das Moorschneehuhn: Überlebenskünstler mit Spikes

Das Moorschneehuhn zählt zu den wenigen Standvögeln der Arktis. Ihre Füße sind befiedert oder durch Hornstifte verbreitert, so dass sie auf Schnee gehen können und dabei wenig Wärme abstrahlen; über den Nasenlöchern liegen siebartige Federn, die den Schnee abhalten, und Moorschneehühner können sich von magerer, teils schwer verdaulicher Pflanzenkost wie Nadeln ernähren.

Mehrere Isolierschichten

Weidentriebe und -knospen gehören zur wichtigsten Winter- und Frühjahrskost des Moorschneehuhns (*Lagopus lagopus*). Auch Zwergbirkenknospen, Kräuter und frische Heidekrauttriebe scharrt es aus dem Schnee, wenn es keine Spuren oder Fresstrichter von Rentieren oder Schneehasen findet, die ihm diese Energie raubende Arbeit ersparen. Im Sommer bereichern Heidel-, Preisel-, Molte- und Krähenbeeren den Speiseplan. Wie Karibus und Ziesel fressen sich Moorhühner in dieser üppigen Zeit eine regelrechte Fettschicht an, von der sie im Winter zehren. Diese verstärkt zudem die

Moorschneehuhn
Lagobus lagobus

Klasse Vögel
Ordnung Hühnervögel
Familie Fasanenartige
Verbreitung Arktis, Subarktis, Schottland
Maße Länge: 38 cm
Gewicht 550–700 g
Nahrung Knospen, Kräuter, Triebe, Beeren
Zahl der Eier 6–11
Brutdauer 25 Tage

Isolationswirkung des zweischichtigen Gefieders aus flauschigen Daunen und schützenden Deckfedern.
Zwar verlassen Moorschneehühner ihren arktischen oder subarktischen Lebensraum auch im Winter nicht, aber in besonders harten Jahren streifen sie auf der Suche nach Gebieten mit weniger hoher Schneedecke weit umher.

Ständig in der Mauser

Schneehühner sind die einzigen Vögel, die im Winter ein anderes Tarnkleid tragen als im Sommer. Die Hennen mausern sich drei-, die Hähne gar viermal im Jahr. Im Winter färbt sich ihr Gefieder – bis auf Teile des Schwanzes, die schwarz bleiben – schneeweiß. Im Sommer ist es rotbraun, in der Übergangszeit gescheckt. Nur die Unterart *Lagopus lagopus scoticus* wird im Winter nicht weiß: Sie lebt in den Mooren und Heideflächen Schottlands und Irlands, der Hebriden und der Orkney-Inseln, wo es wegen des Golfstroms selten geschlossene Schneedecken gibt.
Die Mauser umfasst nicht nur das Federkleid: Zu Sommerbeginn werden die langen Winterkrallen abgeworfen, im Herbst wachsen sie nach und die Zehen werden wieder mit Federn bedeckt. Auch die Hornscheiden des Schnabels, die sich mit der Zeit abnutzen, werden regelmäßig erneuert.

Das Sommerkleid des männlichen Moorschneehuhns ist auffälliger als die dezente braune Färbung des Weibchens. Typisch ist der rote Bogen über den Augen.

Luft anhalten und sich tot stellen

Ein Tarnkleid hilft allerdings nur gegen Augenjäger wie Greifvögel. Um sich vor Eisfüchsen, Mardern und Luchsen zu verbergen, pressen sich Schneehühner reglos auf den Boden. Die Atemfrequenz sinkt um 70 %, so dass weniger Gerüche und Geräusche entstehen, und das Herz schlägt statt 150- nur noch 20-mal pro Minute. Kommt der Räuber jedoch zu nahe, schnellt der Puls auf bis zu 600 hoch und der Vogel schießt in die Luft.

Auffällige Zyklen

Im Frühjahr gesellen sich die Hennen zu den Hähnen, die bereits seit dem Herbst ihre Reviere verteidigen und nun mit kurzen Flugmanövern und Rufen werben. Das Scharren der Nestkuhlen und Bebrüten der Eier ist Frauensache. Die Küken piepen schon Tage vor dem Schlüpfen, verstummen aber sofort, wenn die Henne oder der Hahn Gefahr wittert und einen Warnlaut ausstößt.
Nach dem Schlüpfen und Trocknen werden die Küken sofort zum Weiden geführt; jetzt beteiligt sich auch der Hahn an ihrer Betreuung. Schon nach zwei Wochen können sie fliegen und nach sechs Wochen brauchen die Eltern sie nicht mehr zu füttern.
Wie bei vielen Tundratieren oszillieren die Bestände in Zyklen von drei bis vier oder aber gut zehn Jahren, deren Höhepunkte oft bei benachbarten Alpen- und Moorschneehühnern gleichzeitig erreicht werden. In manchen Gebieten kann das die Folge einer Beuteumstellung bei Füchsen und anderen Raubtieren sein, die sich bei Lemming-, Wühlmaus- oder Schneehasenmangel notgedrungen auf die schwerer zu jagenden Hühner konzentrieren. Etwa alle zehn Jahre liegen die Juni-Temperaturen deutlich über dem Durchschnitt, was sich auf das Wachstum der Beeren und Zwergsträucher und auf den Bruterfolg auswirken kann. Eine sehr hohe Bestandsdichte führt zu Aggressionen zwischen benachbarten Hähnen. Wahrscheinlich können in solchen Jahren junge Hähne kaum Reviere erobern und werden von guten Winterfutterplätzen vertrieben, so dass sie verhungern. So überaltert die Population in den nächsten Jahren, die Verwandtschaftsgruppen zerfallen und der Bestand bricht ein. Dann lässt die Aggression der Hähne nach, so dass junge Männchen attraktive Reviere und Hennen erobern können.

Die Küken des Moorschneehuhns suchen Schutz zwischen Moos und Zweigen.

1

Raubmöwen: Meister des Mundraubs

Zur Gruppe der Raubmöwen gehören neben einigen Arten von Skuas, die in der Antarktis nisten, drei Spezies der Gattung *Stercorarius*, die in den Tundren, Mooren, Heide- und Graslandschaften der Arktis und Subarktis brüten: die Spatel-, die Falken- und die Schmarotzerraubmöwe. Da diese Zugvögel außerhalb der Brutzeit auf dem offenen Meer leben, sind sie an beide Lebensräume angepasst.

Notorische Erpresser

Mundraub, im Fachjargon als Kleptoparasitismus bezeichnet, betreibt die schlanke, bis 600 g schwere Schmarotzerraubmöwe (*Stercorarius parasiticus*). Sie bedrängt andere Möwen, Seeschwalben oder Sturmvögel im Flug, bis diese ihre Beute aus dem Schnabel fallen lassen oder bereits verschlungene Nahrung wieder auswürgen. Oft fangen die Raubmöwen diese Brocken dann im Flug.

Welche Vögel sie angreifen, entscheiden die geschickten Räuber anhand der Häufigkeit und der Erfolgsaussichten. Kleine Opfer sind zwar weniger wehrhaft, aber dafür oft zu wendig; außerdem ist die Ausbeute bei ihnen eher gering. Tauchende Seevögel sind besonders beliebt, da sie Nahrungsquellen unter der Wasseroberfläche nutzen, die den Raubmöwen ansonsten unzugänglich bleiben. Auch Vögel, die hinter Trawlern herfliegen und deren ins Meer zurückgekippten Beifang verzehren, bilden lohnende Angriffsziele.
Sie nisten an Küsten und in Tundren zwischen den Inneren Hebriden und dem 82. Breitengrad, die meisten in Russland, Island, Norwegen und Schweden. Einzeln oder in lockeren Gruppen lassen sie sich in der Nähe von Möwen- oder Seeschwalbenkolonien nieder, wo sie bequem beobachten können, wer mit prallem Kropf oder schwerem Flug heimkommt. Bringt der Mundraub nicht genug ein, fressen sie auch Eier, Küken und ausgewachsene Vögel. Da sie kleiner sind als Skuas, werden sie von diesen aus manchen Brutgebieten verdrängt.

2

Die Schmarotzerraubmöwe – hier eine helle Farbvariante auf den Lofoten – lebt davon, anderen Vögeln die gefangene Beute abzujagen.

Vielseitige Ernährung

Die anderen beiden Arten nisten nicht so nah an der Küste und rauben kaum Seevögel aus, sondern fressen vor allem Nager, Vögel, Insekten und sogar Beeren. Dank großer, Verdauungsenzyme speichernder Blindsäcke im Darmtrakt können Raubmöwen ganz unterschiedliche Nahrung verwerten.
Die Weibchen wiegen deutlich mehr als die Männchen. Die Mittlere oder Spatelraubmöwe (*Stercorarius pomarinus*) bringt im Durchschnitt etwa 800 g bzw. knapp 700 g auf die Waage und benötigt am Tag mindestens 250 g Nahrung. In guten Lemmingjahren ist das kein Problem. Wenn die Halsbandlemming- und Wühlmauspopulationen ihren Tiefststand erreichen, unternimmt die Spatelraubmöwe – so genannt wegen ihrer Schwanzform – hingegen weite Wanderungen.
Die Kleine oder Falkenraubmöwe (*Stercorarius longicaudus*), deren Steuerfedern 15–25 cm über den Rest des Schwanzes hinausragen, wiegt im Mittel nur 325 g bzw. 270 g. Ihr Brutgebiet deckt sich grob mit dem der Schmarotzerraubmöwe, aber sie nistet meist in einzelnen Paaren fern der Küste auf hoch gelegenen Tundren und Fjells, wo sie kaum schmarotzen kann. Auch sie ist in der Brutsaison stark auf Lemminge angewiesen, ihre Küken fressen jedoch zunächst vorwiegend Insekten. Außerhalb der Brutzeit machen Lemminge weniger als 50 % der Nahrung aus; der Rest sind Küstenvögel, Schneehühner, deren Eier und Küken, Insekten, Aas von Karibus oder Robben und Meeresweichtiere.

Je mehr Lemminge, desto mehr Brutpaare

Wie Eulen sind Raubmöwen noch viel stärker auf Lemminge angewiesen als es Bodenjäger wie Eisfüchse und Hermeline sind, denen es zudem besser gelingt, auch bei geringer Lemmingdichte noch genügend dieser Nager aufzuspüren. Da Falkenraubmöwen jedes Jahr in dasselbe Nistgebiet zurückkehren, pflanzen sie sich in schlechten Lemmingjahren gar nicht fort. Auch Spatelraubmöwen fangen bei weniger als 2,5 Lemmingen pro Hektar gar nicht erst an zu brüten, aber sie sind nicht ganz so standorttreu und wandern z. T. einfach in weit entfernte Gebiete weiter, in denen die Nagetiere im selben Jahr häufig vorkommen. Ihre Nestdichte steigt dabei proportional zum Lemmingangebot: Bei über 100 Nagern pro Hektar (>10 000/km^2) können auf eine Fläche von 1 km^2 acht Möwenpaare kommen.
Raubmöwennester sind flache Vertiefungen im Geröll oder der Vegetation, in denen meist zwei Eier liegen. Beide Eltern sind für das Ausbrüten der Eier zuständig. Schon nach zwei Tagen verlassen die Küken zeitweise das Nest. Falkenraubmöwen werden mit drei, Spatelraubmöwen mit sechs Wochen flügge. Nach dem Ende der Brutsaison ziehen die Vögel zunächst im Herbst von Nordeuropa an die britischen und irischen Küstengewässer und dann weiter aufs offene Meer hinaus, bis an den Äquator oder gar auf die Südhalbkugel, wo sie fernab der kargen Tundra mit ihrer für sie undurchdringlichen Schneedecke überwintern.

1

Die Spatelraubmöwe hält im Flug Ausschau nach Nahrung.

2

Die Skuas sind die größten und die aggressivsten unter den Raubmöwen.

Schmarotzerraubmöwe
Stercorarius parasiticus

Klasse Vögel
Ordnung Wat-, Möwen-, Alkenvögel
Familie Raubmöwen
Verbreitung Tundren zwischen den Inneren Hebriden und dem 82. Breitengrad
Maße Länge: bis 46 cm; Spannweite: 110 cm
Gewicht bis 600 g
Nahrung Mundraub bei anderen Vögeln, Eier, Küken, ausgewachsene Vögel
Zahl der Eier 2
Brutdauer 24–28 Tage
Höchstalter bis 25 Jahre

Von den knapp 3000 Stechmückenarten (Familie Culicidae) der Welt leben 80–85 % in den Tropen, wo sie als Überträger von Krankheiten gefürchtet werden. Besonders jedoch im hohen Norden, obwohl es dort nur wenige Wochen im Jahr warm genug für diese Zweiflügler ist und sich nur bestimmte Arten halten können, treten sie in solchen Massen auf, dass sie zu einer regelrechten Plage werden können.

Stechmücken: Fluch und Segen der Tundra

Ideale Vermehrungsbedingungen

Während in Lappland, Grönland und Alaska Myriaden dieser Plagegeister zur Fortpflanzungszeit wie Rauchwolken den Himmel verdunkeln, ist Island zwar nicht mücken-, aber stechmückenfrei: Offenbar hat keines der wind- und kälteempfindlichen Tiere die Reise dorthin überlebt. Manche Arten sind zirkumpolar, andere nur in Eurasien oder Nordamerika verbreitet. Allein in Alaska zählte man 35 Arten, in Finnland 38. Nicht alle stechen Menschen; manche sind auf das Blut anderer Säuger oder Vögel angewiesen. Besonders häufig sind die Wald- und Wiesenmücken der Gattung *Aedes*. Anders als die Gemeine Stechmücke (*Culex pipiens*) oder die Malariamücke *Anopheles* legt *Aedes* ihre Eier nicht ins Wasser, sondern in Bodensenken etc.

Besondere Bedingungen begünstigen ihre alljährliche Massenvermehrung: Erstens gibt es in der Tundra viele abflusslose Mulden. Zweitens setzt die Schneeschmelze im April/Mai schlagartig die Niederschläge von acht Monaten frei. Drittens kann der Boden, der ab 60–80 cm Tiefe permanent gefroren bleibt, nicht so viel Wasser aufnehmen, so dass es vielerorts vier bis acht Wochen lang stehen bleibt. Viertens wird das Wasser in diesen flachen Tümpeln schon im zeitigen Frühjahr auf über 20 °C erwärmt, selbst wenn die Luft nachts noch Minusgrade hat. Die Tage sind im Sommer so lang – bis zu 24 Stunden –, dass die wärmebedürftigen Larven sich rasch entwickeln. Und zu guter Letzt finden die erwachsenen Weibchen überall dort, wo es viele Lemminge oder Rentierherden gibt, reichlich Blut, um ihre Eier reifen zu lassen.

Stechmücken
Culicidae

Klasse Insekten
Ordnung Zweiflügler
Familie Stechmücken
Verbreitung weltweit, außer Polargebiete, Wüsten und Höhenlagen über 1500 m
Maße Länge: max. 15 mm
Nahrung Weibchen: Blut, Männchen: meist Blütennektar

Trotz der lästigen Mückenschwärme lässt diese Elchkuh sich ihre Mahlzeit aus Wasserpflanzen schmecken.

Tierherden auf der Flucht

Die größte Dichte erreichen die Stechmücken in der Nähe der subarktischen Baumgrenze. In Kanada kommen dort ca. 1,2 Mio. Exemplare der Art *Aedes hexodontus* auf 1 ha; sie sind relativ kälte- und windresistent und stechen Tag und Nacht. Je tiefer und schattiger das Gewässer, in dem sich ihre Larven entwickeln, desto später im Jahr schlüpfen die Mücken aus den Puppen. Am frühesten – schon im April – tauchen die wenigen Arten auf, deren erwachsene Tiere in der Laubstreu, unter Borkenstücken oder in Baumstümpfen unter der Schneedecke überwintern wie die große *Culiseta alaskaensis*.
Die nordamerikanischen Karibus und europäischen Rentiere werden derart von Stechmücken heimgesucht, dass ihr ganzes Sozial- und Wanderungsverhalten vom Bestreben nach Linderung geprägt ist. Schließlich kann ein Ren auf diese Weise im Sommer jede Woche gut einen Liter Blut verlieren. Auf der Flucht vor ihren Peinigern ziehen die Rene auf windige Inseln, Küstenstriche oder Berge, denn die Mücken sind schlechte Flieger.

Nur die Weibchen trinken Blut

Zum Glück hat die Plage nach wenigen Wochen ein Ende. Unmittelbar nach der Paarung, zu der sich die Partner anhand des Flugtons orten, sterben die Männchen, die sich nicht von Blut, sondern von Nektar ernähren. Die Weibchen leben etwas länger, da sie zur Produktion ihrer zahlreichen Eier Zeit und Energie benötigen. Um an das nötige Eiweiß zu gelangen, tasten sie sich auf ihren Wirten zu einer Stelle vor, deren Temperatur, Geruch und Geschmack ein dicht unter der Haut liegendes Blutgefäß verheißt. Dann führen sie ihren Stechapparat ein, der aus der Oberlippe, dem Ober- und Unterkiefer sowie der Innenlippe gebildet wird. Durch den Speichelkanal in der Innenlippe injizieren sie Betäubungsmittel und Gerinnungshemmer, während sie durch den Nahrungskanal in der Oberlippe so lange Blut in ihren Verdauungstrakt pumpen, bis Spannungssensoren melden, dass der Hinterleib nicht weiter dehnbar ist. Dann ziehen sie sich zurück und verdauen drei bis vier Tage.

Die nützliche Seite

Die *Aedes*-Weibchen legen ihre nicht schwimmfähigen Eier einzeln an Moospflänzchen am Rand von stehenden Gewässern oder in Senken ab, die im nächsten Frühjahr geflutet werden. Erst wenn Wasser den Sauerstoffspiegel senkt, schlüpfen die Larven. Sie fressen Mikroorganismen und häuten sich viermal; nach einer kurzen Puppenruhe schlüpfen die Mücken durch eine aufgeplatzte Naht in der Hülle.
Die proteinreichen Larven und Puppen sind unentbehrliche Glieder in der Nahrungskette des hohen Nordens. So lästig sie sind: Ohne Mücken könnten die wenigsten Fische, Schwimm- und Watvögel in der Tundra überleben.

Tiere der eurasischen Tundra

Unter den arktischen Säugern und Vögeln, die nur oder überwiegend in Eurasien leben, gibt es kaum spektakuläre Arten. Die altweltliche Arktis besitzt weder eigene Familien noch endemische Gattungen und die wenigen Arten, die exklusiv in Eurasien vorkommen, haben in Amerika enge Verwandte. Oft sind die Ähnlichkeiten so groß, dass manche Zoologen die Formen nur als Rassen derselben Art auffassen. Und doch gibt es ein paar eurasische Arten, die den Schritt auf den amerikanischen Kontinent nicht geschafft haben. Dabei dürfte die Beringstraße für die wenigsten Arten ein echtes Hindernis sein. Vielmehr finden die Auswanderer ihre ökologische Nische schon besetzt, wenn sie sich an der Eroberung Amerikas versuchen.

Der Zwergstrandläufer ist der kleinste europäische Strandläufer.

Weite Zugwege

Nach der Jungenaufzucht fliegen die westsibirischen und skandinavischen Strandläufer ins Mittelmeergebiet oder bis in die Breiten der Sahelzone, die östlichen dagegen nach Südostasien. Den jährlichen Gefiederwechsel verschieben sie auf die Herbstsaison, denn die Belastungen während der Brutzeit und des Wegzugs haben ihre Reserven aufgezehrt. Die Jungvögel haben es weniger eilig. Sie fliegen in Etappen, rasten häufiger als die Eltern und ergänzen immer wieder ihr körpereigenes Fettdepot. Entsprechend später treffen sie im Winterquartier ein. Ihre Leistung besteht darin, nur ihrem angeborenen Navigationsprogramm folgend, das richtige Ziel zu erreichen. Ebenso erstaunlich ist die Tatsache, dass die eurasischen Strandläufer, so wie viele andere arktische Watvögel, während der Zugzeit und im Winterquartier einen völlig anderen Lebensraumtyp bewohnen als in der Brutsaison: zehn Monate Gewässerufer gegen zwei Monate karge Tundra. Besonders krass ist der Gegensatz bei der Nahrung, die im Süden aus Krebsen und Muscheln, im Norden aus Mückenlarven besteht.

Für Singvögel wenig attraktiv

Zu den wenigen Singvogelarten, die die eurasische Tundra erobert haben, gehören neben der Ohrenlerche, dem Steinschmätzer und den Ammern auch zwei der mit den Bachstelzen verwandten Pieper. Es sind Bodenbrüter, die sich von Fliegen, Spinnen und anderen Gliedertieren ernähren. Beide leben in Nordsibirien und sind Bewohner der sumpfigen Strauch- und Waldtundra. Den Rotkehlpieper (*Anthus cervinus*) kann man mit etwas Glück auch in Deutschland beobachten, denn die westlichsten Brutvögel, die in Nordskandinavien leben, überqueren auf dem Zug regelmäßig Mittel- und Westeuropa. Allerdings ist die Art so selten und unscheinbar, dass sie leicht übersehen oder mit anderen Arten verwechselt wird.
Übrigens hat es der Rotkehlpieper doch schon nach Amerika geschafft: Auf der Seward-Halbinsel im Westen Alaskas, quasi auf der »Bordsteinkante« der Beringstraße, hält er einen winzigen Brückenkopf auf amerikanischem Boden besetzt.

Wie eine Maus im Dickicht

Die zweite Art, der Petschora-Pieper (*Anthus gustavi*), ist mit ihrem beigebraunen, unregelmäßig dunkel gefleckten Gefieder ebenfalls die Unauffälligkeit in Person. In der Bodenvegetation ist der Vogel perfekt getarnt. Auch sonst tut der Petschora-Pieper alles, um für mögliche Feinde unsichtbar zu bleiben. Wie eine Maus bewegt er sich zwischen den Grasbüscheln, schlüpft durch das kniehohe Gewirr der Zwergsträucher und verharrt regungslos, wenn er beunruhigt ist. Nur während der kurzen Brautwerbungsphase im Frühsommer teilt er seiner Umgebung lautstark mit, wo er ein Revier beansprucht und ein Weibchen sucht. Seinen trillernd-zwitschernden Gesang trägt er in einem kurzen Singflug vor. Im Gegensatz zu vielen nordischen Zugvögeln schlägt der Petschora-Pieper eine südöstliche Zugroute ein und überwintert in Indonesien.

① *Der seltene Rotkehlpieper verdankt seinen Namen dem rötlich gefärbten Brustgefieder.*

② *Das Nest des Petschora-Piepers befindet sich zwischen Zwergsträuchern gut getarnt am Boden.*

Der Singschwan: Jumbo der Arktis

Mit 8–12 kg gehört der Singschwan (*Cygnus cygnus*) zu den Schwergewichten unter den flugfähigen Vögeln der nördlichen Hemisphäre. Große Männchen messen 1,6 m von der Schnabel- bis zur Schwanzspitze. Wenn sie den Hals in die Höhe recken und drohend die Flügel ausbreiten, schüchtern sie fast jeden Räuber ein. Während der Balz werden auffällige Werberituale durchgespielt.

Urheber des Schwanengesangs?

Viel häufiger als die uns vertrauten Höckerschwäne sind Singschwäne an Land zu beobachten. Sie laufen geschickter als der unbeholfen watschelnde Höckerschwan. Während dieser meist nur in Nestnähe sein Fauchen hören lässt, machen die arktischen Schwäne häufig Gebrauch von ihrer Stimme. Das Repertoire reicht von kurzen, gänseähnlichen Kontaktlauten bis zu trompetenden Fernrufen. Das Brutgebiet des Singschwans ist auf Nordskandinavien und Sibirien beschränkt. Der westlichste Vorposten ist Island. Im Norden reicht das Brutgebiet zwar bis in die Tundra, es liegt aber zum größeren Teil in der borealen Zone, wo die imposanten Vögel mit dem gelben Schnabelgrund Seen und Sümpfe bewohnen. Noch deutlich weiter in die Arktis als der Singschwan geht der Zwergschwan (*Cygnus bewickii*), dessen Verbreitungsgebiet praktisch vollständig nördlich der Waldgrenze liegt. In Nordamerika wird der Singschwan vom ähnlichen Trompeterschwan (*Cygnus buccinator*) vertreten. Und auch zum Zwergschwan gibt es ein amerikanisches Pendant: den Pfeifschwan (*Cygnus columbianus*).

Singschwan
Cygnus cygnus

Klasse Vögel
Ordnung Gänsevögel
Familie Entenvögel
Verbreitung Seen, Flussmündungen und Sümpfe der eurasischen Taiga und Tundra und auf Island
Maße Länge: 1,6 m; Spannweite: bis 2 m
Gewicht 8–12 kg
Nahrung Wasserpflanzen, im Winter zarte Gräser und Wurzeln
Geschlechtsreife mit 4 Jahren
Zahl der Eier 4–7
Brutdauer 4 Wochen
Höchstalter 8 Jahre

Nesthügel am Ufer

Zum Brüten suchen die Singschwäne größere und kleinere Seen mit reicher Verlandungsvegetation auf. Bewaldete Ufer werden gemieden. Sowohl Sing- als auch Zwergschwäne besetzen große Reviere und dulden keine anderen Paare in ihrer Nähe. Auch gegenüber Räubern sind die Tiere stets abwehrbereit. Ihre Nester in unmittelbarer Nähe des Wassers ähneln denen des Höckerschwans. Beide Arten isolieren die Nestmulde mit Daunen. Die vier bis sieben Singschwaneier – beim Zwergschwan sind es oft nur zwei bis drei – werden vom Weibchen einen Monat lang bebrütet, bevor die Jungen schlüpfen. Junge Singschwäne werden nach acht Wochen flügge, Zwergschwäne bereits mit sechs Wochen.

Nächtliche Mahlzeiten unter Wasser

In den ersten zwei Lebenswochen nehmen die Jungen neben pflanzlicher Kost noch Mückenlarven, Schnecken und andere Wasser bewohnende Kleintiere auf. Je größer sie werden, desto stärker überwiegt vegetabilische Nahrung und als Erwachsene ernähren sie sich fast nur noch von Pflanzen. Meist rupfen sie Laichkräuter, Wasserpest oder Süßgräser unter Wasser ab. Gründelnd erreichen sie eine maximale Tauchtiefe von mehr als einem Meter. Sie begnügen sich aber nicht mit Sprossen und Blättern: Im weichen Grund graben sie auch die nährstoffreicheren Wurzeln der Sumpfpflanzen aus. Oft legen sie diese zunächst mit den Füßen frei, indem sie mit kräftigen Paddelbewegungen den Schlamm aufwirbeln.

Sing- und Zwergschwäne fressen und ruhen zwar nicht zu beliebigen Zeiten, doch ist ihr Aktivitätsrhythmus individuell. Ein großer Teil der Tiere hat seine Ruhephasen auf die Tagesstunden verlegt und nutzt die Dämmerung und Dunkelheit für die Nahrungssuche.

Wechselnde Winterquartiere

Die winterlichen Ziele von Sing- und Zwergschwan sind keine Traditionsplätze, sondern hängen stark von der Witterung, besonders von der Dauer und Stärke des Frostes ab. Singschwäne aus Island beispielsweise verlassen ihre Insel nur, wenn alles Süßwasser zufriert. Erst dann begeben sie sich in Richtung der britischen Küsten. Skandinavische und westsibirische Schwäne erscheinen im Winter meist in der westlichen Ostsee und an der dänischen Nordseeküste. Bei anhaltendem Frost ziehen sie weiter nach Südwesten. In Nordwestdeutschland und den Niederlanden steigt dann ihre Zahl deutlich an. Dabei bleiben die Schwäne aber in den Marschengebieten entlang der Nordsee und in den Deltas und Niederungen der Flüsse; Einflüge weiter ins Binnenland sind eine Ausnahme. Die zentralsibirischen Brutvögel erscheinen im Winter am Schwarzen und Kaspischen Meer, während die ostsibirischen Populationen in die japanischen und chinesischen Küstengewässer fliegen.
Im Winterquartier weiden sie gern zarte Gräser auf überschwemmten Wiesen. Strömungsgeschützte Buchten des Wattenmeers liefern ihnen Seegras (*Zostera*) und Salde (*Ruppia*). Wo diese Arten nicht mehr vorkommen, suchen sie auch Ernterückstände oder rupfen die Saaten des Wintergetreides.

Wie alle Schwäne verteidigen auch Singschwäne aggressiv ihr Revier.

Ringelgänse: Nomaden zwischen Tundra und Watt

Wer die hochnordischen Ringelgänse (*Branta bernicla*) beobachten möchte, muss nicht unbedingt die beschwerliche Reise in ihre arktischen Brutgebiete machen. Dafür reicht auch ein Besuch an der Nordseeküste, etwa auf einer der Westfriesischen Inseln. Die gesamte nordsibirische Brutpopulation hält sich im Winter an den nordwesteuropäischen Küsten zwischen Frankreich und Dänemark auf.

Das mit Daunen ausgelegte Nest der Ringelgans besteht aus Gräsern und Flechten. Manchmal ist es auch nur eine kleine Vertiefung im Boden.

Ringelgans
Branta bernicla

Klasse Vögel
Ordnung Gänsevögel
Familie Entenvögel
Verbreitung Tundrengebiete rund um den Nordpol
Maße Länge: 60 cm; Spannweite: bis 120 cm
Gewicht 1–1,5 kg
Nahrung Meeres- und Wattpflanzen, Gräser, Kräuter, Moose, Flechten
Zahl der Eier 3–5
Brutdauer 24–26 Tage
Höchstalter über 20 Jahre, in Menschenobhut max. 50 Jahre

Von der Arktis ins Wattenmeer

Die Ringelgänse besiedeln die arktischen Tundren von Nord- und Nordostsibirien, Alaska, Kanada und Grönland. Ihr Lebensraum sind die tief gelegenen Ebenen in unmittelbarer Küstennähe, Flussdeltas und Trichtermündungen mit einem Mosaik aus Flutrinnen, Inseln, Sümpfen, niedrigen Hügeln und kleinen Seen. Im Herbst ziehen die Gänse bis in wintermilde Küstenregionen. Die Alaska-Brüter etwa fliegen an der nordamerikanischen Westküste entlang bis nach Kalifornien und Mexiko. Nordkanadische und grönländische Brutvögel verteilen sich an der amerikanischen Ostküste und die Gänse von der sibirischen Taimyr-Halbinsel kommen ins nordwesteuropäische Wattenmeer.

Da Ringelgänse Vegetarier sind, verbringen sie die meiste Zeit des Tages mit Fressen. Nur so gewinnen sie aus der vergleichsweise kalorienarmen Pflanzennahrung genug Nährstoffe, um körpereigene Energiereserven bilden zu können. Zur Zeit der Mauser im Spätsommer und vor der anstrengenden Fernreise ins Winterquartier benötigen sie besonders viel Grünfutter. Auch für den Frühjahrszug zurück in die Tundra sind Kondition und Depotfett wichtig. Mehrere Wochen sind die Tiere unterwegs. Zu Beginn werden längere Etappen zurückgelegt als kurz vor dem Ziel. Non-Stop-Flüge von über 1000 km sind keine Ausnahme.

Geflügelte Weidegänger

Wenn es auf der »Ideallinie« keine guten Rastplätze gibt, nehmen die Vögel Umwege in Kauf, denn reichlich Nahrung, Wasser und störungsfreie Schlafplätze sind wichtiger als hohes Reisetempo.
Die Nahrung ändert sich im Verlauf des Gänsejahres ganz erheblich. Während im Brutgebiet hauptsächlich proteinreiche Seggen (*Carex*) und Straußgras (*Agrostis*) an Land geweidet werden, steigen die Gänse in der Zugzeit auf Seegras (*Zostera*), Salde (*Ruppia*) und Meersalat (*Ulva*) um, Pflanzen, die sie nur bei Niedrigwasser vor der Küste finden. In Mitteleuropa überwinternde Ringelgänse rupfen dann wieder Süßgräser und Kräuter, entweder in den von den Gezeiten beeinflussten Andelrasen und Salzwiesen des Deichvorlandes oder auf Weidelgrasweiden, die vor Hochwasser geschützt sind. Das war nicht immer so: Bis etwa 1930 war Seegras auch ihre wichtigste Winternahrung. Eine Pilzinfektion, gefolgt von einem Parasiten, ließ damals die Seegraswiesen in der Gezeitenzone absterben, woraufhin auch die Ringelgansbestände schrumpften. Intensive Bejagung und Störungen in den Brutgebieten verstärkten den Abwärtstrend. Nachdem sich die Gänse erfolgreich auf die alternative Ernährung umgestellt hatten und die Jagd stark eingeschränkt worden war, erholten sich die Populationen allmählich.

Schwankende Vermehrungsrate

Der wichtigste direkte Einfluss für den Bruterfolg der Gänse ist die Häufigkeit von Eisfüchsen. Wenn Füchse beispielsweise auf sonst räuberfreie kleine Inseln gelangen, kann ihnen dort der gesamte Gänsenachwuchs eines Sommers zum Opfer fallen. Fühlen sich die Gänse unsicher, setzen sie evtl. für eine Saison ganz mit dem Brüten aus. Klingt dramatisch, betrachtet man jedoch längere Zeiträume, so werden die Verluste in anderen Jahren durch hohe Vermehrungsraten ausgeglichen.

Brut in der Möwenkolonie

Die Nachbarschaft von Eulen kann ein Vorteil sein, da diese die Eisfüchse fernhalten. Das klappt jedoch nur, wenn es genug Lemminge gibt. Herrscht nämlich ein Mangel an diesen Nagern, greifen Schneeeulen auch schon mal erwachsene Gänse. In lemmingearmen Jahren fahren die Ringelgänse daher besser, wenn sie ihre Nester in einer Silbermöwenkolonie platzieren. Die Gänse müssen ihre Eier und Jungen zwar vor dem Zugriff frecher Möwen schützen, erwachsenen Gänsen droht aber keine Gefahr. Im Gegenteil: Silbermöwen gründen ihre Kolonien meist an Stellen, die nach der Eis- und Schneeschmelze zu Inseln werden. Außerdem ist die stimmgewaltige Möwenschar eine wirksame »Alarmanlage«, die gefiederte Piraten wie Raub- und Eismöwen in die Flucht schlägt. Und schließlich wird die Vegetation der Umgebung durch Möwenkot so üppig gedüngt, dass für die stets hungrigen Gänsefamilien immer gute Äsung vorhanden ist.

Alle Ringelgänse haben einen hellen Ring um den Hals, der Bauch ist jedoch unterschiedlich gefärbt.

Die Prachteiderente: Königin am Eisrand

Unter allen Entenvögeln hat die farbenfrohe Prachteiderente (*Somateria spectabilis*) das nördlichste Verbreitungsgebiet. Die meisten Prachteiderenten erblicken im Norden Alaskas, Kanadas und Sibiriens das Licht des arktischen Sommers. Auch an der Nordwest- und Ostküste Grönlands befinden sich Brutplätze. Island bildet fast den südlichsten Vorposten, an dem man den Enten begegnen kann.

Paarbindung im Winter

Europa gehört nicht zum dauerhaften Verbreitungsgebiet dieser Art, wenn man einmal von den sporadischen Vorkommen auf Island und Spitzbergen und von gelegentlichen Brutversuchen in Norwegen absieht. Nur als Wintergäste erscheinen Prachteiderenten regelmäßig an den nordskandinavischen Küsten.
Bereits in den nordischen Winterquartieren kommt es zur Balz und Partnerfindung. Ab Anfang April bewegen sich die verpaarten Vögel, dem schmelzenden Packeis folgend, in Richtung ihrer Brutareale, wo sie zwischen Ende Mai und Mitte Juni eintreffen. Die Prachteiderenten gehen zum Brüten ans Süßwasser: Ihre Nistplätze in der Tundra befinden sich zwar nie weiter als 50 km von der Küste entfernt, aber stets auch in der Nähe kleiner Seen.

Eisfüchse und Möwen lauern

Die Nester liegen gewöhnlich einzeln. Nur in Gebieten mit einer hohen Dichte von Eisfüchsen sind See- und Flussinseln, da sie

Der Erpel der Prachteiderente ist auffällig gefärbt.

Prachteiderente
Somateria spectabilis

Klasse Vögel
Ordnung Gänsevögel
Familie Entenvögel
Verbreitung arktische Küste von Nordosteuropa, Grönland, Asien und Nordamerika
Maße Länge: 55 cm
Gewicht 1,5–1,8 kg
Nahrung Insekten, Wasserpflanzen, Muscheln, Schnecken, Krabben, Seeigel, Seesterne
Geschlechtsreife mit 2–3 Jahren
Zahl der Eier 3–6
Brutdauer 22–24 Tage

meist frei von diesen Räubern sind, als Nistplätze so begehrt, dass die Enten dort gezwungenermaßen zusammenrücken. Völlig sicher sind sie aber auch dort nicht. Eis- und Raubmöwen sowie Kolkraben haben stets Appetit auf Enteneier und Jungvögel. Die Gelege aus drei bis sechs olivbraunen Eiern sind im Grün und Braun der niedrigen Tundrenvegetation allerdings so gut wie unsichtbar, zumal das Weibchen beim Verlassen des Nests eine Decke aus graubraunen Daunen über die Eier zieht. Halme und Blätter sorgen für zusätzliche Tarnung.
Verluste durch Raubtiere und die traditionelle Jagd sind keine ernste Bedrohung für die Art. Einige Jahre kann es dagegen dauern, bis sich eine Population von plötzlichen Kälteeinbrüchen erholt hat. Frieren sämtliche Gewässer innerhalb kurzer Zeit zu, verhungern ein großer Teil des Nachwuchses und viele Altvögel. All dies gehört aber zu den natürlichen Umweltbedingungen der arktischen Vögel. Der stetige Rückgang der Prachteiderentenbestände in den letzten Jahrzehnten hat vermutlich maßgeblich mit der Erschließung der arktischen Erdölvorkommen zu tun. Der Bau von Straßen und Versorgungseinrichtungen schränkt ihren Lebensraum ein und verschiebt die Räuber-Beute-Relationen zuungunsten der bodenbrütenden Vögel.

Kindheit am Süßwasser

Die Weibchen brüten allein. Nach dem Schlüpfen führen sie ihre Jungen an den nächstgelegenen Tümpel oder See. Dort wimmelt es jetzt im Wasser von Zuckmückenlarven, der Hauptnahrung für die Jungen. Pflanzliche Kost, z. B. zarte Blätter von Wasserpflanzen, spielt eine untergeordnete Rolle. Auch wenn die Nester einzeln liegen, schließen sich die Küken mehrerer Weibchen oft zu Gruppen zusammen, die von einer oder wenigen Müttern begleitet werden. Manchmal können solche Kindergärten mehrere Dutzend, oder sogar bis über hundert Junge umfassen.
Das Aufwachsen der Jungen ist ein Wettlauf gegen sinkende Spätsommertemperaturen. Bereits im August können sich die Süßwassertümpel wieder mit Eis überziehen. Sobald sie die ersten kritischen Lebenstage überstanden haben, geht es deshalb in Richtung Meer, entweder schwimmend und von See zu See über Land laufend oder auf Flüssen, unterstützt von der Strömung. Dort ernähren sich die Jungtiere vor allem von Köcherfliegenlarven.
Nach der Jungenaufzucht begeben sich die Weibchen in die Mausergebiete, wohin die Erpel bereits wenige Tage nach Beginn der Brutzeit entschwunden sind. Die Mauserplätze liegen mehrere hundert, teilweise bis über 2000 km von den Brutplätzen entfernt.

Überleben am Rand der Polarnacht

Außerhalb der Brutzeit sind Prachteiderenten reine Meeresvögel. Als Taucher in Wassertiefen bis 60 m fressen sie Muscheln, Meeresschnecken, gepanzerte Krabben, kurzstachelige Seeigel und Seesterne. Pflanzen wie z. B. Seegras (*Zostera*) machen nur einen kleinen Teil der Nahrung aus. Wegen ihrer Fressgewohnheiten halten sich die Prachteiderenten meist in Küstennähe auf, auch wenn sie während ihrer Wanderungen Flüge über das offene Meer nicht scheuen. Die gehaltvolle tierische Nahrung ist notwendig, um sich ausreichende Fettdepots anzufuttern. Diese vermindern die Wärmeverluste im eiskalten Wasser und bilden die Energiereserve für den Winter.
Erst wenn im Spätherbst dichtes Packeis die Meeresvögel von ihrer Nahrung abzuschneiden droht, weichen die Prachteiderenten an offene Küstenabschnitte aus. Teilweise harren sie dort auch im Dezember und Januar weit nördlich des Polarkreises aus. Sie sind so gut an die hocharktischen Bedingungen angepasst, dass die eisige Kälte und die fast 20-stündige nächtliche Dunkelheit sie nicht nach Süden zwingen können.

Das gut getarnte Nest der Prachteiderente befindet sich in der Nähe von Süßwasserseen.

Der Sterntaucher (*Gavia stellata*) baut sein einfaches Nest aus toten Sumpfpflanzen ganz nah am Ufer. Schon der kurze Weg von seinem Gelege zum Wasser bereitet ihm größte Mühe, denn seine Füße sitzen so weit hinten am Körper, dass er sich kaum aufrichten kann. Eher rutscht er das kurze Stück auf dem Bauch.

Der Sterntaucher: Fischjäger im eiskalten Wasser

Wasserstart mit Anlauf

Zusammen mit drei weiteren Seetaucherarten besiedelt der Sterntaucher die Tundrenregion rings um die Nordhalbkugel. Bei keiner anderen Vogelgruppe ist das Verhältnis zwischen Körpergewicht und Flügelfläche so ungünstig wie bei den Seetauchern. Um sich in die Luft zu erheben, brauchen sie eine lange Anlaufstrecke auf dem Wasser. Dabei ist ihr Flug schnell und ausdauernd. Unkonventionell ist auch die Landetechnik: Mit nach hinten gestreckten Füßen benutzen sie Brust und Bauch als breite Landekufe. Ihr eigentliches Element ist das Wasser und dort verbringen sie den größten Teil ihres Lebens.

Während der Brutzeit erweitern sich beim Sterntaucher die Blutgefäße in der Bauchhaut, um Wärme abgeben zu können.

Beim Start aus dem Wasser sieht der Sterntaucher etwas unbeholfen aus.

Variabler Tiefgang

Wie es sich für Kaltwassertauchexperten gehört, verwenden sie viel Zeit auf die Pflege ihrer »Ausrüstung«: Flügelschlagend, immer wieder kurz untertauchend und sich schüttelnd, baden sie gern ausgiebig. Dann putzen, fetten und ordnen sie ihr Bauchgefieder, während sie sich im Wasser auf die Seite rollen und einen Fuß nach oben strecken. Ihr Tiefgang ist höchst variabel: Mit reichlich Luft unter den Deckfedern liegen sie im Wasser wie eine Ente. Bei den Atempausen während der Fischjagd schaut dagegen oft nur noch ihr Kopf über den Wasserspiegel. Lautlos und ohne Startsprung verschwinden sie dann im kalten Nass und jagen dort auf Sicht nach Saiblingen, Forellen und Barschen.

Keine Brut bei Nahrungsmangel

Ihre Speiseröhre ist so dehnbar, dass sie auch Fische schlucken können, die 20 cm lang sind, gut ein Drittel ihrer eigenen Länge. Doch nicht immer können sie mit solch fetter Beute rechnen. Das Wasser in den Tundrenseen ist oft nährstoffarm und kalt, so dass sich Algen und Zooplankton sowie die von ihnen abhängigen Fische nur langsam vermehren. Damit ist auch die Nahrungsgrundlage für die Fischjäger knapp und in manchen Jahren reicht die Beute in den kleineren Seen kaum für die Altvögel. Zur Nahrungssuche wechseln sie dann mehrmals täglich auf fischreichere Gewässer. Wenn die Saison überall mager beginnt, nehmen die Sterntaucher schon mal eine Auszeit und verzichten auf die jährliche Brut. Die gelegentliche Nullrunde wird durch ein hohes Lebensalter ausgeglichen. Außerdem haben Sterntaucher in guten Jahren auch mehr als die üblichen zwei Jungen.

Der Rücken als Wärmequelle für Küken

Knapp vier Wochen dauert die Bebrütung der Eier. Bei vielen Vogelarten entsteht in dieser Phase ein unbefiederter Brutfleck am Bauch, der eine direkte Wärmeleitung von der Haut des Altvogels auf die Eier sicherstellt. Die Sterntaucher und ihre drei Vettern können sich diesen Luxus nicht leisten: Zu groß wäre der Energieverlust für den Altvogel, wenn er vom Nest aufsteht und ins eiskalte Wasser wechselt. Stattdessen besitzen die Vögel in der befiederten Bauchhaut ein dichteres Netz von Blutgefäßen, die beim Brüten erweitert werden, im Wasser aber zusammengezogen bleiben, um Wärmeverluste zu vermeiden.

Da die Brut mit der Ablage des ersten Eis beginnt, schlüpfen die Jungen zeitversetzt. Obwohl sie von Anfang an geschickt schwimmen und tauchen können, sind sie mehr als sechs Wochen lang auf ihre Eltern angewiesen. Die Alten müssen nicht nur reichlich Insektenlarven und Fisch heranschaffen, sondern die Küken auch immer wieder huckepack in ihrem warmen Rückengefieder herumtragen. Im nur wenige Grad kalten Wasser verlieren die Kleinen, deren Körpertemperatur ohnehin 3 °C unter der der Erwachsenen liegt, sonst zu viel Energie. Die lebende »Isomatte« bietet dem Nachwuchs zugleich Schutz vor Attacken von Raubmöwen und Greifvögeln.

Im Winter aufs Meer

Während der Fortpflanzungszeit sind Sterntaucher recht unduldsam gegenüber Artgenossen, der eigene Partner und der Nachwuchs natürlich ausgenommen. In der übrigen Zeit des Jahres können sie sich aber zu großen Gesellschaften zusammenschließen, vorausgesetzt, es gibt genug Fisch. Bereits im Spätsommer haben sie ihre Schwungfedern gemausert. Ihre Flugfähigkeit erlangen sie gerade dann wieder, wenn auch ihre Jungen flügge werden. Noch bevor die Seen im Herbst zufrieren, wechseln die Sterntaucher aufs Meer. Entlang der Nordmeerküsten fliegen sie dann in die gemäßigten Zonen. Als Winterquartiere dienen die eisfreien Gewässer Nordwesteuropas, Nordamerikas und der asiatischen Pazifikküste. Überwinterer erscheinen auch am Kaspischen Meer, am Schwarzen Meer und sogar am Mittelmeer. Wahrscheinlich sind es in Nordsibirien brütende Vögel, die den Direktflug nach Süden einem Umweg entlang der Küsten vorziehen.

Sterntaucher
Gavia stellata

Klasse Vögel
Ordnung Stelz- und Schreitvögel
Familie Seetaucher
Verbreitung circumpolar von der Antarktis bis zu gemäßigten Zonen
Maße Länge: 53–70 cm; Spannweite: 110 cm
Gewicht 1,5–1,7 kg
Nahrung Fische, auch Kopffüßer, Muscheln, Schnecken
Zahl der Eier 1–3
Brutdauer 27 Tage
Höchstalter 25 Jahre

Von weltweit 14 Kranicharten brütet der Nonnenkranich (*Grus leucogeranus*) am weitesten im Norden. Wenn er im Mai in den Sümpfen und Mooren der ostsibirischen Tundra eintrifft, hat er eine lange und gefahrvolle Reise hinter sich. Schon auf dem Zugweg haben sich die winterlichen Kranichgesellschaften mehr und mehr aufgelöst, und sobald sie in ihren angestammten Brutgebieten in Jakutien eintreffen, besetzen und verteidigen die Paare ihre großen Reviere in der sumpfigen Einsamkeit. Mit temperamentvollen Tänzen haben sie schon während des Zuges ihre Paarbindung besiegelt.

Nonnenkraniche: scheue Sumpfbewohner in Bedrängnis

Anspruchsvolle Sumpfbewohner

Nonnenkraniche sind sehr wählerisch, was die richtige Ausstattung ihres Lebensraumes betrifft. Am wohlsten fühlen sie sich in Moorgebieten, in denen neben Tümpeln und Seen mit breiten, vegetationsreichen Flachwasserzonen auch Schwingrasen, Wollgras- und Seggensümpfe und leicht erhöhte Rücken vorkommen. Ihr großes Bodennest bauen sie dann meist an Stellen, die kein Zwei- oder Vierbeiner trockenen Fußes erreichen kann. Gewöhnlich werden Anfang Juni zwei Eier gelegt. Nach einer vierwöchigen Brutzeit schlüpfen die Jungen, die fast zweieinhalb Monate brauchen, um flügge zu werden.

Ein Schnabel zum Graben

Nicht nur das Sicherheitsbedürfnis treibt die Kraniche in die Einsamkeit der sibirischen Moore. Auch ihre sehr spezielle »Diät« finden sie nur in dem amphibischen Lebensraum in ausreichender Menge und Qualität. Im

Der leuchtend rote Kopf des Nonnenkranichs ist unbefiedert.

weichen, nassen Boden stochern sie nach den Rhizomen und Sprossbasen von Seggen und nach den stärkereichen Grundorganen anderer Sauergräser und Sumpfpflanzen. Der für Kraniche recht lange und kräftige Schnabel eignet sich ausgezeichnet zum Freilegen der nahrhaften Pflanzenteile. Feine Hornzähne an den Schnabelkanten erleichtern das Festhalten glatter Nahrung. Vor dem Hinunterschlucken werden die Stücke oft im Wasser abgespült. Besonders im Frühjahr, bevor das Pflanzenwachstum richtig in Gang kommt, sowie im Hochsommer, zur Zeit der Jungenaufzucht, werden aber auch Insekten, Fische, Frösche und Wühlmäuse gefressen. Selbst unvorsichtige Küken anderer Vogelarten sollen gelegentlich im Magen der Nonnenkraniche landen.

Flachwasserspezialisten

Die Brutgebiete sind so entlegen und dünn besiedelt, dass man bis zu den 1980er Jahren die Gesamtzahl der Nonnenkraniche auf wenige hundert schätzte. Dann entdeckten chinesische Ornithologen am Poyang-See im Gebiet des Jangtse-Mittellaufes einen bedeutenden Überwinterungsplatz. Heute weiß man, dass es insgesamt noch 3000 Exemplare gibt. Im Winterquartier treffen die Nonnenkraniche auf drei verwandte Arten: den gewöhnlichen, auch in Nordeuropa brütenden Kranich (*Grus grus*), den Mönchskranich (*Grus monacha*) und den Weißnackenkranich (*Grus vipio*). Nahrungskonkurrenz gibt es zwischen ihnen nicht, denn jede Art hat ihre spezielle Nische. So zeigt sich auch im Winterquartier, dass der Nonnenkranich von allen Arten am liebsten seine Nahrung im flachen Wasser sucht, genauer gesagt im Boden darunter. Neben den Rhizomen von Seggen graben die Vögel dort die Knollen eines Zypergrases (*Cyperus rotundus*) aus dem Schlamm und rupfen Schwimmpflanzen wie Laichkraut (Gattung *Potamogeton*) und Wasserschraube (Gattung *Vallisneria*). Auch fressen sie Süßwassermuscheln.

Vom Aussterben bedroht

Obwohl die Ureinwohner Jakutiens die Nonnenkraniche in ihren ostsibirischen Brutgebieten als heilige Vögel verehrten und sie nie jagten, sind die Vögel hochgradig bedroht. Mit einem internationalen Schutzprogramm versuchen China, Russland und mehrere andere asiatische Länder, sie vor dem Aussterben zu bewahren. Für zwei Populationen, die nicht in China, sondern traditionell im indischen Rajasthan und in Iran am Kaspischen Meer überwintern, kommen die Bemühungen vielleicht schon zu spät: Ihr Bestand ist auf unter 20 Tiere gesunken. Die Ursachen sind vielschichtig. Zum einen wurden immer wieder Vögel auf dem Zug von Wilderern geschossen. Der Hauptgrund dürfte aber die sich immer weiter ausbreitende Landwirtschaft sein, derentwegen die Winterquartiere stetig schrumpfen und Störungen zugenommen haben.

Große Sorge bereitet den Naturschützern der Bau des riesigen Drei-Schluchten-Damms in China. Der Wasserstand des Poyang-Sees wird dann im Winter deutlich höher sein als heute und die vegetationsreichen Verlandungszonen des Sees werden den Kranichen fehlen. Das könnte dem Nonnenkranich den Todesstoß versetzen.

Schnee- oder Nonnenkranich
Grus leucogeranus

Klasse Vögel
Ordnung Kranichvögel
Familie Kraniche
Verbreitung Brutgebiete: subarktische Regionen Russlands und Sibiriens, Überwinterung: Russland, China, Indien, Iran
Maße Länge: 100–125 cm; Standhöhe: 140 cm; Spannweite: 210–230 cm
Gewicht 5–7 kg
Nahrung Graswurzeln, Knollen, Samen, Früchte, auch Insekten, Fische, Frösche, Wühlmäuse, Weichtiere
Geschlechtsreife mit 3–5 Jahren
Zahl der Eier 2
Brutdauer 28–30 Tage
Höchstalter über 30 Jahre

In der freien Natur sind die vom Aussterben bedrohten Nonnenkraniche nur selten zu sehen.

Der Raufußbussard: Mäusejäger mit UV-Blick

Während der ersten Wochen werden die Raufußbussardküken von ihren Eltern gut bewacht.

Meist beobachtet der Raufußbussard (*Buteo lagopus*) die Umgebung von einem erhöhten Ansitz, etwa einem einzelnen Baum oder einem Felsen aus. An welcher Stelle er mit Beute rechnen darf, erkennt er an der Dichte der Mäusespuren. Der Urin, den die Nager als Duftmarken hinterlassen, fluoresziert, wenn er vom UV-Licht der Sonne getroffen wird. Diese »Farbe«, die für den Menschen nicht sichtbar ist, kann der Bussard wahrnehmen.

Grundnahrungsmittel: Wühlmäuse

Unter den Greifvögeln der Tundra ist der Raufußbussard am stärksten auf kleine Nagetiere orientiert; vor allem Wühlmäuse bilden seine Nahrungsgrundlage. Da deren Bestände von Jahr zu Jahr sehr stark schwanken, ändert sich auch die Fortpflanzungsrate und Häufigkeit der Raufußbussarde. Neben den kleineren Wühlmausarten, in Nordeuropa beispielsweise Erdmäuse, Sumpfmäuse und Rötelmäuse, fangen sie in guten Lemmingjahren auch viele dieser etwas größeren Nager.
Sind die Kleinsäuger selten, müssen die Bussarde auf Vögel ausweichen. Ihre Jagd auf Schneehühner oder Kleinvögel ist aber selten von Erfolg gekrönt und so haben es selbst erfahrene Altvögel nicht leicht, längere Phasen des Mäusemangels zu überleben. In solchen Jahren noch mehrere hungrige Nestlinge zu ernähren, ist ausgeschlossen. Meist wird schon die Anzahl der Eier oder gar der Fortpflanzungstrieb insgesamt vom Nahrungsangebot bestimmt. So kommt es in schlechten Jahren vor, dass die Paare zwar ein Revier besetzen, vielleicht auch noch am Nest bauen, die Weibchen aber keine Eier legen.

Raufußbussard
Buteo lagopus

Klasse Vögel
Ordnung Greifvögel
Familie Habichtartige
Verbreitung Brutgebiet um den nördlichen Polarkreis, häufig in den nordamerikanischen und eurasischen Küstengebieten, Überwinterung in Offenlandschaften südlich des borealen Nadelwaldgürtels
Maße Länge: etwa 60 cm; Spannweite: bis 1,5 m
Gewicht etwa 1,2 kg
Nahrung vor allem Wühlmäuse und Lemminge, selten Vögel
Geschlechtsreife etwa mit 2 Jahren
Zahl der Eier 3–4, selten 7
Brutdauer 31–37 Tage
Höchstalter 18 Jahre

Ohne festen Wohnsitz

Sind sie in Balzstimmung, festigen die Paare ihre Bindung mit auffälligen Flugspielen. Sie segeln gemeinsam über ihrem Revier, wobei die Männchen häufig »Parabelflüge« vollführen: Mit angelegten Schwingen fallen sie schräg abwärts, um anschließend wieder steil nach oben zu schießen.
Ihre Horste bauen die Raufußbussarde gern an Felsen oder auf einzeln stehenden Bäumen. Da sie aber nicht nur Berg- oder Waldtundren bewohnen, sondern auch baum- und felsfreie Niederungen, bauen sie in manchen Gegenden ihre Nester auch auf der Erde, dann aber immerhin auf einer leichten Erhebung, von der aus sie gute Sicht haben.
Im Fall solch exponierter Nistplätze legen die Raufußbussarde großen Wert auf eine gut isolierte Nistmulde. Dazu tragen sie viel trockenes Gras herbei und drücken es in die Zwischenräume der aus Zweigen bestehenden Unterlage.
Raufußbussarde brüten selten mehrere Jahre hintereinander an einer Stelle. Oft haben sie einige Horste zur Auswahl, die sie abwechselnd benutzen, je nachdem, wo das Nahrungsangebot gerade am besten ist.

Raufußbussarde bauen Ihre Horste gern auf einem Baumstamm.

Füchse werden attackiert

Die Ende Mai gelegten Eier werden einen Monat lang bebrütet. Das ist Aufgabe des Weibchens, während der Bussardmann Wache hält und nach dem Schlüpfen der Jungen Nahrung herbeischafft. Weitere fünf bis sechs Wochen dauert es, bis die Jungen das Nest verlassen. Während der Jungenaufzucht werden mögliche Nesträuber bereits angegriffen, wenn sie noch 200 bis 300 m entfernt sind. Andere Vögel wie Gänse oder Enten profitieren von diesem Verhalten und nisten selbst gern in der Nähe der Greife, zumal die unmittelbare Umgebung des Horstes als Jagdgebiet für die Bussarde tabu ist. Außerhalb der Fortpflanzungszeit haben die nordischen Bussarde eine deutlich geringere Fluchtdistanz als ihre in Mitteleuropa heimischen Verwandten.

Im Winter in gemäßigte Breiten

Im Winter leben die Wühlmäuse der Tundra vollständig unter der schützenden Schneedecke und sind so für Greifvögel unerreichbar. Die Raufußbussarde verlassen deshalb etwa Ende September den hohen Norden und fliegen für das Winterhalbjahr in gemäßigte Breiten.
Es ist tatsächlich nur der bevorstehende Nahrungsmangel, der die Vögel in den Süden treibt, und nicht die Kälte selbst. Mit ihren befiederten Läufen sind die Raufußbussarde sogar besser gegen niedrige Temperaturen geschützt als beispielsweise der Mäusebussard. Nur wenn eine dicke, geschlossene Schneedecke auch in unseren Breiten die Ernährung schwierig macht, weichen sie noch weiter nach Südwesten aus.

Kampfläufer: Paradiesvögel auf Zeit

An ihren Balzplätzen sieht es aus, als wären bei einer Geflügelzuchtausstellung aus Versehen die Käfigtüren geöffnet worden: Kein Tier gleicht dem anderen. Da sieht man weiße, braune und schwarze Halskrausen, manche einfarbig, andere gebändert oder gefleckt, und auf den Köpfen prangen gescheitelte Federbüschel, die an extravagante Perücken erinnern. Dieses schrille Outfit tragen nur die Männchen der Kampfläufer (*Philomachus pugnax*) – und auch sie nur in der Paarungszeit von Anfang Mai bis Ende Juni. Danach verwandeln sie sich wieder in schlichte Watvögel und gehen profaneren Beschäftigungen nach: fressen, schlafen und reisen.

Für die Balz und die Paarung putzen sich die männlichen Kampfläufer prächtig heraus.

Kampfläufer
Philomachus pugnax

Klasse Vögel
Ordnung Wat- und Möwenvögel
Familie Schnepfenvögel
Verbreitung große Feuchtwiesen, Sümpfe, Moore und nördliche Tundra Eurasiens
Maße Länge: Männchen 29 cm, Weibchen 23 cm
Gewicht Männchen 160–190 g, Weibchen 90–120 g
Nahrung kleine Wassertiere wie Larven, Schnecken, Krebschen und Pflanzensamen
Zahl der Eier 3–4
Brutdauer 21 Tage
Höchstalter über 10 Jahre

Turnier in der Tundra

Die Balzspiele und Schaukämpfe der drossel- bis taubengroßen Watvögel sind in der eurasischen Vogelwelt einzigartig. Jedes Jahr treffen sich die Hähne auf traditionellen, kurzrasigen Turnierstätten, ausgesuchten ebenen Arenen unweit der bevorzugten Brutplätze. Oft liegen diese in der Nähe von Gewässern in den sumpfigen Tundren.
Biologen haben herausgefunden, dass sich die Tiere einer Population an ihren Prachtkleidern persönlich wiedererkennen und dass bestimmte Farbkombinationen mit sozialen Merkmalen verbunden sind. Vögel mit braunen oder schwarzen »Mähnen« sind dominante Männchen, die auf den Balzplätzen täglich ihre festen Minireviere verteidigen, ungefähr so, wie leitende Angestellte einer Firma jeden Morgen ihre Autos auf reservierte Parkplätze stellen. Drohungen und kleine Scharmützel, mit denen sich die Möchtegern-Platzhirsche ihre privilegierten Positionen immer wieder erkämpfen müssen, finden nur dort, auf den besten Plätzen im Zentrum statt. Rangniedere Männchen – erkennbar an einer hellen Halskrause – haben dort nichts verloren.

Damenwahl

Die ganze Show zielt auf die Aufmerksamkeit der Weibchen, unauffällig hellbraun gefärbte Tiere, die deutlich kleiner und leichter sind als die Herren der Schöpfung. Die Damen stehen aber, obwohl in Brutstimmung, keineswegs dabei und schauen zu, sondern lassen sich von den Männchen erst »herbeiwinken«: Immer wenn in einiger Entfernung potenzielle Partnerinnen vorbeifliegen, strecken die Männchen ihre Schwingen nach oben oder erheben sich zu einem kurzen Rüttelflug. Erscheint ein Weibchen auf der Bühne, kommt es meist rasch zur Sache: Es fordert einen der Hähne zur Paarung auf, kopuliert mit ihm und verschwindet wieder. An aufeinanderfolgenden Tagen schenken die Weibchen ihre Gunst allerdings nicht immer ausschließlich denselben Männchen. So können ihre aus meistens vier Eiern bestehenden Gelege durchaus mehrere Väter haben.

Die Kriterien für die Partnerwahl kennen nur die Weibchen selbst. Vielleicht achten sie nicht nur auf die Position und Kleidung, sondern auch auf die Gesichtsfarbe und die Warzen am Kopf der Männer oder auf deren Bein- und Schnabelfärbung, denn diese Merkmale geben eher Auskunft über die Fitness als die ererbte Gefiederfarbe.

Kleider statt Stimmen

Was die Kampfläufer einmalig macht, ist die Tatsache, dass bei ihnen zwei extrem unterschiedliche »Männertypen«, nämlich die aggressiven »Platzhirsche« und die zurückhaltenden »Gelegenheitsliebhaber«, miteinander konkurrieren. Die auffälligen Farbschläge hingegen dienen vermutlich nur der gegenseitigen Erkennung. Bei vielen anderen Arten wird dies durch individuell unterschiedliche Tönungen der Stimme gewährleistet. Meist sind dann aber die Abstände zwischen den Tieren größer, so dass akustische Unterscheidungsmerkmale zuverlässiger sind als optische. Auf den Turnieren der Kampfläufer geht es bezeichnenderweise stumm zu.

Früher Herbstzug

Die »Partnerschaft« beschränkt sich bei den Kampfläufern auf den Paarungsakt selbst. Nachdem die Weibchen einer Population ihre Nester gebaut und Eier gelegt haben, ziehen die Männchen Richtung Winterquartier. Nach 21 Tagen Brut schlüpfen die Jungen und weitere vier Wochen später sind sie selbstständig und flügge. Dann verlässt auch das Weibchen die Jungen.
Die Männchen haben indessen bereits die sommerliche Mauser durchgemacht und ihr Paradiesvogel-Outfit gegen das Schlichtkleid getauscht, das dem Gefieder der Weibchen ähnelt. In kleineren und größeren Schwärmen suchen die Vögel unterwegs flache Gewässer mit schlammigen Ufern auf und mästen sich für die Weiterreise.

Die Halskrausen sind bei jedem Männchen anders gefärbt.

Leben und Überleben in der nordamerikanischen Tundra

Die meisten in Kanada, Alaska und Grönland vertretenen Tierarten oder -gattungen gibt es auch in den Tundren Eurasiens oder aber in anderen Regionen Amerikas. Aber die geografische Isolation durch Gebirge oder Inseln hat zur Entstehung zahlreicher Unterarten mit kleinen Verbreitungsgebieten geführt.
»Die« nordamerikanische Tundra gibt es nicht; der Raum ist durch seine enorme Ausdehnung, unterschiedliche Klimaeinflüsse und die vielseitige Topografie stark gegliedert. Der WWF unterscheidet dort 18 Ökoregionen. Da zahlreiche Täler noch weit nördlich der Nadelwälder bewaldet oder zumindest die Flussufer von Buschwerk gesäumt sind, findet man hier viele Arten, die sonst dem Taigagürtel zuzuschlagen sind. So etwa den gedrungenen Maultier- oder Schwarzwedelhirsch (*Odocoileus hemionus*). In den Gebirgen Alaskas und Kanadas vermischen sich Tundrenelemente und alpine Fauna.

Die Schneeziege schreckt auch vor den steilsten Felsen nicht zurück.

Ein Frosch am 68. Breitengrad

Auf dem Anaktuvuk-Pass, umgeben von den Gipfeln der Brooks Range, der nordwestlichsten Gebirgskette Nordamerikas, würde man ganz sicher keinen Frosch vermuten: Schließlich befindet man sich hier etwa auf dem 68. Breitengrad und damit nördlich des Polarkreises. Und doch reicht das Verbreitungsgebiet des Waldfrosches (*Rana sylvatica*) mindestens so weit. Von Wald kann hier nicht die Rede sein, aber diese robusten Amphibien nehmen auch mit Bergwiesen, den als »Muskeg« bezeichneten arktischen Torfmooren und eben mit Tundren vorlieb.

Die selten mehr als 7,5 cm langen, variabel gefärbten Frösche haben im Nordwesten deutlich kürzere Gliedmaßen als in den südlicheren Wäldern. Zur Schneeschmelze versammeln sie sich in flachen, temporären oder permanenten Gewässern, um sich zu paaren. Die Entwicklung der Eier und Larven geht rasant vonstatten. Sobald die Kaulquappen 5 cm lang sind, verwandeln sie sich in kleine Frösche, bevor die Tümpel wieder vereisen. Dank spezieller »Frostschutzmittel« aus Glucose können bis zu 65 % des Wassers in ihrem Gewebe gefrieren, und die Körpertemperatur kann auf –12 °C fallen, ohne dass die Tiere Schaden nehmen. Sie überwintern in Moos- und Laubnestern unter der Schneedecke.

Unterarten: sein oder nicht sein

Zu den Säugetieren, die zwar auch in Eurasien vertreten sind, aber in Nordamerika eigene Unterarten haben, gehört das Karibu bzw. Rentier (*Rangifer tarandus*). Exemplare aus verschiedenen Unterarten können sich paaren und werden meist nur durch geografische Barrieren daran gehindert, wodurch kleine Unterschiede in der Gestalt und im Verhalten entstehen und sich allmählich verstärken. Die Einteilung in Unterarten ist schwierig und wird zwischen den Experten immer wieder neu ausgehandelt. So wurde das kanadische Peary-Karibu (*Rangifer tarandus pearyi*) noch bis 1991 mit der Unterart *Rangifer tarandus groenlandicus* zusammengefasst; später unterschied man drei Populationen bzw. Großherden. Erst seit Mai 2004 wird das Peary-Karibu als separate Unterart geführt, deren

Der weit verbreitete Waldfrosch kommt auch in der kargen Tundrenlandschaft zurecht.

Fortbestand aufgrund dramatischer, klimatisch bedingter Einbrüche in den letzten Jahren gefährdet ist.

Bei dem Hasen *Lepus othus* in Alaska ringen die Gelehrten ebenfalls noch um seinen Status; manche sehen in ihm eine bloße Unterart, die mit dem Arktishasen (*Lepus arcticus*) und dem Schneehasen (*Lepus timidus*) zusammengefasst werden sollte, da molekulare Untersuchungen große Ähnlichkeiten zwischen ihnen an den Tag gebracht haben. Andererseits unterscheiden sie sich morphologisch durchaus, wohl wegen ihrer schon lange getrennten Verbreitungsgebiete. *Lepus othus* lebt in der Bergtundra und ist mit 50–70 cm recht groß. Er hat kurze Ohren, über die nicht viel Wärme entweichen kann, und 20 cm lange Hinterläufe, mit denen er auf Schnee gut vorankommt. Mit seinen kräftigen Vorderbeinen wehrt er Feinde wie Eulen ab und gräbt Weidenblätter, Triebe, Rinde und Wurzeln aus dem Schnee; im Sommer kommen Beeren und Blüten hinzu.

Winzlinge, die der Kälte trotzen

Bei kleinen Tieren mit einer raschen Generationsfolge entstehen nach erfolgter geografischer Isolation schneller neue Arten als bei langlebigen Tieren mit einem größeren Bewegungsradius. Daher gibt es auf mehreren Inseln im Beringmeer endemische Spitzmäuse. Auf Saint Paul, einer der beiden winzigen Pribilof-Inseln, lebt die Art *Sorex hydrodromus*, auf Saint Lawrence *Sorex jacksoni*. Ihre Vorfahren gelangten in der Eiszeit hierher, als der Meeresspiegel niedriger war und die Inseln zum Festland gehörten. Aufgrund ihrer entlegenen Lebensräume ist über ihre Eigenheiten

Nur zum Brüten kommt der Borstenbrachvogel nach Alaska. Die übrige Zeit verbringt er weit entfernt im warmen Süden.

wenig bekannt. Spitzmäuse sind winzig, fressen vor allem Insekten und haben einen unangenehmen Moschusgeruch, der ihnen viele Beutegreifer vom Leib hält. Die Kälte überleben sie mangels dicker Isolierschichten nur, indem sie fast pausenlos fressen und auf Hochtouren Wärme produzieren.

Gefährdete Seeadler

Der Weißkopf-Seeadler ist nördlich des 40. Breitengrads durch die gefährdete Unterart *Haliaeetus leucocephalus alascanus* vertreten. Zwar bevorzugt diese bewaldetes Terrain, aber auch in der Bergtundra der Mackenzie Mountains findet sie ein Auskommen – Hauptsache, es gibt in der Nähe offener Gewässer einige große Nistbäume. Weißkopf-Seeadler ziehen im Jahresverlauf weit umher. Manche der Tiere, die den Sommer in Alaska oder im Yukon Territory verbringen, leben im Winter in Washington. Teilweise scheinen die Wanderungen genetisch einprogrammiert zu sein. Problematisch wird es für die Seeadler, wenn die Nahrungsquellen, z.B. Lachse, versiegen. Auf Grönland lebt ganzjährig eine endemische Unterart des Seeadlers (*Haliaeetus albicilla groenlandicus*). Sie kommt nur in der arktischen Tundra im Südwesten vor, besonders an Felsenküsten, Flüssen und großen Seen. Da die Schafzüchter die Adler verdächtigten, viele Lämmer zu reißen, wurden sie verfolgt. Tatsächlich fressen sie vor allem Fisch, kleine Seevögel und im Winter Aas. Seit 1976 gilt die Unterart als vom Aussterben bedroht.

Brutgebiete vieler Vögel

Neben zahlreichen Vögeln wie Regenpfeifern, Goldregenpfeifern und Ammern, die auch in anderen Teilen Nordamerikas brüten, beherbergt die Tundra solche, die nur hier zur Fortpflanzung kommen. Beim Borstenbrachvogel (*Numenius tahitiensis*) dauerte es allerdings lange, bis man dahinterkam. Wie der lateinische Name schon andeutet, hat man diesen ca. 43 cm großen Schnepfenvogel zunächst in seinen Winterquartieren in Ozeanien beobachtet und ihn für einen reinen Bewohner der Südhalbkugel gehalten. Erst 1948 fand man seine Brutgebiete in Alaska. 7000 bis 10 000 km legen die Tiere im Frühjahr zurück, um am Weststrand des Yukondeltas oder in den Bergen der Seward-Halbinsel nördlich des Norton-Sunds zu brüten. Um sich vor Fressfeinden zu schützen, legen sie ihre Nester zwischen Zwergsträuchern oder unter Weiden an oder suchen die Nachbarschaft von Raubmöwen, die Füchse, Kolkraben etc. vehement von ihren eigenen Nistplätzen vertreiben. Auf nur 3200 Brutpaare schätzt man den Gesamtbestand der Borstenbrachvögel. Fast ebenso selten ist mit ca. 6000 Paaren die Bering-Schneeammer (*Plectrophenax hyperboreus*), die nur auf den Inselchen Hall und Saint Matthew in der Beringsee brütet und an Alaskas Küsten überwintert. Fast alle 250 000 Klippenmöwen (*Rissa brevirostris*) der Welt brüten auf den Pribilof-Inseln.
Der Schwarzkopf-Steinwälzer (*Arenaria melanocephala*) ist das Neuwelt-Pendant zum Steinwälzer der altweltlichen Tundra. Der

Diese Kaisergans verteidigt ihr auf dem Boden angelegtes Nest.

ca. 23cm große Schnepfenvogel mit den orangeroten, kurzen Beinen brütet an der West- und Südküste Alaskas. Wie sein eurasischer Verwandter ernährt er sich von Insekten und deren Larven, Kleinkrebsen und Weichtieren. Er findet sie vor allem unter Tang oder Kieseln, die er mit seinem Schnabel umdreht.

Traditionelle Gänsejagd

95 % aller Kaisergänse (*Anser canagica*) brüten auf der Yukonhalbinsel. Sobald sie Ende Mai oder Anfang Juni aus ihren Winterquartieren eintreffen, bauen sie an der höchsten Flutlinie der Küste oder in der Moortundra einfache Nester aus Zweigen und Ähnlichem, in die sie meist vier bis sieben Eier legen.
Die Weibchen brüten allein, während die Ganter sich in der Nähe der Kolonien zusammenscharen. Die Verluste sind groß: Nur aus etwa jedem vierten Ei geht schließlich ein überlebensfähiger Jungvogel hervor, der mit den Alten ab Ende September nach Süden zieht. Zuvor müssen sich die Altvögel jedoch mausern. Ihre etwa zwei Wochen währende Flugunfähigkeit nutzen die Inuit der Region zur traditionellen Jagd: Mit Booten werden die Tiere vom Wasser in Gänsepferche am Ufer getrieben, wo sie sich leicht erlegen lassen.
Neben der Aleuten-Kanadagans (*Branta canadensis leucopareia*), die an den Küsten Kanadas und Alaskas nistet, zählt auch die Zwergschneegans (*Anser rossii*) zu den Brutvögeln der dortigen Tundra, obgleich ein Teil ihres Brutgebiets – die Wrangelinsel – schon zu Sibirien zählt. Sie ähnelt der Schneegans, ist aber kleiner, hat einen kürzeren Schnabel und einen kurzen Hals. Bis auf die schwarzen Flugfedern ist sie ganzjährig völlig weiß. Um ihre Nachkommen vor Raubtieren zu schützen, halten sich die Gänse vor allem auf überschaubaren Inseln auf. Die Tiere fliegen im Winter in Schwärmen nach Süden oder nach Nordwesteuropa, vereinzelt sogar bis nach Deutschland.

Höhlenkäfer in Wikingersiedlungen

Grönland ist von einem im Westen bis zu 150 km breiten Streifen mit Tundrenpflanzen gesäumt. Trotz der Isolation und klimatischen Unwirtlichkeit findet man hier 700 Insektenarten, darunter 50 Schmetterlinge, zwei Hummeln und eine Mücke. Diese Flora und Fauna ernährt 235 Vogelarten, von denen aber nur wenige ganzjährig bleiben. Über das Eis sind auch Raubtiere wie der Vielfraß auf die Insel vorgedrungen.
Eine Kuriosität stellen die ursprünglich eurasischen Höhlenkäfer *Quedius mesomelinus* und *Xylodromus concinnus* dar. Diese lichtscheuen Insekten kamen wohl mit den Wikingern auf die Insel und lebten in deren Behausungen. Als die Nordmänner Grönland wieder verließen, zogen sich die Käfer in die Grassoden- oder Plaggenhütten der Inuit zurück. Nachdem diese ihre traditionellen Siedlungen in den 1960er Jahren endgültig aufgaben, wurde es den Käfern in den leeren Ruinen zu kalt: Sie starben aus.

Der Höhlenkäfer kamen mit den Wikingern auf die Wrangelinsel und lebten bei ihnen als »Untermieter«.

Schneegänse: Wiedervereinigung durch veränderte Reiserouten

Die meisten Schneegänse sind bis auf die schwarzen Handschwingen schneeweiß. Allerdings kommen in der kleineren Unterart *Anser caerulescens caerulescens*, die den Sommer in Ostsibirien, auf der Wrangelinsel, in Nordalaska oder Nordkanada verbringt, auch schiefergraue Vögel vor, denen die ganze Art ihre wissenschaftliche Bezeichnung (*caerulescens*, »bläulich«) verdankt. In der größeren Unterart *Anser caerulescens atlanticus*, die im Nordwesten Grönlands und auf den benachbarten Inseln brütet, tritt dieser Farbschlag nicht auf. Bis 1961 galten die unterschiedlich gefärbten Tiere als separate Unterarten. Erst seit wenigen Generationen durchmischen sie sich wieder.

Ausgewachsene Schneegänse können eine Flügelspannweite von 150 cm erreichen.

Schneegans
Anser caerulescens

Klasse Vögel
Ordnung Gänsevögel
Familie Entenvögel
Verbreitung Brutgebiete: Küsten Alaskas, Kanadas, Grönlands, Ostsibiriens; Überwinterung: Nordamerika, China, Korea
Maße Länge: 60–75 cm; Spannweite: 150 cm
Gewicht 2,5–4 kg
Nahrung Wasserpflanzen, Gräser, Samen, Wurzeln
Zahl der Eier 4–8
Brutdauer 22 Tage
Höchstalter 20 Jahre

Eher Land- als Wasservögel

Schneegänse gehören zu den Entenvögeln und suchen ihre Nahrung überwiegend an Land. Die familientypischen Schnabelhornleisten, die Enten zum Durchseihen des Wassers und Schwäne zum Ausrupfen von Wasserpflanzen einsetzen, nutzen die Gänse vor allem zum Abschneiden von Gras in der Tundra. Schneegänse sind aber nicht nur gute Läufer, sondern auch ausdauernde Flieger und vorzügliche Schwimmer. Schnabel und Beine der Tiere sind rosa bis fleischfarben. Beim blau- bis dunkelgrauen Farbschlag bleiben Hals und Kopf und bisweilen auch die Unterseite weiß.

Zunahme der Grauen

Die Erbanlagen für das dunkle Gefieder sind dominant und setzen sich bei Mischpaarungen durch. Wieso sind weiße Schneegänse dann auch in der kleineren Unterart noch deutlich in der Überzahl? Ist weißes Gefieder ein Selektionsvorteil oder ist die Gefiederfarbe mit anderen wichtigen Eigenschaften wie der Gelegegröße gekoppelt? Einige Forscher vertraten tatsächlich die Ansicht, dass weiße Schneegänse mehr Eier legen. Die Zunahme der grauen Exemplare in den letzten Jahrzehnten wurde auf die Erwärmung der Arktis zurückgeführt, die den Vorteil eines weißen Tarngefieders mindere. Offenbar sind beide Annahmen falsch. Heute geht man aufgrund genetischer Untersuchungen und Rekonstruktionen der früheren Mengenverhältnisse davon aus, dass die Farbschläge bis vor wenigen Jahrzehnten getrennte Unterarten waren: Im Osten Nordamerikas brüteten die grauen Schneegänse, im Westen die weißen. Erst vor knapp 100 Jahren kamen die Unterarten in ihren Winterrevieren oder an Zwischenstationen miteinander in Kontakt, als sich ihre Zugrouten wegen des Anbaus von Reis und anderem Getreide, der Einrichtung von Schutzgebieten und der Vertreibung aus ihren traditionellen Ruheplätzen im Marschland änderten. Da die monogamen Schneegänse im Winter auf Partnersuche gehen, fließen seither Gene zwischen den Populationen hin und her. Die Vermischung geht aber nur langsam vonstatten, da die Jungvögel im Nest auf die Farbe ihrer Eltern und Geschwister geprägt werden und daher z. B. die Kinder überwiegend grauer Familien eine Vorliebe für graue Partner haben.

Unter den überwiegend weißen Schneegänsen gibt es Varianten, die leicht grau gefärbt sind.

Extrem kurze Brutzeit

Wenn die Schneegänse im Frühjahr die grasige Tundra an der Küste Alaskas und Kanadas, in Grönland und in der ostsibirischen Arktis erreichen, fressen sie zunächst sehr viel, um die Reifung der bereits befruchteten Eier voranzutreiben. Dabei wählen die Weibchen gezielt eiweißreiche Pflanzenteile aus. Diesen Luxus können sie sich leisten, da Gänse zu den »capital breeders« gehören. Das sind Zugvögel, die noch im Brutgebiet von den Fettvorräten zehren, die sie sich im Winter angefressen haben. Je früher eine Gans die Arktis erreicht, desto mehr Eier legt sie. Trifft sie jedoch zu früh ein und wird von einem Kälteeinbruch überrascht, resorbiert sie ihre bereits angelegten Eier und muss dieses Jahr ganz auf Nachwuchs verzichten.
Nach nur 22 Bruttagen schlüpfen aus den vier bis acht Eiern die Jungen, die das Nest rasch verlassen.

Im Winter riesige Schwärme

Im Herbst ziehen die Jungen gemeinsam mit ihren Eltern und tausenden von Artgenossen in die Winterquartiere. Am Pazifik sind Kalifornien und die Küste von Washington die beliebten Reiseziele, am Atlantik die Chesapeake Bay und der Golf von Mexiko. Auch die meisten Tiere von der Wrangelinsel und aus der sibirischen Kolyma-Tiefebene überwintern in Nordamerika.
Der weite Zug erzwingt bei Vögeln einen leichten, ineffizienten Verdauungstrakt. Daher müssen die Gänse viel fressen und die am leichtesten verdaulichen Teile auswählen. Man sieht ihnen sogar an, welche Kost sie in ihrem Winterrevier vorfinden: Tiere, die im Marschland überwintern, sind im Mittel größer als ihre Artgenossen, die sich auf Äckern und Wiesen mästen.

Der lange Hals des Trompeterschwans ermöglicht ihm das Gründeln bis zu einer Tiefe von 1,2 m.

Der Trompeterschwan: Rettung im letzten Augenblick

Drei Arten von Schwänen leben im nördlichen Nordamerika: die aus Europa eingeführten Höckerschwäne, die ihre neuweltlichen Verwandten manchenorts zu verdrängen drohen, die in der arktischen Tundra brütenden Zwergschwäne und die Trompeterschwäne (*Cygnus buccinator*). Sie unterscheiden sich von der einen Art durch ihren höckerlosen, schwarzen statt gelben Schnabel und von der anderen durch ihre Größe und die flache Stirn. Der Schnabel geht im Profil fast nahtlos in den Kopf über. Ihren Namen verdanken die nahen Verwandten der eurasischen Singschwäne dem tiefen, lauten, trompetenartigen »Ku-hu«-Ruf. Nachdem sie durch Bejagung schon fast ausgerottet waren, haben sich ihre Bestände inzwischen erholt.

Trompeterschwan
Cygnus buccinator

Klasse Vögel
Ordnung Gänsevögel
Familie Entenvögel
Verbreitung Nordamerika
Maße Länge: 1,4–1,7 m; Spannweite: 2,1–3 m
Gewicht bis 13,5 kg
Nahrung Wasserpflanzen, Insekten, Muscheln, Schnecken, Krebse
Geschlechtsreife mit 4 bis 6 Jahren
Zahl der Eier 3–9
Brutdauer 35 Tage
Höchstalter 30 Jahre

Erfolgreiche Schutzmaßnahmen

Die systematische Verfolgung durch weiße Siedler im 19. Jahrhundert brachte die Trompeterschwäne in Bedrängnis. Neben dem schmackhaften Fleisch wurde ihnen ihr Gefieder zum Verhängnis: Die Daunenschicht ist bis zu 5 cm dick und lässt die Tiere selbst Temperaturen von unter –30 °C ertragen. Um die Jahrhundertwende waren sie bereits extrem selten und Anfang der 1930er Jahre war der bekannte Bestand in den USA auf knapp 70 Vögel zusammengeschrumpft. 1935 richtete die US-Regierung in Montana das Red-Rock-Lakes-Schutzgebiet ein und stellte Bisamrattenbaue unter Schutz, auf denen die Schwäne gerne nisten. Auch im benachbarten Yellowstone-Nationalpark konnten sie wieder ungestört brüten. Nachdem eine Umsiedlung von vier Exemplaren Erfolg versprechend verlief, brachte man in den nächsten Jahrzehnten immer wieder Trompeterschwäne in ehemalige Siedlungsgebiete, wo sie neue Populationen begründeten. Auch die Nachzucht in Zoos gelang immer besser. Um 1970 gab es bereits wieder fast 5000 Exemplare. Heute leben in der Tundra Alaskas ca. 12000 Trompeterschwäne, die zusammen mit den etwa 1000 Vögeln aus Westkanada und weiteren aus Schutzgebieten im Westen der USA die Pazifikküstenpopulation bilden.

Der Goliath unter den Wildschwänen

Mit einer Länge von 1,4–1,7 m, bis zu 3 m Flügelspannweite und 13,5 kg Höchstgewicht ist der Trompeterschwan der schwerste Entenvogel der Neuen Welt. Während die Altvögel überwiegend Vegetarier sind, die sich auf die Blätter, Stängel und Wurzeln von Wasserpflanzen spezialisiert haben, benötigen die Jungen viel Eiweiß und fressen daher Insekten, Muscheln, Schnecken und Krebschen. Mit etwa fünf Wochen haben sie sich auf Pflanzenkost umgestellt.

Nester auf Bisamratten- und Biberburgen

Im Winter leben die geselligen Vögel in größeren Trupps, im Sommer paarweise. Die Partner bleiben einander ein Leben lang treu. Auch die Jungen bleiben lange bei den Eltern, was ihre Überlebenschancen erhöht. Erst mit vier bis sechs Jahren fangen die Vögel an zu brüten. Wenn die Paare im Frühjahr in den Brutgebieten in Südalaska oder in Kanada eintreffen, suchen sie sich an einem Binnengewässer ein Revier. Aus Pflanzenstängeln wird ein Nesthaufen errichtet, der an der Basis bis zu 3 m breit sein kann. Beliebte Nistplätze sind die Burgen von Bisamratten oder Bibern. Muss das Weibchen während des Brutgeschäfts das Nest verlassen, bedeckt es seine Eier sorgfältig mit Nistmaterial. Nach ca. 35 Tagen schlüpfen die etwa 200 g schweren Jungen.

Zeitversetzte Mauser

Etwa vier bis sechs Wochen nach dem Schlüpfen ist die Brut so selbstständig, dass die Eltern sich in die gefährliche, etwa 30-tägige Mauser begeben können. Erst erneuert das Weibchen sein Gefieder, danach das Männchen, so dass immer ein Elternteil flugfähig bleibt und die Jungen verteidigen kann. Ende September beginnen deren Flugübungen und kurz vor dem Zufrieren der Gewässer bricht die Familie in die Wintergebiete auf, deren Flüsse entweder so schnell fließen oder so weit im Süden liegen, dass sie eisfrei bleiben.

Der Trompetenschwan ist der größte Wasservogel in Alaska.

Der Kanadakranich: Bodypainting zur Tarnung und Werbung

Zwei Kanadakraniche auf der Suche nach Nahrung, die hauptsächlich aus pflanzlicher Kost besteht.

Elf der 15 Kranicharten der Welt gelten als gefährdet, u. a. wegen ihrer starken Abhängigkeit von den empfindlichen und schrumpfenden Feuchtgebieten. Der Kanada- oder Sandhügelkranich (*Grus canadensis*) zählt nicht dazu: Wegen seines recht großen Brutgebiets, das vom äußersten Nordosten Sibiriens quer durch Nordamerika bis Kalifor nien, Texas und Florida reicht, seiner Flexibilität, die ihm Bruterfolge in Tundren ebenso wie in Mooren und auf Grasflächen beschert, und der üppigen Maisfelder in seinen Überwinterungsgebieten, ist er noch recht häufig. Nur die Unterart auf Kuba bedarf dringend des Schutzes. Von den anderen vier brütet die kanadische Unterart *Grus canadensis rowani* am weitesten im Norden.

Bei Erregung roter Kopf

Obwohl sie auf den ersten Blick ähnlich aussehen, sind Kraniche (Familie Gruidae) nicht näher mit Reihern oder Störchen verwandt. Der Kopf ist bei erwachsenen Exemplaren kahl oder mit Borsten bedeckt. Beim Sandhügelkranich nimmt eine mattrote Kappe Stirn und Scheitel ein; je erregter er ist, desto leuchtender wird das Rot. Bei den Jungvögeln bedecken noch graubraune Daunen diesen Signalgeber, so dass sie gut getarnt sind. Auch das Gefieder der Erwachsenen ist unauffällig grau. Zudem reiben sie ihren Rücken und die Schulterfedern beim Putzen gern mit rötlichem Schlamm, manchmal auch mit Pflanzenteilen und Insekten ein, wodurch sie einen Stich ins Rotbraune bekommen. Diese mit dem Schnabel aufgetragene »Bemalung« dürfte ebenfalls der Tarnung dienen. Sie könnte aber auch zum Werberitual gehören, denn viele Kanadakraniche suchen zu Beginn der Brutzeit gezielt Stellen auf, an denen roter Ton zutage tritt. Anders als Reiher recken Kraniche den Hals beim Fliegen gerade nach vorn; auch die schwarzen Beine sind normalerweise nach hinten ausgestreckt, aber bei großer Kälte können sie eingeklappt und im Brustgefieder gewärmt werden.

Allesfresser mit Vorliebe für Getreide

Im Sommer ernähren sich die Kanadakraniche von unter- und oberirdischen Pflanzenteilen wie Zwiebeln, Samen und Beeren, von Wasserpflanzen, aber auch von tierischer Kost: Regenwürmern, Schnecken, Heuschrecken, Spinnen, Käfern und ihren Larven, Fröschen, Eidechsen und kleinen Nagetieren. Sie versuchen sich von Menschen fernzuhalten und bevorzugen entlegene Süßwassermarschen inmitten von Wäldern oder Buschland sowie das weite Grasland der Tundra.
Auf ihren Zügen und an den Winterstationen beziehen die Kraniche den Großteil ihrer Energie aus dem, was auf abgeernteten Weizen-, Mais- und Luzernefeldern liegen geblieben ist. Ihre geraden, kurzen Schnäbel sind also Vielzweckwerkzeuge, mit denen sie im Boden, in der Laubstreu oder im Wasser herumstochern und nach Tieren schnappen können.

Zwischenstopp am Platte River

Traditionell kehren Kanadakraniche jeden Winter in großen Scharen in dieselben Quartiere zurück, wo sie nachts im Seichtwasser der Lagunen schlafen und tagsüber nach Nahrung suchen. Ab Ende Februar reisen sie in Etappen zurück nach Norden. Etwa 80 % von ihnen machen im Frühjahr im Tal des Platte River Halt, um ihre Fettreserven aufzufrischen. In einigen Uferabschnitten kommen dabei über 12 000 Vögel auf einen Kilometer. Vor allem frühmorgens und in der Abenddämmerung ziehen sie auf Grasflächen, wo sie mittags auch in großen Schwärmen rasten. Vormittags und nachmittags suchen sie Getreidefelder auf, wo sie sich mit Körnern mästen. Auf Luzernefeldern suchen sie – wie auf den Wiesen – vor allem nach Wirbellosen. Täglich braucht ein Kanadakranich etwa 80–150 g Mais und das Angebot ist so groß, dass selbst nach dem Durchzug von mehreren hunderttausend Vögeln noch über 100 kg/ha übrig bleiben. Warum stöbern die Tiere trotz dieses paradiesischen Nahrungsangebots noch mühsam nach Kleintieren? Weil man von Mais allein, so sättigend er ist, nicht leben kann. Das Getreide ist extrem calciumarm und ihm fehlen bestimmte Aminosäuren. Um Proteine aufzubauen, müssen die Vögel ihre Kost also ergänzen, wobei es angesichts der Kalorienfülle nichts ausmacht, dass sie bei der Suche nach Eiweißquellen mehr Energie verbrennen als gewinnen.
Im Durchschnitt bleiben die Kraniche knapp vier Wochen in diesem Kohlenhydrat-Eldorado und erhöhen dabei ihren Körperfettanteil von ca. 8 % auf 23 %. Sobald im April das Wetter günstig ist, brechen sie zu ihren Brutgebieten in Kanada, Alaska und Sibirien auf.
Dank ihrer Fettpolster können die Weibchen dann im Brutgebiet ohne Rücksicht auf den Energiegehalt proteinreiche Nahrung suchen, die für die Reifung der Eier nützlich ist. Wie die meisten Kraniche legen die Kanadakraniche zwei Eier und schaffen es meist, beide Jungtiere am Leben zu erhalten.

Kanadakranich
Grus canadensis

Klasse Vögel
Ordnung Kranichvögel
Familie Kraniche
Verbreitung vom Nordosten Sibiriens über Alaska und Kanada bis Kalifornien, Texas und Florida
Maße Länge: 120 cm; Spannweite: 190 cm
Gewicht Weibchen bis 3,5 kg, Männchen bis 5,1 kg
Nahrung Allesfresser: vor allem Insekten, Wasserpflanzen, Wirbellose, kleine Nagetiere sowie Getreide, Samen und Beeren
Zahl der Eier 2
Brutdauer 29–32 Tage
Höchstalter etwa 30 Jahre

An seiner leuchtend roten Stirn ist der Kanadakranich eindeutig zu erkennen.

POLARGEBIETE

Lebensraum aus Eis und Schnee

Die beiden kalten Regionen um Nord- und Südpol zeigen topografisch ein völlig unterschiedliches Bild. Die Arktis im Norden wird zum großen Teil von dem im Zentrum vollständig mit Packeis bedeckten Nordpolarmeer eingenommen. Zu ihr gehören auch die nördlichsten Teile der angrenzenden Kontinente Eurasien und Nordamerika und die zahlreichen im Nordpolarmeer liegenden Inseln, unter ihnen Grönland, die größte Insel der Erde. Als südliche Grenze gilt die polare Baumgrenze, die weit über den nördlichen Polarkreis hinausreicht.

An der Hall-Insel ragt Kap Tegetthoff aus dem Wasser. Die Insel gehört zu der nördlichsten russischen Inselgruppe Franz-Josef-Land.

Eiskalt: das Klima in Arktis und Antarktis

An den Polen der Erde mildert monatelang kein wärmender Sonnenstrahl die beißende Kälte; das ewige Eis scheint sich nach allen Richtungen bis zum Horizont auszubreiten. Die beiden Pole der Erde sind daher unwirtliche, lebensfeindliche Orte. Das extreme Klima von Arktis und Antarktis wird von der geografischen Lage bestimmt: Sie liegen auf 66°33'03" nördlicher und südlicher Breite. Je weiter man sich Richtung Pol nähert, an desto mehr Tagen und Wochen sinkt die Sonne im Sommer nicht unter den Horizont (Mitternachtssonne), doch auch die Zeit der Polarnacht, in der die Sonne überhaupt nicht aufgeht, nimmt zu. An den Polen schließlich herrscht volle sechs Wintermonate lang Finsternis. Zum Ausgleich steht die Sonne in den sechs Sommermonaten stets über dem Horizont.

1 *Treibeis in der Paradise Bay an der Antarktischen Halbinsel*

2 *Bis auf 10 °C steigen im Sommer die Temperaturen in Paamiut auf Grönland.*

Die Arktis

Die Arktis beginnt an der polaren Baumgrenze, die etwa dort verläuft, wo die Sommertemperatur im Monatsdurchschnitt unter 10 °C bleibt (10-Grad-Juli-Isotherme). Zum arktischen Klimagürtel gehören die Eisklimate, die im Monatsdurchschnitt stets unter dem Gefrierpunkt bleiben, und die Tundrenklimate. Geografisch umfasst die Arktis den Arktischen Ozean und das Europäische Nordmeer sowie Grönland und die nördlichen Küstenregionen Nordamerikas und Eurasiens, insgesamt eine Fläche von 26 Mio. km², davon 8 Mio. km² Land.
Im Winter lässt die fehlende Sonneneinstrahlung die Temperaturen im arktischen Meer auf –30 bis –50 °C absinken. Die kalte Luft ist trocken und es gibt nur wenig Niederschläge. Auch im Sommer wird kaum der Gefrierpunkt erreicht. Doch es mangelt nicht an Sonnenenergie. Denn der flache Einfallswinkel der Sonnenstrahlung wird durch die Tageslänge ausgeglichen. Deshalb kann man zu dieser Zeit in Sibirien durchaus mit Temperaturen um +30 °C rechnen. Das weiße Polareis der Eisklimate jedoch wirft 60–95 % der Sonnenstrahlung zurück, ohne dass Boden oder Luft erwärmt werden. Niederschläge, die in der Regel als Schnee fallen, sind häufig, aber meist nicht sehr ergiebig.

Antarktis: Kontinent der Extreme

Während der antarktische Kontinent fast völlig innerhalb des Polarkreises liegt, breitet sich das Pack- und Treibeis weit in den Ozean aus. Zwischen 55° und 62° südlicher Breite umfließt die antarktische zirkumpolare Strömung ostwärts den Kontinent. In ihr liegt die antarktische Polarfront-Zone (APFZ, auch antarktische Konvergenz genannt), in der das kalte polare Wasser auf wärmeres Wasser trifft. Definiert man die Antarktis durch die Lage der APFZ, so umfasst sie über 50 Mio. km², also ein Vielfaches des 14 Mio. km² großen Kontinents. Etwa 4 Mio. km² des Meeres sind im Sommer von Packeis bedeckt, im Winter 20 Mio. km².
Die zirkumpolare Meeresströmung und ein atmosphärischer Polarwirbel sorgen über Antarktika für eine stabile, kalte und trockene Luftmasse. Sie ist ein Grund für die dort herrschenden extrem niedrigen Temperaturen. Ein weiterer liegt in dem bis über 4000 m mächtigen Eisschild begründet. Dessen Oberfläche liegt fast überall auf Hochgebirgsniveau und mit der Höhe sinken natürlich auch die Lufttemperaturen.
Über dem Eis kühlt die Luft ab und strömt die Hänge herab. Meist sind diese »katabatischen Winde« langsam, doch sie können zu turbulenten, beißend kalten Blizzards werden. Katabatische Winde wehen weit ins Meer hinaus und fördern die Bildung von Meereis und ozeanischem Tiefenwasser.

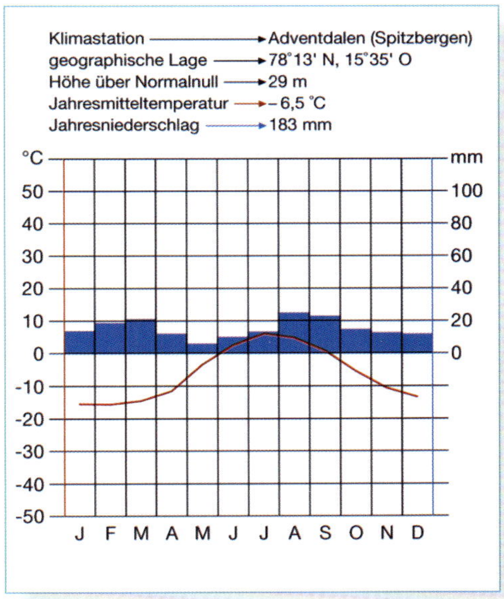

Klimadiagramm: Eisklimate Arktis

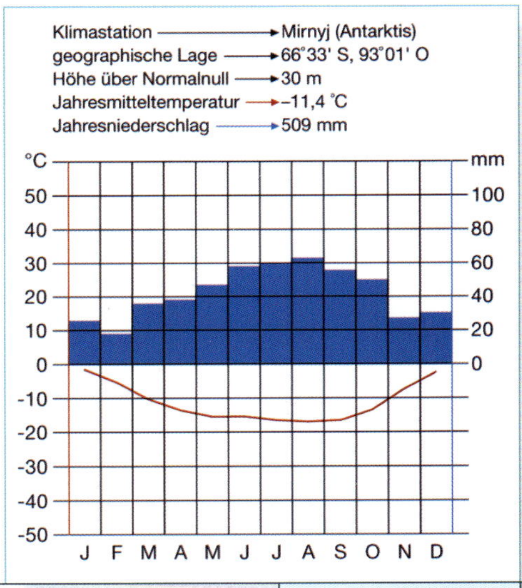

Klimadiagramm: Eisklimate Antarktis

Auch unter der Eisdecke des Südpolarmeers lebt der Antarktische Krill.

Antarktis: kein Lebensraum für Pflanzenfresser

Im Vergleich zur Tierwelt anderer Lebensräume fällt die antarktische Fauna aus dem Rahmen. Erstens zeichnet sich die Region durch eine extreme Tierarmut aus. Einige Robbenarten, einige Pinguinarten und diverse Seevögel bilden praktisch das gesamte Tierspektrum des antarktischen Kontinents. Ein zweites Merkmal charakterisiert die antarktische Fauna: Es gibt praktisch keine Pflanzenfresser. Keine der Tierarten, die diesen Lebensraum dominieren, ernährt sich von Pflanzen: Die Vegetation ist zu karg. Das Meer hingegen ist erstaunlich fruchtbar. Seine Primärproduktion ist durchaus mit der von Wäldern oder Grasländern vergleichbar. Unter Primärproduktion versteht man in der Ökologie die Produktion von Biomasse, also die gesamte Menge von lebenden Organismen oder auch deren organische Substanz.

Kaum Landpflanzen

Das Festland der Antarktis (Antarktika) bietet kaum Lebensraum für Pflanzen. Der Kontinent ist fast vollständig von einem Eisschild bedeckt, der sich als Schelfeis weit ins Meer hinein fortsetzt. Seine Oberfläche kann Pflanzen weder Nährstoffe noch Halt bieten. Offener Boden, auf dem sich Pflanzen ansiedeln könnten, findet sich nur in wenigen eisfreien Küstengegenden, in den Hochgebirgen und auf Inseln. Doch auch an diesen Stellen erschweren extrem niedrige Temperaturen das Überleben. Die stabile kalte Luftmasse der Antarktis bringt kaum Niederschläge, die zudem größtenteils als Schnee fallen. Daher muss die Vegetation an extreme Trockenheit angepasst sein. Ein weiteres Problem ist die monatelange Dunkelheit, denn Pflanzen erhalten ihre Energie durch Photosynthese aus der Sonnenenergie. So ist das Wachstum für einen großen Teil des Jahres eingeschränkt: Es gibt nur wenige Pflanzenarten; Bäume oder Sträucher fehlen ganz und nur drei Grasarten siedeln an geschützten Stellen.

Die Nahrungskette der Antarktis

Doch auch in der Antarktis gelten dieselben Prinzipien wie in allen anderen Lebensräumen. Demnach müssen Nahrungsketten immer mit Primärproduzenten beginnen, also mit Pflanzen, die unter Einfluss des Sonnenlichts organische Nährstoffe erzeugen. Sie werden von Pflanzenfressern konsumiert, die wiederum Fleischfressern als Nahrung dienen. Da bei jedem dieser Schritte nur ein Teil der Energie weitergegeben wird, stellen Pflanzen und Pflanzenfresser stets einen viel größeren Teil der Biomasse eines Lebensraums als Fleischfresser.

Dies gilt auch in der Antarktis, denn die geringe Zahl von Pflanzen und Pflanzenfressern auf dem Land zeigt nur das halbe Bild – im Meer wimmelt es von Lebewesen. Die Primärproduktion erfolgt durch pflanzliches Plankton (Phytoplankton), vor allem einzellige Kieselalgen (Diatomeen). Größere Tiere könnten sich von solch mikroskopisch kleinen Algen nicht ernähren, doch sie sind die Lebensgrundlage für planktonisch lebende Krebstiere, den Antarktischen Krill (*Euphausia superba*). Diese bis zu 6 cm langen Tiere sind dann auch für größere Tiere als Nahrung geeignet. Auf Krill spezialisiert haben sich Adelie-Pinguine, Krabbenesserrobben und Bartenwale. Der massenhaft auftretende Krill ist auch die Nahrungsgrundlage kleinerer Fische und Tintenfische, die wiederum von weiteren Robben- und Vogelarten gefressen werden.

Tatsächlich also ist die Antarktis durchaus ein Lebensraum mit Pflanzen und Pflanzenfressern – doch leben diese als Plankton im Meer, während an Land vor allem Großtiere auffallen, die als Fleischfresser nur die kleine Spitze der komplexen Nahrungspyramide der Antarktis bilden.

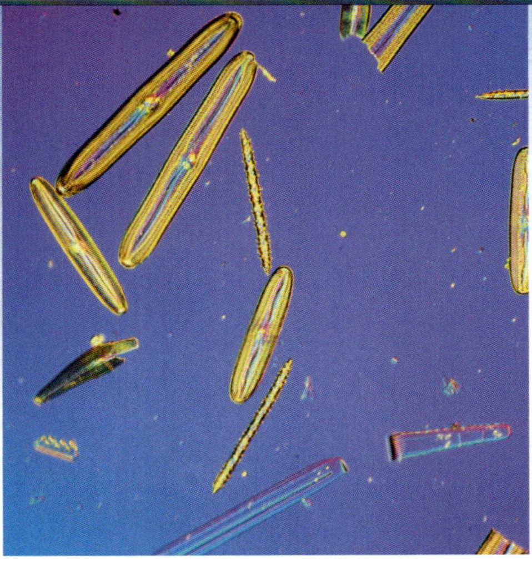

So sehen Kieselalgen in vielfacher Vergrößerung aus.

Ein Zügelpinguin hält Ausschau nach Nahrung.

Je tiefer das Wasser, umso mehr Lichtstrahlen werden absorbiert. Auch die Intensität der Farben nimmt immer mehr ab.

Planktonreichtum der Polarmeere

Die Polargebiete der Erde sind kalte, lebensfeindliche Regionen. In der Arktis kann zwar die Tundrenvegetation entlang der kontinentalen Küsten eine Vielzahl von Tieren ernähren, aber die weiten Flächen des Meereises bieten ebenso wenig Nahrung wie die Eisschilde Antarktikas oder Grönlands. Das Meer jedoch bietet reichlich Nahrung. Den größten Teil der Biomasse macht das Plankton aus.

Unter Plankton versteht man generell all diejenigen im Meer lebenden Organismen, die sich nur schwach aktiv fortbewegen und deshalb überwiegend passiv mit den Meeresbewegungen treiben. Dazu gehören Pflanzen (Phytoplankton) und Tiere (Zooplankton). Plankton besteht keineswegs nur aus mikroskopisch kleinen Organismen, vielmehr reicht das Spektrum von Viren und Bakterien, die nur Bruchteile von Mikrometern groß sind, bis hin zu metergroßen Algen und Quallen. Eine zentrale Rolle in den Nahrungsketten der Polarmeere kommt garnelenartigen Kleinkrebsen der Ordnung Euphausiacea zu: dem Krill. Erst durch ihn wird die enorme Primärproduktion mikroskopisch kleiner Algen für andere Tiere nutzbar. So werden in der Antarktis jährlich schätzungsweise 500 Mio. t Krill verzehrt.

Energie aus Licht

Von Nahem betrachtet sieht die Grünalge fast durchsichtig aus.

Wie in allen anderen Lebensräumen stehen in den Ozeanen an der Basis der Nahrungspyramide Organismen, die Photosynthese betreiben, also mithilfe der Energie des Sonnenlichts aus anorganischen Stoffen Zucker (Glucose) und andere organische Stoffe erzeugen können. Während die Lebensräume an Land von großen, mehrzelligen Pflanzen dominiert werden, übernimmt im Meer das Phytoplankton, das vor allem aus kleinen, einzelligen Organismen besteht, diese Rolle.
Das Licht der Sonne kann nur etwa 100 m tief in das Meerwasser eindringen. Nur in dieser sog. photischen Zone ist Photosynthese möglich. Die photische Zone reicht nur selten bis zum Meeresgrund. Benötigt ein Organismus Energie aus der Sonne, muss er deshalb planktonisch leben, also stets nahe genug an der Meeresoberfläche bleiben.
Für eine planktonische Lebensweise ist ein kleiner Körper von Vorteil. Denn kleine Objekte sinken im Wasser viel langsamer als große. Ein großer, differenzierter Körper wird auch nicht benötigt, da alle Nährstoffe im Wasser gelöst sind. Im Unterschied zu Landpflanzen braucht das Phytoplankton also keine Wurzeln, Gefäße und anderen Organe für den Wasser- und Nährstofftransport.

Das Phytoplankton

Genau genommen ist der Begriff »Phytoplankton« (pflanzliches Plankton) irreführend. Zwar machen Grünalgen einen Teil des Phytoplanktons aus, doch die wichtigsten Gruppen gehören nicht etwa dem Reich der Pflanzen (Phytae) an, sondern sind Einzeller (Protisten). In den kalten polaren und subpolaren Meeren sind Diatomeen (Kieselalgen) die wichtigsten Primärproduzenten. Diese Einzeller haben ein Skelett aus Kieselsäure. Es besteht aus zwei deckelartigen, runden Halbschalen, von denen eine ein wenig größer ist als die andere. Sie passen wie die beiden Hälften einer Bonbondose ineinander und umschließen das Plasma. Um nicht aus der photischen Zone in lichtlose Tiefen abzusinken, enthalten Diatomeen einige mit Öl gefüllte Vakuolen (Hohlräume in Zellen), die ihnen Auftrieb geben. So können sie ihr spezifisches Gewicht dem umgebenden Meerwasser anpassen und »in der Schwebe« bleiben.
Einen weiteren wichtigen Anteil des Phytoplanktons stellen die Dinoflagellaten. Diese Einzeller haben eine Geißel zur Fortbewegung. Mit ihrer Hilfe können sie auf- und absteigen und in der photischen Zone bleiben. Ging man lange Zeit davon aus, dass Diatomeen und Dinoflagellaten den größten Teil der marinen Primärproduktion ausmachen, lassen moderne Forschungsmethoden erkennen, dass auch viel kleinere Organismen (etwa Blaugrünalgen) einen großen Beitrag liefern, doch ist ihre genaue Rolle gerade in den Polargebieten noch nicht geklärt.

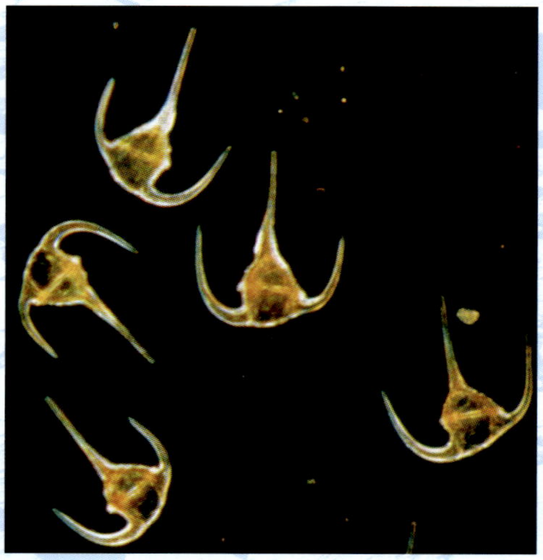

In 20facher Vergrößerung ist die Geißel der Dinoflagellaten gut zu erkennen.

Foraminiferen: Plankton als Thermometer

Foraminiferen sind planktonische Einzeller, die ein Kalkskelett aus mehreren Kammern besitzen. Nach ihrem Tod sinken die Kalkschalen ab und bilden am Meeresgrund Sedimente. Die Form des Kalkskeletts ist bei jeder Art unterschiedlich und unter dem Mikroskop leicht bestimmbar. Das macht sie für die Forschung interessant, denn die Arten haben sich im Laufe der Erdgeschichte verändert. Sie dienen als Leitfossilien, die das Alter des Gesteins anzeigen und Rückschlüsse auf die Meerestemperatur in früherer Zeit zulassen, indem man die Anzahl Wärme und Kälte liebender Arten in Sedimentproben ermittelt.

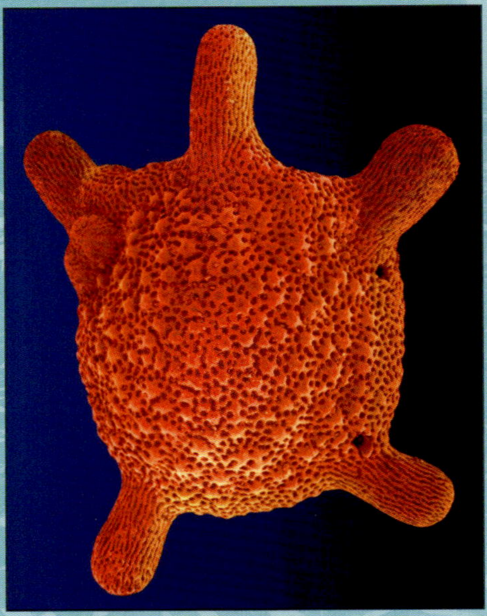

Unter dem Elektronenmikroskop ist die Sternform dieser Foraminiferenart zu erkennen.

Hohe Produktivität der Polarmeere

Das Wachstum des Phytoplanktons wird von der Verfügbarkeit von Licht und von anorganischen Nährstoffen bestimmt. Stickstoff- und phosphorhaltige Verbindungen benötigt das Phytoplankton ebenso wie Eisen oder andere Spurenelemente; Kieselalgen brauchen zum Aufbau ihres Skeletts zudem ausreichend Kieselsäure.

In den meisten Meeresgebieten begrenzt die Verfügbarkeit dieser Nährstoffe das Wachstum des Planktons. In der photischen Zone ist der Nährstoffgehalt daher bald aufgebraucht. Der Nährstoffreichtum des tieferen Wassers bleibt jedoch für das Phytoplankton unzugänglich, denn die meisten Meere haben eine stabile Temperaturschichtung mit warmem Oberflächenwasser, das über den kälteren Schichten liegt und eine Umwälzung des Wassers verhindert.

In den Polarmeeren ist das anders. Da das Wasser an der Oberfläche vergleichsweise kalt bleibt, findet ein stärkerer Austausch mit dem tieferen, nährstoffreichen Wasser statt. In der Antarktis gibt es außerdem ein System von Meeresströmungen, die rund um den Kontinent nährstoffreiches Tiefenwasser an die Oberfläche steigen lassen. Auch in vielen Küstengebieten der Arktis bringt aufsteigendes Tiefenwasser stets neue Nährstoffe. Deshalb sind die Polarmeere so erstaunlich produktiv. Das Phytoplankton im antarktischen Meer produziert im Jahr etwa 100 g Kohlenstoff/m^2. Das ist ähnlich viel Biomasse wie in den Grasländern, Wäldern oder den Meeren in gemäßigten Breiten entsteht, während in den tropischen Ozeanen nur ein Fünftel bis die Hälfte dieses Wertes erreicht wird. Steigen im Zuge der globalen Erwärmung die Temperaturen der Polarmeere weiter an, werden die Planktonmengen aufgrund des sinkenden O_2-Gehaltes des Wassers abnehmen – mit fatalen Folgen für die Nahrungskette.

Sommerliche Planktonblüte

Viel stärker als in anderen Meeren zeigt das polare Plankton einen ausgeprägten Jahreszyklus. In den langen Polarnächten gibt es kein Licht für die Photosynthese. Deshalb ist im Winter die Anzahl der Zellen sehr gering. Im Frühjahr steigt die Sonne über den Horizont, die Tage werden länger. Gleichzeitig schmilzt der Schnee auf dem Eis, Licht dringt durchs Eis ins Wasser. Es bilden sich Flächen mit offenem Wasser. Für das Phytoplankton im Meer werden also die Wachstumsbedingungen immer besser. Da auch an Nährstoffen kein Mangel herrscht, steigt im Sommer die Biomasse auf Werte, die weit über denen anderer Meere liegen. Dank dieser sommerlichen Phytoplanktonblüte nimmt – mit etwas Verspätung – auch das tierische Plankton (Zooplankton), das sich vom Phytoplankton ernährt, stark an Masse zu.

Das Zooplankton

Das Zooplankton besteht aus einer großen Vielfalt von Arten. Fast alle Tierstämme sind vertreten, auch Larven von Fischen und sesshaften Organismen. Überragende Bedeutung kommt jedoch den Krebstieren zu, besonders den Ruderfußkrebsen und dem Krill. Die wenige Millimeter großen Ruderfußkrebse (Copepoden) machen in allen Weltmeeren den größten Anteil des Zooplanktons aus. Am Kopf haben sie sehr lange Antennen, die wie Fallschirme das Absinken in die Tiefe verlangsamen. Das zweite Antennenpaar, die übrigen Kopfanhänge und die Beine sind fächerförmig umgeformt und dienen der Nahrungsaufnahme. Mit ihnen erzeugen Copepoden eine Strömung, die in der Nähe befindliche Algen und andere Organismen zur Mundregion transportiert. Dort werden durch ein besonders geformtes Paar Mundwerkzeuge (dem zweiten Maxillenpaar) die Zellen aus dem Wasser gesiebt und in den Mund befördert. Die meisten Copepoden ernähren sich von Phytoplankton, manche Arten fressen auch kleinere Tiere.

Der Krill

Von besonderer Bedeutung für die Nahrungsnetze der Polargebiete ist der Krill. Diese garnelenartigen Kleinkrebse der Ordnung Euphausiacea bilden riesige, planktonisch lebende Schwärme. Die einzelnen Tiere werden vermutlich bis zu sechs Jahre alt und erreichen eine Größe von 6 cm bei einem Gewicht von 2 g. Der Antarktische Krill gehört zur Art *Euphausia superba*. Der Körper der Kleinkrebse ist transparent, doch schimmert der Magen grünlich durch, ein Zeichen, dass sich der Antarktische Krill vorwiegend vom Phytoplankton ernährt. Neben dem im Wasser treibenden Plankton kann *Euphausia superba* auch Organismen abweiden, die in der Eisschicht an der Unterseite des Packeises leben. Vermutlich im Zuge des Rückgangs des Meereises, der Kinderstube der Kleinkrebse, durch die Erderwärmung wird ein Bestandsrückgang der bislang größten Krillvorkommen im Bereich der Antarktischen Halbinsel beobachtet.

Die fragilen Ruderfußkrebse sind nur wenige Millimeter groß.

Kompliziertes Nahrungsnetz

Lange Zeit ging man davon aus, dass das planktonische Nahrungsnetz relativ einfach ist: Phytoplankton erzeugt Nahrung aus Sonnenlicht und Zooplankton ernährt sich vom Phytoplankton. Neuere Forschungen zeichnen jedoch ein komplexeres Bild. Winzige Blaugrünalgen tragen in größerem Maß zur Primärproduktion bei, als man annahm. Auch Bakterien, die sich von Überresten toter Zellen oder den Ausscheidungen anderer Organismen ernähren, spielen eine Rolle.

DIE ARKTIS

Das ewige Eis

Die Arktis umfasst die Polargebiete der nördlichen Hemisphäre. Die meiste Zeit des Jahres umgeben Eisschollen den Nordpol, der inmitten des Nordpolarmeeres liegt. Am Nordpol herrscht dank der Meeresströmungen ein deutlich milderes und niederschlagsreicheres Seeklima als auf den das Nordpolarmeer umgebenden arktischen Landmassen und den größeren Inseln. Mächtige Gletscher und Eisschilde, Frostschuttwüsten und spärliche Tundrenvegetation beherrschen das Bild auf dem Festland. Auch die Tierwelt ist verhältnismäßig artenarm. Die wichtigsten Lebensräume liegen am und im Meer. Viele Seevögel und Meerestiere bevölkern die Küstenräume. Neben Mikroorganismen und Fischen tummeln sich Robben, Seehunde, Walrosse und auch einige Wale im kalten Wasser. Die größten Landsäugetiere sind Eisbären, Moschusochsen, Polarfüchse und Rentiere. Sie haben sich für die langen, kalten und dunklen Wintermonate ein schützendes Fellkleid und eine isolierende Fettschicht zugelegt oder sie wandern in wärmere Regionen ab. Kleinere Säuger wie Schneehasen und die Berglemminge überleben in Schneehöhlen.

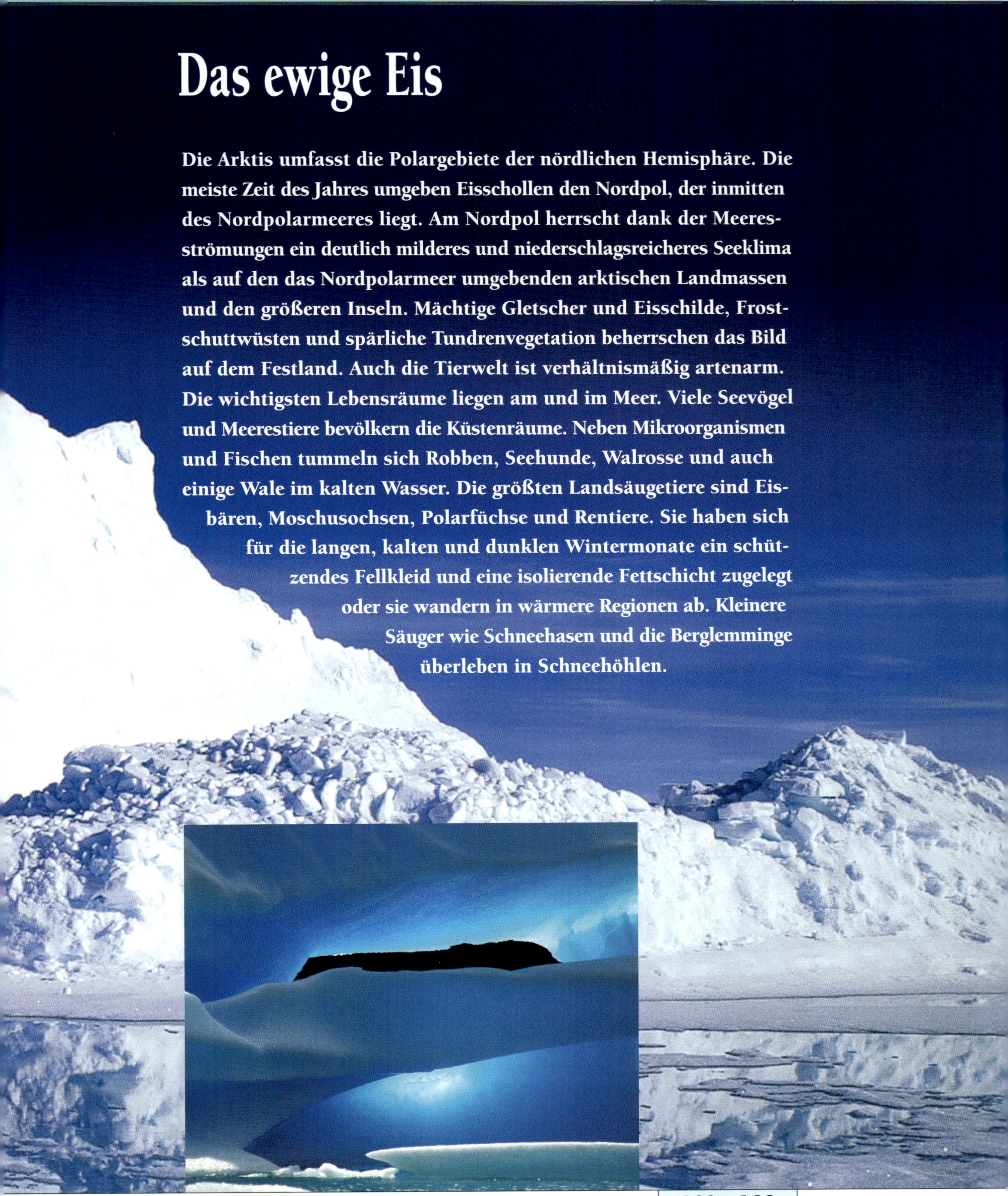

Tiere und Pflanzen der Arktis

Die Arktis ist ein unwirtlicher Lebensraum. Kurze Sommer und lange, kalte Winter prägen die Gebiete um das Nordpolarmeer. Im Winter bleibt die Sonne auch tagsüber unter dem Horizont, tiefer Schnee bedeckt das Land und das Meer ist eine endlose Eisfläche. Die Temperaturen fallen teils bis unter –40 °C und Stürme erschweren zusätzlich das Überleben. Erst sehr spät im Jahr steigt die Temperatur über den Gefrierpunkt, doch jederzeit ist mit Frost zu rechnen. Durch die Schrumpfung des mehrjährigen Meereises im Nordpolarmeer von 1979 bis 2005 um 25 % droht dieser extreme Lebensraum zu verschwinden. Entwickelt sich der Klimawandel ungehindert weiter, könnte das Nordpolarmeer sogar in 90 Jahren eisfrei sein.

Auf dem Treibeis und auf dem arktischen Festland – wo sie ihre Jungen gebären – finden die Eisbären ausreichend Nahrung.

Die im Winter bis zu 360 kg schweren Bartrobben sind Einzelgänger. Sie halten sich meist auf dem driftenden Packeis auf.

Das Meer als Lebensgrundlage

Um überleben zu können, greifen die größeren Tiere der Arktis auf das Meer zurück. Das geschieht je nach Art in unterschiedlich starkem Ausmaß. Der Eisfuchs wechselt zwischen den Lebensräumen: Im Sommer bieten ihm die Berglemminge, die die Tundra bevölkern, genügend Nahrung. Im Winter hingegen sind die in unterirdischen Bauen lebenden Nagetiere unter einer dicken Schneeschicht unzugänglich. Nun ernährt sich der Eisfuchs vorwiegend von Aas und begibt sich dazu auch aufs Meereis hinaus, wo Eisbären genügend Reste ihrer Jagdbeute hinterlassen. Der Eisbär ist noch stärker vom Meer abhängig. Hauptnahrung dieses Allesfressers sind Robben, denen er ganzjährig nachstellt. So lebt er überwiegend auf dem Eis und ist ein fähiger Schwimmer. Doch im Sommer, wenn sich das Meereis von den Küsten zurückzieht, nutzt er auch Nahrungsquellen auf dem Land und ernährt sich teils von Flechten, Gräsern und Beeren.

Am stärksten ist die Abhängigkeit vom Meer bei den verschiedenen Robbenarten ausgeprägt, die sich ausschließlich von Fischen und Krebsen ernähren. Sie können kaum mehr als Landtiere angesehen werden, verbringen sie doch den größten Teil der Zeit im Meer oder auf dem Eis.

Anpassung an die arktische Umgebung

Der arktische Lebensraum erfordert Anpassungen in dreierlei Hinsicht: an die Abhängigkeit vom Meer und das Leben auf dem Treibeis sowie an das harsche Klima.

Um im Meer leben zu können, sind Eisbären und Robben gute Schwimmer. So haben Eisbären im Vergleich zu anderen Bären einen ganz eigenen Schwimmstil entwickelt: Sie treiben sich mit den Vorderbeinen voran und steuern mit den Hinterbeinen. Auch Robben schwimmen nach demselben Muster, doch bei ihnen ist die Anpassung noch viel weiter gegangen: Die Gliedmaßen sind flossenartig und der Körper ist stromlinienförmig.

Die extreme Kälte erfordert besondere Anpassungen. Auch die Körperform kann Energie sparen: Je kleiner die Körperoberfläche, desto weniger Wärme geht verloren. Ein gedrungener Körper mit kurzen Gliedmaßen ist daher vorteilhaft. Bei den Robben mit ihren runden Körpern ist dieses Prinzip ins Extrem verwirklicht. Auch die Körpergröße selbst ist ein wichtiger Faktor, denn mit der Größe nimmt das Volumen stärker als die Oberfläche zu: Riesen wie Walrosse oder Eisbären können ihre Körpertemperatur daher viel leichter halten.

Das weiße Fell von Eisfuchs, Eisbär und Robbenjungen isoliert ausgezeichnet gegen die Kälte – die weißen Haare sind innen hohl und halten dadurch besser die Wärme. Allerdings hat das wärmende weiße Fell seit langem eine große Faszination auf Jäger ausgeübt. Die arktischen Tiere haben auch eine dicke isolierende Fettschicht in der Unterhaut. Insbesondere bei den überwiegend im Wasser lebenden Robben, für die ein dickes Fell im Wasser nachteilig wäre, macht diese Fettschicht einen großen Teil des Körpergewichts aus.

Im kalten Wasser bietet der dichte Pelz aufgrund seiner besonderen Struktur einen optimalen Schutz.

Eisbären leben die meiste Zeit auf dem gefrorenen Ozean – auf dem Eis des zirkumpolaren Nördlichen Eismeers. Einige Tiere aus Populationen am Rand des Polarbeckens kommen sogar zeitlebens nicht an Land. Sie bevorzugen die Treibeisgebiete. In dieser sich ständig ändernden Umgebung können die Bären am erfolgreichsten Robben jagen. Doch durch den Temperaturanstieg in der Arktis werden die Eisflächen immer kleiner und bedrohen den natürlichen Lebensraum des »Bären des Meeres« (*Ursus maritimus*).

Der Eisbär: großer Wanderer auf Robbenjagd

Eisbär
Ursus maritimus

Klasse Säugetiere
Ordnung Raubtiere
Familie Bären
Verbreitung Arktis, gerne Treibeisgebiete
Maße Kopf-Rumpf-Länge: Männchen 240–250 cm, Weibchen 180–210 cm
Standhöhe: bis 160 cm
Gewicht Männchen bis 1000 kg, Weibchen bis 410 kg
Nahrung Robben und andere Meeressäuger, Aas, Abfälle, selten Pflanzen
Geschlechtsreife mit 5–6 Jahren
Tragzeit 8–9 Monate
Zahl der Jungen 1–3, meist 2
Höchstalter etwa 30 Jahre, in Menschenobhut 45 Jahre

Lebende Wärmespeicher

Ein Leben zwischen Pack- und Treibeis, bei Temperaturen, die auf klirrende –50 °C fallen können, und häufig tobenden Stürmen, stellt extreme Anforderungen an einen Organismus. Wer hier lebt und sich dazu noch viel im eisigen Wasser aufhält, muss gut angepasst sein, vor allem, was den Verlust von

Stundenlang können Eisbären so vor einem Eisloch ausharren und auf Beute warten.

Körperwärme betrifft. Eisbären haben allein schon durch ihre große Körpermasse ein im Hinblick auf Wärmeverlust günstiges Verhältnis von Volumen zu Oberfläche. Zudem tragen sie ein besonders dickes Fell mit sehr dichter Unterwolle. Eine ölige Schicht um jedes Haar macht den Pelz Wasser abweisend. Die gelblich weiße Fellfarbe dient nicht nur der Tarnung des Raubtiers, das Fell produziert sogar aktiv Wärme. Die aufgrund der Lichtbrechung weiß erscheinenden Haare sind eigentlich durchsichtig und leiten durch Hohlräume in ihrem Innern das Sonnenlicht bis zur Haut der Tiere. Diese ist völlig schwarz und kann somit besonders gut Wärme aufnehmen. Unter der Haut liegt außerdem eine gut 10 cm dicke, isolierende Fettschicht. Die Kombination aus Fell und Fett isoliert die Tiere sogar so gut, dass sie Gefahr laufen, einen Hitzeschock zu erleiden, wenn sie sich bei größerer körperlicher Anstrengung durch Muskelarbeit aufheizen. Eisbären haben keine Schweißdrüsen und können überschüssige Körperwärme nur durch Hecheln abgeben.

Kraftpakete mit Ausdauer

Die Füße der Eisbären sind gleichermaßen an das Leben an Land wie an eine Fortbewegung im Wasser angepasst. Sie sind lang und breit und zwischen den Zehen, die mit kurzen, aber dicken und recht geraden Krallen besetzt sind, spannen sich auf halber Länge Schwimmhäute. An Land und auf dünnem Eis dienen diese Pranken als Schneeschuhe, im Wasser werden sie wie Paddel eingesetzt. Tief im Wasser liegend, treiben sich die Bären mit Paddelbewegungen der Vorderbeine und der Tatzen vorwärts. Die Hinterbeine werden nachgezogen und dienen in erster Linie als Ruder. Auf diese Weise sind die Tiere in der Lage, ohne Unterbrechung etwa 300 km zu schwimmen. Manchmal lassen sich Eisbären zur Nahrungssuche auch auf einer Eisscholle aufs Meer hinaustreiben und schwimmen dann wieder zurück.
Ausdauer beweisen die kräftigen Tiere nicht nur im Wasser, sondern auch an Land. In ihrem großflächigen Lebensraum müssen Eisbären häufig enorme Entfernungen zurücklegen, um der Eisschmelze auszuweichen und an Nahrung zu gelangen. Damit sie Kraft und kostbare Energie sparen, heben sie beim

Ab einem Alter von zwei Jahren sind die jungen Eisbären auf sich allein gestellt. Eisbären werden etwa 30 Jahre alt.

Laufen an Land bzw. auf Eis ihre Füße kaum an, sondern schwingen sie bei jedem Schritt in einem Halbkreis nach vorne. Feine Papillen und Hohlräume an den Fußsohlen verhindern das Ausrutschen auf dem Eis. Auf diese Weise können sie auf der Suche nach robbenreichen Gebieten gewaltige Strecken von bis zu 15 000 km im Jahr zurücklegen.

Bei der Geburt sind die Eisbärenbabys nur 30 cm groß, dann wachsen sie sehr schnell. Schon nach drei Monaten haben sie die Größe eines Schäferhunds.

»Eisfischen« im Winter

Wenn sich die anderen Bären nördlicher Breiten auf ihren Rückzug vorbereiten, um die Kälte zu verschlafen, wird der Eisbär in den Polarregionen erst richtig aktiv. Das Packeis ist nun mächtig gewachsen und bedeckt mit einer nahezu geschlossenen Eisdecke die Küsten der Nordmeere. Jetzt bricht für den arktischen Räuber die Hauptjagdsaison an. Hauptsächlich stellen die Bären Eismeerringelrobben nach. In einigen Gebieten haben sie auch die Jagd auf Walrosse, Nar- und Weißwale erlernt. Daneben verschmähen sie aber auch Aas wie das Fett toter Meeressäuger nicht.

Ihre energiesparendste und daher am häufigsten angewandte Jagdmethode ist das Auflauern an einem Eisloch. Über den gesamten Winter bis weit ins Frühjahr hinein müssen die Luftsauerstoff atmenden Robben in dem zugefrorenen Meer ihre Atemlöcher offen halten. Dazu kratzen die Meeressäuger mit den Krallen ihrer Vorderflossen das sich immer wieder neu bildende Eis weg. Das ist die Gelegenheit für einen meist über Stunden lauernden Eisbären, eine Robbe mit seinem kräftigen Gebiss zu packen oder sie mit einem mächtigen Prankenhieb auf das Eis zu katapultieren, um sie dort mit einem gezielten Biss schnell zu töten.

Meist bilden sich über solchen Eislöchern Schneewehen. Dort hinein bauen die Robbenweibchen ihre von außen unsichtbaren Wurflager, in denen sie ab März ihre Jungen zur Welt bringen. Ebenso wie das Atemloch ortet ein Eisbär die leichte Beute des Robbennachwuchses im Frühjahr mittels seines feinen Geruchssinns. Manchmal taucht er auch an eine Eisscholle heran, auf der eine Robbe ruht. Mehr als eine Minute kann er unter Wasser bleiben. Wenn er nah genug herangekommen ist, schnellt der Bär explosionsartig aus dem Wasser und packt sein Opfer mit den großen Vorderpranken. Doch die Chancen zu entkommen, stehen für eine Robbe gar nicht schlecht. Nur etwa 2 % der Jagdversuche eines Eisbären sind von Erfolg gekrönt. Wenn ihn der Hunger treibt, versucht er auch einmal, einen im Wasser dümpelnden Seevogel durch Antauchen zu überrumpeln. Bei schnellen Beutetieren wie Schneegänsen oder Karibus kommen Eisbären kaum zu einem Jagderfolg, da ihnen meist vorzeitig wegen Überhitzung die Luft ausgeht. Es wurden aber schon Eisbären beobachtet, die stundenlang nach Braunalgen tauchen.

Der Lebensraum schmilzt dem Eisbären quasi unter den Pranken weg – es ist unwahrscheinlich, dass er sich an einen Lebensraum ohne Eis anpassen kann.

Fettreserven statt Tiefschlaf

Der stark auf Fleisch spezialisierte Eisbär ist sehr von seiner Hauptbeute, den Robben, abhängig. Wenn ab Spätsommer das Eis des arktischen Meeres schmilzt, ziehen die Eisbären zwar noch weiter in den Norden, treffen aber dennoch immer seltener auf Robben. So muss ein Eisbär besonders in den Sommermonaten häufig für Wochen oder sogar Monate ganz ohne Nahrung auskommen.
In beutelosen Zeiten kann der Eisbär kurzfristig seinen Stoffwechsel herunterfahren. Sein Energieumsatz läuft dann nur noch auf Sparflamme. Dabei verfällt der Eisbär allerdings nicht wie seine Verwandten in einen tiefen Schlaf. Nicht selten muss er mehrere Monate lang von seinen Fettreserven zehren. Als genügend Nahrung vorhanden war, hat er sich eine dicke Fettschicht angefressen. Vor allem im Frühjahr ist das Meer manchmal angefüllt mit gerade entwöhnten, also noch sehr unerfahrenen Jungrobben. Bei einem solchen »Überangebot« an Beute frisst ein Eisbär nur den sog. Blubber der Robben, die Unterhautfettschicht. Doch je früher das Eis schmilzt und bricht, desto weniger Speicherfett können sie im Winter anfressen.
Besonders wichtig ist die Energiereserve in Form von Körperfett für trächtige Eisbärenweibchen. Sie suchen für die Geburt und die ersten Lebenswochen ihrer Jungen Schutz in einer Eis- oder Schneehöhle. Da sie diese für etwa fünf Monate, an der Hudsonbai sogar für acht Monate nicht verlassen und zusätzlich noch ihre Jungen säugen, sind ausreichende Fettreserven sowohl für sie selbst als auch für ihre Nachkommen überlebenswichtig.

Seltene Begegnung

Nahezu das gesamte Jahr über wandern Eisbären allein durch ihre weite weiße Welt. Nur wenn bei seltenen Gelegenheiten Nahrung im Überfluss vorhanden ist, sind mehrere Bären auf engem Raum anzutreffen, ohne dass es zu Auseinandersetzungen kommt. Es mutet daher fast wie Zufall an, dass sich einmal ein Männchen und ein Weibchen begegnen. Damit dennoch die Jungen alle etwa zum gleichen Zeitpunkt im Schutz der Schneehöhle zur Welt kommen, hat die Natur eine ganz eigene Strategie entwickelt. Hormonell gesteuert, zögert sich die Einnistung der befruchteten Eizelle nach einer Paarung unter Umständen mehrere Monate bis zum Oktober hinaus. Und wenn es dem Weibchen nicht gelingt, sich genügend dicke Fettreserven anzufressen, wird das Ei einfach vom Körper resorbiert (aufgenommen).

Allein erziehende Mütter

Gewöhnlich suchen Eisbärenmütter in regelmäßigen Abständen dieselben Küstenbereiche auf, um in Schneehöhlen ihre Jungen zur Welt zu bringen. Die trächtigen Weibchen legen ihren witterungsisolierten Unterschlupf meist in einer größeren Schneewehe an, um ihre in der Regel zwei Jungen vor der Kälte zu schützen. Der Höhleneingang liegt stets etwas tiefer als die Wurfhöhle selbst, so sammelt sich wärmere Luft, die immer nach oben steigt, in der Höhe an.
Die nur gut 500 g wiegenden Neugeborenen sind zunächst sehr unterentwickelt und völlig hilflos. Erst nach etwa 50 Tagen unternehmen die kleinen Bären ihre ersten Gehversuche. Ohne selbst Nahrung zu sich zu nehmen, säugt die Mutter den Nachwuchs mit ihrer extrem fettreichen Milch, bis er etwa 10 kg schwer geworden ist. Ihr Stoffwechsel ist zwar während dieser Zeit etwas heruntergefahren, aber sie hält keinen eigentlichen Winterschlaf. Die Körperwärme der Tiere hält die Temperatur innerhalb der Schneehöhle normalerweise konstant um den Gefrierpunkt.
Im Frühjahr verlässt die inzwischen stark abgemagerte Mutter mit ihren Jungen die Schneehöhle und begibt sich sogleich auf Robbenjagd. Noch zweieinhalb Jahre lang begleiten die jungen Bären ihre Mutter, beginnen aber bereits mit drei Monaten, auch von der Beute zu fressen. Die Bärenmutter bringt den Jungen in der Folgezeit alles bei, was sie zu ihrem eigenständigen Leben brauchen. Anschließend werden sie von der Mutter regelrecht verstoßen und sind fortan in der weißen Welt aus Eis und Schnee auf sich selbst gestellt.

Sattelrobben: Entwicklung im Turbogang

Die namengebende Fellzeichnung der Sattelrobbe ist hier gut zu erkennen.

Die im Nordpolarmeer beheimatete Sattelrobbe (*Pagophilus groenlandicus*) ist die zweithäufigste Robbenart. Die jährliche Schätzung der Population im Nordwestatlantik ergab im Jahr 2000 einen Bestand von ca. 5,2 Mio. Tieren. Sie kommen von der Küste Russlands und Nordostskandinaviens über die Umgebung der arktischen Inseln, Grönlands und Nordislands bis hin nach Ost- und Nordkanada vor.

Natürlicher Wärmetauscher

Sattelrobben verbringen den weitaus größten Teil ihres Lebens im nassen Element. Im Polargebiet ist dies durchaus vorteilhaft, denn während die Außentemperaturen mitunter –40 °C erreichen können, liegt die Wassertemperatur meist bei 0 bis –4 °C, äußerstenfalls bei 1,8 °C. Auf Dauer ist natürlich auch das noch zu kalt und die Tiere müssen geeignete Schutzmechanismen entwickeln, um die Körpertemperatur aufrechtzuerhalten und nicht zu erfrieren. Zum einen ist da ihre kompakte Körperform hilfreich, bei der die Oberfläche im Verhältnis zum Volumen relativ klein ist. Die Stromlinienform ermöglicht zudem eine energetisch günstige Fortbewegung unter Wasser. Zum anderen sollten die Extremitäten möglichst kurz sein, da über sie viel Körperwärme abgegeben wird. Auch dieses Ideal ist bei den Hundsrobben, in deren Verwandtschaft die Sattelrobbe gehört, verwirklicht: Im Vergleich zu den Ohrenrobben sind die Gliedmaßen verkürzt. Die Hundsrobben können sich daher an Land nur auf dem Bauch robbend fortbewegen. Im Wasser macht sie dies jedoch zu noch gewandteren Schwimmern.

Sattelrobbe
Pagophilus groenlandicus

Klasse Säugetiere
Ordnung Raubtiere
Familie Hundsrobben
Verbreitung an den Küsten des Nordpolarmeers, von Nordostskandinavien über Russland, Kanada bis Grönland und Island
Maße Kopf-Rumpf-Länge: 170–180 cm
Gewicht 120–140 kg
Nahrung Fische, auch Krebse und Tintenfische
Geschlechtsreife 4–8 Jahre
Tragzeit gut 11 Monate, mit etwa 20 Wochen Keimruhe
Zahl der Jungen 1
Höchstalter etwa 30 Jahre

Darüber hinaus dienen die Flossen auch als natürliche Wärmetauscher. Die Venen in den Extremitäten, die abgekühltes und verbrauchtes Blut zum Herzen zurückleiten, liegen in enger Nachbarschaft zu den Arterien, die warmes und sauerstoffreiches Blut aus dem Herzen erhalten. Dadurch wird das venöse Blut etwas erwärmt, bevor es wieder ins Herz gelangt, und die Kerntemperatur wird auf Kosten der weniger wärmebedürftigen Extremitäten erhalten. Das allein reicht aber bei weitem nicht aus. Deshalb haben Sattelrobben eine bis zu 8 cm dicke Fettschicht, den sog. Blubber, eine sehr effektive Isolierung: Die Temperatur im Körperinnern kann bis zu 42 °C höher liegen als an der Hautoberfläche.

Spezialisierte Taucher

Da die Körperwärme aber nicht nur erhalten, sondern auch produziert werden muss, müssen die Tiere große Mengen energiereicher Nahrung zu sich nehmen. Deshalb sind die Sattelrobben sehr aktiv und verbringen den größten Teil des Tages mit der Nahrungssuche. Sie bevorzugen nahe der Oberfläche schwimmende Fische wie Kabeljau und Heringe, verschmähen jedoch auch Tintenfische und Krebstiere nicht und tauchen bis in Tiefen von 300 m, um z. B. Schollen oder Schellfische zu erbeuten. Wenn ein menschlicher Taucher in derartige Tiefen vordringt, muss er sich beim Auftauchen viel Zeit lassen, um die sog. Taucherkrankheit zu vermeiden. Darunter versteht man die Embolien, die bei einem raschen Aufstieg entstehen, wenn der Wasserdruck nachlässt. Dann wird der im Blut gelöste Stickstoff gasförmig und bildet Bläschen, die die Blutgefäße verstopfen. Die Robben umgehen diese Gefahr, indem sie vor dem Untertauchen ausatmen. In einer Tiefe von ca. 30 m kollabiert dann die Lunge, wodurch der Stickstoff in die oberen Atemwege gepresst wird und gar nicht erst ins Blut übergehen kann. Bereits im Blut gelöster Stickstoff wird vom Körpergewebe aufgenommen und erst wieder ins Blut abgegeben, wenn die Robben an die Wasseroberfläche zurückgekehrt sind. Auf diese Weise bilden sich keine Stickstoffbläschen und die Robbe kann ohne jegliche Zeitverzögerung auftauchen.

Gutes Sehvermögen

Neben der richtigen Tauchtechnik sind für den Jagderfolg auch gut ausgebildete Sinnesorgane erforderlich. In erster Linie fallen bei den Sattelrobben die großen Augen auf. Mit ihren flexiblen Pupillen sind sie sehr leistungsfähig: In der Helligkeit an Land, wo zusätzlich der Schnee das Licht reflektiert, verengen sie sich wie bei einer Katze zu einem schmalen Spalt und in den lichtarmen Meerestiefen weiten sie sich zu einer sehr großen, kreisrunden Öffnung. Eine reflektierende Zellschicht hinter der Netzhaut fängt selbst in relativer Dunkelheit das Restlicht optimal ein. Da die Netzhaut hauptsächlich aus den lichtempfindlichen Stäbchenzellen und nur wenigen Zapfen besteht, können die Sattelrobben zwar nur beschränkt Farben wahrnehmen, ihre Beutetiere aber auch bei schlechten Lichtverhältnissen noch gut erkennen.
Sattelrobben besitzen von allen Säugetieren die wohl am weitesten entwickelten Barthaare. Die durchschnittlich 48 Schnurrhaare an der Schnauze und drei über jedem Auge sind, da jeweils mit mehr als 1000 Nervenzellen ausgestattet, hochsensibel, so dass sie bei den schlechten Lichtverhältnissen in großen Tiefen als ideale Tastsinnesorgane das Sehvermögen ersetzen.

Zwischen den Packeisschollen suchen die Sattelrobben nach Nahrung. Sie sind hervorragende Schwimmer und Taucher.

Scharfes Gehör

Beutetiere werden jedoch nicht nur optisch und taktil (durch den Tastsinn) wahrgenommen, sondern auch über das gut ausgebildete Gehör geortet. Im Gegensatz zum Menschen können die Sattelrobben auch unter Wasser ausgezeichnet hören, obwohl sie die länglich geformte Gehöröffnung vor dem Tauchen mittels eines kräftigen Muskels verschließen, damit kein Wasser eindringt. An Land würde das so von der Luft abgeschlossene Sinnesorgan nicht mehr funktionieren, weil sich der Schall nicht über die Luft durch den Gehörgang zum Hörorgan ausbreiten kann. Im Wasser verhält es sich jedoch anders: Die Schallwellen breiten sich über das Medium Wasser aus und erreichen den verschlossenen Gehörgang von außen. Damit dieser durch den in der Tiefe erheblichen Druckunterschied zwischen der Luft im Ohr und dem Wasser nicht kollabiert, ist er knöchern verstärkt. Wahrscheinlich wird der Schall über diese Knochen und die in ihnen enthaltenen Blutgefäße in ein spezielles, von zahlreichen Hohlräumen durchzogenes Gewebe im Innenohr geleitet und dort durch die Sinneszellen aufgenommen. Auf diese Weise wird die Hörleistung unter Wasser trotz verschlossener Höröffnung nicht gemindert. Das Gehör dient allerdings nicht nur dem Beutefang, sondern auch der Kommunikation der Tiere untereinander und dem rechtzeitigen Erkennen nahender Feinde. An Land ist dies leider in erster Linie der Mensch, teilweise auch der Eisbär. Vor Letzterem schützen sich die Sattelrobben in der Regel dadurch, dass sie das Festland meiden und stattdessen für Eisbären nicht erreichbare Eisschollen vorziehen. Im Meer fallen die Tiere häufig Schwertwalen zum Opfer, junge und noch unerfahrene Sattelrobben werden auch von Walrossen erbeutet.

Eine feine Nase

Wie die anderen Gesichtssinne ist auch der Geruchssinn bei den Sattelrobben gut ausgebildet. Die relativ großen Nasenöffnungen werden vor dem Untertauchen durch einen kräftigen Muskel verschlossen, damit kein Wasser in die oberen Atemwege eindringt. Der Geruchssinn kann folglich unter Wasser beim Beutefang keine Rolle spielen. Auf dem Land dient er aber zusammen mit dem Gehör auf größere Distanz der rechtzeitigen Wahrnehmung von Feinden. Wie bei vielen anderen Säugetieren kann auch bei den Sattelrobben das Männchen am Geruch der potenziellen Partnerin erkennen, ob diese paarungsbereit ist. Von besonderer Wichtigkeit ist der Geruchssinn aber bei den Müttern, die dadurch unter Hunderten von Jungtieren ihr Baby wiedererkennen.

Die Sattelrobbenbabys entsprechen nicht nur dem Kindchenschema, sie sind genauso hilflos und auf die Versorgung durch die Mutter angewiesen.

Auf Wanderschaft

Die meiste Zeit des Jahres richtet sich der Aufenthalt der Sattelrobben danach, wo die reichsten Fischgründe zu finden sind. Zur Geburt ihrer Jungen und zum Fellwechsel unternehmen die Tiere jährlich genau festgelegte Wanderungen. Der Gesamtbestand der Sattelrobben lässt sich in drei Gruppen aufteilen. Die westliche Population sucht im Winter weiter südlich gelegene Wurfplätze in Labrador und Neufundland sowie in den Hoheitsgewässern Kanadas auf, die mittlere

Population gebärt die Jungen im Grönländischen Meer nahe der Insel Jan Mayen und die östliche Population hat ihre Geburtsplätze im Weißen Meer. Zum Fellwechsel wandern die Robben dann im Frühjahr wieder Richtung Norden. Auf ihrem Zug orientieren sich die Tiere wahrscheinlich an der grünlichen Färbung der Küstengewässer sowie am Temperaturgradienten, der am Rande des Packeises entsteht.

Unterbrochene Tragzeit

Im Alter von vier bis acht Jahren pflanzen sich die jungen Sattelrobben das erste Mal fort. Die Paarung erfolgt immer im Gebiet der Wurfplätze; dort treffen Tausende aufeinander und die Chancen, einen Geschlechtspartner zu finden, sind optimal. Ältere Weibchen werden oft schon wenige Tage nach der Geburt eines Jungtieres in der zweiten Märzhälfte wieder begattet. Die Eizelle macht nur einige wenige Teilungen durch, dann ruht der Keim für drei Monate in der Gebärmutter, bevor er sich weiterentwickelt. Dadurch wird der günstige Paarungszeitpunkt ausgenutzt, dem Muttertier aber dennoch genügend Zeit gegeben, sich für die kräftezehrende Schwangerschaft und Säugezeit neue Fettreserven anzufressen. Wenn die trächtigen Weibchen im Februar an den Wurfplätzen angelangt sind, bringen sie bei günstigen Bedingungen möglichst bald ihre Jungen zur Welt. Ist die Witterung schlecht oder das Eis weniger als 25 cm dick und damit nicht ausreichend tragfähig, kann die Geburt allerdings ohne Schaden für das Junge hinausgezögert werden, bis die Bedingungen besser geworden sind. Dann werfen innerhalb weniger Tage alle Weibchen. Diese Synchronisation ist sehr sinnvoll, da Raubtiere auf keinen Fall alle Jungtiere erbeuten können und sich die gesamte Gruppe auch wieder gemeinsam auf die Wanderung begeben kann, weil alle Jungtiere den gleichen Entwicklungsstand haben.

Nahrhafte Muttermilch

Die Geburt, die meist nachts oder in den frühen Morgenstunden stattfindet, dauert in der Regel nicht einmal eine Minute. Das Junge muss dabei einen gewaltigen Temperatursturz vom warmen Mutterleib in die eisige Polarluft verkraften. Da das Fell noch vom Fruchtwasser nass ist, isoliert es so schlecht, dass das Jungtier in den ersten Lebensstunden durch permanentes Zittern zusätzliche Wärme erzeugen muss. Da ist es lebenswichtig, so bald wie möglich von der sehr nahrhaften Muttermilch zu trinken. Sie enthält ca. 46 % Fett und erreicht, dass das Junge innerhalb der kurzen Säugephase von nur zehn bis zwölf Tagen sein Geburtsgewicht von 10–12 kg ungefähr verdreifacht. Die Mutter geht in dieser Zeit kaum auf Beutefang und zehrt von ihren Fettreserven. Wenn sie nach knapp zwei Wochen ihr Junges verlässt, ist dessen Blubberschicht sogar noch dicker als die der Erwachsenen. Das ist auch dringend erforderlich, denn das Junge ist anfangs noch sehr unbeholfen im Wasser und muss sich die Jagdfertigkeit erst langsam aneignen. Außerdem kann es während des ersten Fellwechsels nach ca. zwei Wochen nicht ins Wasser und muss dann von seinen Fettreserven leben. Das silbrige zweite Fell wird nach etwa einem Jahr durch ein weiteres, geflecktes Jugendfell ersetzt.

Mit etwa einem Jahr bekommt die kleine Sattelrobbe ihr geflecktes Jugendfell.

Klappmützen: Hundsrobben im arktischen Treibeis

In den Gewässern rund um den Nordpol sind sie zu Hause: die meisten im Nordwestatlantik und in der Grönlandsee. Hier bewohnen sie vor allem die Treibeisregion über tiefem Wasser. Aufs festere Packeis ziehen sich die Klappmützen nur im März/April zurück, wenn die Jungen zur Welt kommen – stets in der Nähe des Wassers. Klappmützen legen weite Wanderungen zu den Wurfplätzen zurück. Hier droht die größte Gefahr für die Robben durch das Abschmelzen des Eises infolge des Klimawandels: Wird das Eis zu dünn, können die schweren Muttertiere nicht zu ihren Jungen zurück. Der Nachwuchs verhungert oder ertrinkt.

Die Klappmützen verdanken ihren Namen einer Wucherung der Nase, die bei ausgewachsenen Bullen aufgeblasen werden kann.

Klappmützе
Cystophora cristata

Klasse Säugetiere
Ordnung Raubtiere
Familie Hundsrobben
Verbreitung Treibeisgürtel der arktischen Meere nördlich von Kanada und um Grönland, Island und Spitzbergen
Maße Kopf-Rumpf-Länge: Männchen 2,5 m, Weibchen 2 m
Gewicht Männchen 300 kg, Weibchen 200 kg
Nahrung Kopffüßer, Krebse und Fische
Geschlechtsreife mit 3–5 Jahren
Tragzeit 10 Monate
Zahl der Jungen 1, selten 2
Höchstalter 30–40 Jahre

Die Bullen und ihre »Mützen«

Ihren ungewöhnlichen Namen verdanken die zu den Hundsrobben zählenden Klappmützen einer Besonderheit im Körperbau der ausgewachsenen Bullen. Im Alter von etwa vier Jahren bildet sich eine von der Stirn bis über das Maul hängende, fleischige, sackartige Wucherung der Nase heraus, die im entspannten Zustand einer nach unten geklappten Mütze ähnelt. Die Bullen sind in der Lage, die Wucherung als Dominanzgebahren zu einem kissenartigen Gebilde aufzublasen, z. B. wenn sie mit anderen Bullen um die Gunst eines paarungsbereiten Weibchens buhlen. Daneben ist sie ein wichtiges Unterscheidungsmerkmal der Bullen untereinander. Bei dieser »Mütze« handelt es sich somit um ein sekundäres Geschlechtsmerkmal der männlichen Tiere.

Drei Stämme

Forscher unterteilen die Klappmützenpopulation in drei Stämme – je nachdem, wo die Tiere ihre Jungen zur Welt bringen. Die Jungen des ersten Stamms kommen auf dem Eis vor den Küsten im Osten Kanadas zur Welt, die des zweiten Stamms in der Davis-Straße zwischen Grönland und Kanada und die des dritten auf dem Eis vor der Insel Jan Mayen im Osten Grönlands.

Die kürzeste Säugezeit im Tierreich

Ihr erstes Junges bekommen die Weibchen im Alter von etwa drei bis fünf Jahren. Sie finden sich zur Geburt in kleinen Gruppen auf dem Treibeis ein. Die Jungen verlieren – im Gegensatz zu den meisten anderen Robbenarten – ihr weißes Säuglingsfell im Allgemeinen schon im Mutterleib und kommen mit einem blauschwarzen Rückenfell zur Welt, das sie während des gesamten ersten Lebensjahres behalten. Am Bauch und an den Seiten ist das, früher von Robbenjägern sehr begehrte, Jungtierfell wesentlich heller.
Heute ist es zumindest in Kanada verboten, Klappmützen vor dem Fellwechsel zu jagen, der im Alter von etwa 15 Monaten stattfindet.

In den ersten Wochen können junge Klappmützen noch nicht schwimmen und sind auf dem Eis völlig auf die Versorgung der Mutter angewiesen.

Die Jungen wiegen bei ihrer Geburt etwa 20 kg und nehmen dank der ausgesprochen fettreichen Muttermilch täglich rund 5 kg zu. Allerdings werden sie bereits im zarten Alter von vier Tagen entwöhnt – kein anderes Säugetier säugt seine Jungen kürzere Zeit als die Klappmütze. Während der Säugezeit warten schon die Klappmützenbullen im Wasser auf die Weibchen, die nach der Entwöhnung der Jungen sofort wieder paarungsbereit sind.

Einzelgänger mit gewissen Treffpunkten

Im Allgemeinen leben Klappmützen einzelgängerisch, nur zur Geburt der Jungen und zur Paarung sowie zum jährlichen Haarwechsel schließen sie sich in Gruppen zusammen. Die Robben aus dem Nordwestatlantik treffen sich zum Haarwechsel auf dem Treibeis in der Dänemarkstraße, die vor Jan Mayen lebenden Tiere sammeln sich insbesondere vor Spitzbergen, den Färöern sowie vor Island. Während des Haarwechsels, der in der Zeit von Juni bis August stattfindet, hungern die Klappmützen und verlieren stark an Gewicht. Anschließend müssen sie umso mehr Nahrung zu sich nehmen, um wieder ihr Ausgangsgewicht zu erreichen. Die ausgewachsenen Tiere ernähren sich von Fischen, u. a. von Heilbutt, aber auch von Tintenfischen und Krebstieren. Im Anschluss an den Haarwechsel begeben sich die Tiere wieder auf Wanderschaft. Wohin sie im Einzelnen wandern und aus welchen Gründen, ist jedoch noch nicht ausreichend erforscht.

Schlittenhunde – zum Laufen, Ziehen und Jagen geboren

Der Alaska Malamute wurde ursprünglich von den Mahlemiuts (Inuit) im Nordwesten Alaskas gezüchtet.

Sibirischer Husky, Alaska Malamute, Grönlandhund und Samojede – nur diese vier Rassen lässt der internationale Dachverband der Hundezüchter als registrierte Schlittenhundrassen gelten. Andere nordische Hunderassen wie Elchhund, Norbottenspitz oder Lapinkoira werden unter der Kategorie »Hunde vom Urtyp« geführt.

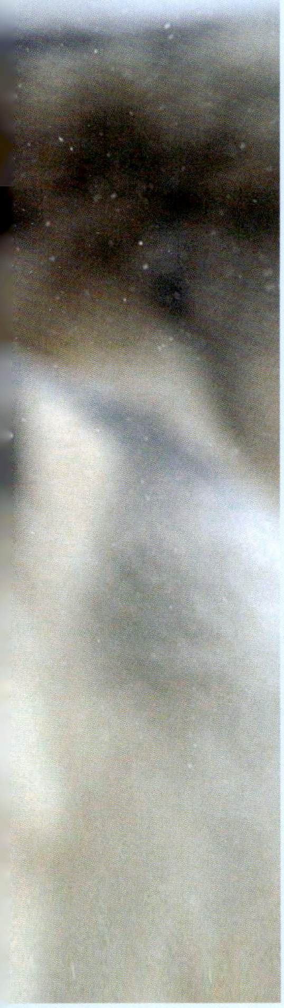

Am Old Crow River in Alaska fand man die Reste eines Polarhundes, der vermutlich vor 12 000 Jahren gelebt hatte. Als gesichert gilt, dass die Menschen spätestens vor 10 000 Jahren mit der Domestizierung von Hunden begannen. Besonders unter den harten Lebensbedingungen der Polargebiete wurde der Hund zum unverzichtbaren Helfer: Er wurde zur Jagd eingesetzt und ermöglichte den Transport von erbeutetem Fleisch oder Fisch mit dem Schlitten über weite Entfernungen. So sind bereits auf vorgeschichtlichen Felszeichnungen im schwedischen Bohuslän Jagdmotive mit Menschen, hundeähnlichen Tieren und Schlitten zu sehen. In Notzeiten oder wenn die Tiere zu alt für die Arbeit waren, wurden sie gegessen und das dichte Fell konnte zu Decken und Jacken verarbeitet werden. Dabei war die Haltung der Schlittenhunde keineswegs mit der heutigen Hundehaltung vergleichbar. Die Hunde lebten halb wild und mussten sich im Sommer allein durchschlagen. Erst wenn sie nach Wochen oder Monaten erneut gebraucht wurden, fing man sie wieder zur Arbeit ein – sofern sie überlebt hatten. Tiere, die diesen harten Ausleseprozess überstanden, bildeten den Grundstock für die gezielte Züchtung von Schlittenhunden.

Die Inuit wählten immer die widerstandsfähigsten Exemplare zur Zucht aus. Sie mussten ausdauernd und schnell den Schlitten über weite Strecken ziehen können, mit wenig Futter auskommen und die Kälte durfte ihnen nichts anhaben, denn Hundehütten für Schlittenhunde gibt es in den Polargebieten nach wie vor nicht. Da die Tiere zu mehreren den Schlitten ziehen sollten und auch manchmal die Kinder des Jagdherren mit ihnen spielen wollten, war die Verträglichkeit gegenüber Artgenossen und Menschen ein wichtiger Aspekt für die Auswahl der Zuchttiere. Hunde, die sich gegenüber Menschen oder ihresgleichen als aggressiv erwiesen, wurden in die Eiswüste geschickt – ein Schicksal, das auch die leistungsschwachen teilen mussten.

Das Aussehen spielte im Gegensatz zu heute bei der gezielten Vermehrung der Hunde keine Rolle. Trotzdem entwickelte sich ein gewisser Typus. Alle Polarhunde erreichen etwa 50–60 cm Schulterhöhe, sind kraftvoll-muskulös, ohne zu großes Gewicht, besitzen ein dichtes Fell, spitze Ohren und einen buschigen, oft geringelten Schwanz. Dass in den Polargebieten ein dichtes Fell mit wärmender Unterwolle notwendig ist, leuchtet ein. Dagegen überrascht, dass der wollige Schwanz bei Stürmen ausgerollt den Rücken schützt oder beim Schlafen die Schnauze. Muskelkraft brauchen die Tiere, um die beladenen Schlitten lange ziehen zu können. Da die Hunde nicht so schwer sind, sinken sie im Schnee nicht tief ein und ihre dicht behaarten Pfoten wirken wie kleine Schneeschuhe. In lockerem Schnee allerdings sind die hohen Beine unverzichtbar, damit die Hunde nicht ganz einsinken.

Sibirische Huskys sind ausgesprochene Rudeltiere und wie alle Schlittenhunde anhänglich und intelligent.

DIE ANTARKTIS

Der kälteste Ort der Erde

Auf dem von einem mächtigen Eispanzer bedeckten Kontinent um den Südpol wurde die tiefste, jemals auf der Erde gemessene Temperatur ermittelt. Dazu kommt eine extreme Trockenheit. Gewaltige Eisschichten haben sich im Lauf von Jahrmillionen zu ihrer heutigen Mächtigkeit von bis zu 4000 m aufgetürmt. Der antarktische Kontinent, Antarktika, ist eine riesige Kältewüste. Das kalte, von heftigen Stürmen gepeitschte Südpolarmeer – die südlichen Enden von Atlantischem, Pazifischem und Indischem Ozean – umströmt das Festland. Bis durchschnittlich 500 km reicht das Eis in die umgebenden Meeresteile hinaus. Es besteht nicht nur aus gefrorenem Meerwasser, das dichte Packeis- und lockerere Treibeisflächen bildet, sondern stammt zum großen Teil vom Festland. Das Festlandeis ist nicht statisch. Ständig speisen Auslassgletscher den Saum aus Schelfeis, von dem die für die Antarktis typischen großen Tafeleisberge abbrechen.

Tiere und Pflanzen der Antarktis

Fragt man nach typischen Tieren der Antarktis, bekommt man mit Sicherheit die Antwort »Pinguine«. Von den insgesamt 17 Pinguinarten kommen zwar in der Antarktis nur sieben vor, dennoch gehören sie für Zoologen zu den wichtigsten »Leitorganismen«. Fachleute schätzen den Gesamtbestand der antarktischen Pinguine auf 175 Mio. Tiere. Dazu darf man noch einmal eine gleich große Zahl von Kormoranen, Sturmvögeln, Albatrossen, Seeschwalben, Möwen, Raubmöwen und anderen Seevögeln addieren, die an den Küsten der Antarktis und der vorgelagerten Inseln brüten. Die größten von Pflanzen besiedelbaren Flächen und die größte Vielfalt an Arten findet man auf der antarktischen Halbinsel, jener sichelförmigen Landzunge, die sich südlich von Feuerland in den Ozean streckt. Hier gibt es auch die größten Bestände der beiden einzigen Blütenpflanzenarten, die die Antarktis ohne menschliche Hilfe besiedeln konnten.

Der Kampf um die Vorherrschaft nimmt die beiden Südlichen See-Elefanten voll in Anspruch.

Nur zwei Blütenpflanzen

Die Antarktische Halbinsel liegt auf dem Südlichen Polarkreis und damit auf einem Breitengrad, an dem man auf der Nordhalbkugel zusammen mit einer vierstelligen Zahl niederer Pflanzen noch hunderte von Blütenpflanzenarten findet. In der Antarktis dagegen wird die Vegetation von nur 110 Moosen, etwa 250 Flechten und 300 Algen gebildet. Ganze zwei Blütenpflanzen, nämlich die Antarktische Schmiele (*Deschampsia antarctica*) und das Quito-Mastkraut (*Colobanthus quitensis*), kommen von Natur aus hier vor. Die Antarktische Schmiele, ein Süßgras, wächst in zusammenhängenden Rasen von mehreren Metern Durchmesser. Beim Quito-Mastkraut, einem unscheinbaren Nelkengewächs, ist der größte Teil des Sprosssystems im Boden verborgen. Nur die kurzen, dicht beblätterten Kurztriebe kommen an die Oberfläche und bilden flache, meist handtellergroße Polster. Die fünfzähligen Blüten sind grün und klein. In normalen Sommern kommen beide Arten zur Blüte und bilden reife Samen. Insektenbesuch brauchen sie dafür nicht. Der Fruchtansatz erfolgt nach Wind- und Selbstbestäubung. Günstige Bedingungen finden die beiden Arten an den »wärmeren« Hängen mit von Schmelzwasser durchfeuchtetem und durch Vogelkot nährstoffreichen Boden. An geschützten Stellen wagen sie sich polwärts bis über den 68. Breitengrad nach Süden vor.
Gelegentlich werden von Besuchern der Antarktis weitere Arten eingeschleppt. Von diesen hätten das Einjährige und das Gewöhnliche Rispengras (*Poa annua* und *Poa trivialis*) die Fähigkeit zur dauerhaften Ansiedlung, doch Forscher und Naturschützer betrachten dies mit Sorge, denn wenn sich fremde Organismen in den extrem empfindlichen Ökosystemen breitmachen, hat das negative Folgen.

Pflanzen mit Lichtschutzfaktor

Auf Felsen in milden, feuchten Gegenden in Küstennähe mischen sich hier und da noch austrocknungsresistente Moose in die lückigen Rasen von Strauch- und Krustenflechten. Moose solcher Standorte haben dicht gepackte Stämmchen und verlieren so nur wenig Wasser. Die Rasen sind nicht selten auffällig orange bis rotbraun gefärbt – als Schutz vor schädlicher Strahlung.
Je kälter und trockener es wird, desto artenärmer werden die Gesellschaften der niederen Pflanzen, bis schließlich nur unscheinbare Krustenflechten übrig bleiben. Da sie nur in schwach gequollenem Zustand Photosynthese betreiben können, beträgt ihre »aktive Zeit« pro Jahr stellenweise nur wenige Tage. Teilweise wachsen sie so langsam, dass Exemplare von Zentimetergröße manchmal bereits viele hundert Jahre alt sind.
Auch einige Flechten sind in der Lage, sich vor der schädlichen Wirkung von UV-B-Strahlung zu schützen, indem sie höhere Konzentrationen von Usninsäure bilden. Interessanterweise findet man in Flechtenproben aus der Zeit vor dem sog. Ozonloch deutlich geringere Mengen dieses natürlichen Lichtschutzfaktors als in Proben, die in den letzten

Nur an einigen eisfreien Küstenregionen bedecken Moos- und Flechtenpolster die Felsen.

Der Kehlstreif- oder Zügelpinguin gehört zu den Langschwanzpinguinen.

Jahren gesammelt wurden. Die Flechten produzieren offenbar mehr Usninsäure, seit die schützende Ozonschicht der Atmosphäre Lücken hat.
An Felsen in den Trockentälern des McMurdo-Gebiets fanden Biologen eine Lebensgemeinschaft, die die von Kälte und Trockenheit gesetzten Grenzen nicht zu akzeptieren scheint: Grünalgen, Pilze und Bakterien leben dort in mikroskopisch kleinen Hohlräumen der Felsoberfläche. Unter halbdurchsichtigen Quarzkörnern nutzen sie Licht, Spuren von Feuchtigkeit und Mineralsalze aus Gestein.

Leoparden, Elefanten und Bären

Verglichen mit dem sterilen, allenfalls von mikroskopischen Schneealgen besiedelten Inlandeis herrscht an den antarktischen Küsten eine überraschend hohe biologische Produktivität. Der große Reichtum der Region gründet sich auf das kalte, nährstoffreiche Wasser der südlichen Ozeane. Es begünstigt die Entwicklung von Phytoplankton, das die Nahrungsgrundlage für alle Tiere bildet, auch für jene Krebstiere, die als »Krill« zusammengefasst werden. In unvorstellbaren Mengen steht Krill vielen Fischen, den Bartenwalen und Vögeln zur Verfügung. Sogar eine Robbe, die Krabbenfresserrobbe (*Lobodon carcinophagus*), ernährt sich fast ausschließlich von den kleinen Garnelen. Angesichts der Dichte ihrer Nahrung wundert es nicht, dass sie die häufigste Robbe auf der ganzen Welt ist. Auf 12 Mio. Exemplare wird ihr Bestand geschätzt. Fünf weitere Robbenarten pflanzen sich an den antarktischen Küsten fort, die Ross- und die Weddell-Robbe (*Ommatophoca rossii*, *Leptonychotes weddellii*), der Seeleopard (*Hydrurga leptonyx*), der Südliche See-Elefant (*Mirounga leonina*) und der Antarktische Seebär (*Arctocephalus gazella*). Sie suchen entweder das Packeis oder die eisfreien Strände auf, um ihre Jungen zu gebären.

Pinguine

Mit den Robben haben die Pinguine nicht nur den Lebensraum gemeinsam, sondern auch etliche Anpassungen an das Leben im kalten Wasser: stromlinienförmiger Körper, gut entwickeltes Unterhaut-Fettgewebe und Ausprägung des Blutgefäßsystems in den Füßen als Wärmetauscher. Sieben Pinguinarten pflanzen sich an den antarktischen Küsten und den zugehörigen Inseln fort, darunter die beiden größten Arten, Kaiser- und Königspinguin (*Aptenodytes forsteri; Aptenodytes patagonicus*). Die mit Abstand häufigste Art ist der Adeliepinguin (*Pygoscelis adeliae*). Die übrigen vier sind der Kehlstreif- oder Zügelpinguin (*Pygoscelis antarctica*), der Eselspinguin (*Pygoscelis papua*), der Felsenpinguin (*Eudyptes crestatus*) und der Goldschopfpinguin (*Eudyptes chrysolophus*).

Neben Fischen, Schneck[illegible] und Muscheln steht auc[illegible] Aas auf dem Speiseplan der Dominikanermöwe.

Weitere Meeresvögel

Neben den Pinguinen brüten etwa 30 weitere Vogelarten in der Antarktis. Viele von ihnen gehören zur Ordnung der Röhrennasen (*Procellariiformes*), beispielsweise der Silber-Sturmvogel (*Fulmaras glacialoides*), der Kapsturmvogel (*Daption capense*), der Riesensturmvogel (*Macronectes giganteus*), der Schneesturmvogel (*Pagodroma nivea*), der Weißflügelsturmvogel (*Thalassoica antarctica*) und die Buntfuß-Sturmschwalbe (*Oceanites oceanicus*). Die ganze Verwandtschaft umfasst hochseetaugliche Meeresvögel, die eine körpereigene »Meerwasserentsalzungsanlage« besitzen. Ein Drüse im Gesichtsschädel mündet als sichtbare Röhre auf dem Oberschnabel. Alle genannten Arten brüten an den eisfreien Küsten und suchen dort oder auf hoher See nach Nahrung. Nur wenige sieht man landeinwärts.

Nahrungsspezialisten

Während die Pinguine, aber auch Vögel wie die Blauaugenscharbe (*Phalacrocorax atriceps*) unter Wasser Fische jagen, erbeuten die meisten Seevögel ihre Nahrung an der Wasseroberfläche. Die Antipodenseeschwalbe (*Sterna vittata*) bevorzugt neben kleinen Fischen auch Krill. Diese Vorliebe teilt sie nur mit einigen der oben erwähnten Röhrennasen. Anders als die ihr ähnliche Küstenseeschwalbe (*Sterna paradisaea*), die die antarktischen Gewässer auf dem Zug besucht, bleibt die Antipodenseeschwalbe ganzjährig in ihrer kalten Heimat.
Vorzugsweise von Muscheln und Napfschnecken ernährt sich die Dominikanermöwe (*Larus dominicanus*), die auf der Antarktischen Halbinsel nördlich des 65. Breitengrades brütet. Die Vögel verschlucken ihre Nahrung komplett, trennen Weichteile und Schalen im Kropf und würgen die unverdaulichen Teile wieder aus. Zu den Ernährungsspezialisten können wir auch Aasfresser und Beuteparasiten zählen. Beispiele für diese Gilde sind der Weißgesicht-Scheidenschnabel (*Chionis alba*) und die Skuas oder Raubmöwen.

Die Adler der Antarktis

Kein Tier lebt dichter am Südpol als die Südpolar-Skua (*Catharacta maccormicki*). Selbst weit landeinwärts vom Ross-Eisschelf, beim 88. Breitengrad, werden die Vögel gesichtet. Die Nistplätze der Südpolar-Skua liegen an der gesamten Küste der Antarktis, inklusive der Antarktischen Halbinsel. Dort überschneidet sich ihr Brutgebiet mit dem der Braunen Skua (*Catharacta antarctica lonnbergi*). Während des Sommers, etwa zwischen Dezember und März, zeigen die Skuas ihre wahre Natur. Sie brüten unmittelbar neben den Kolonien der Pinguine und anderer Seevögel. Die Zeit ihrer eigenen Jungenaufzucht fällt mit dem Höhepunkt der Pinguin-Fortpflanzungszeit zusammen, so dass sie unbewachte Eier und Jungvögel der Pinguine erbeuten können, um sich und ihre eigenen Jungen zu versorgen. Sie verwerten aber auch Aas.
Dadurch erfüllen die Vögel eine wichtige Funktion zur Gesunderhaltung der Tierpopulationen, denn es gibt in der Antarktis keine Greifvögel oder Geier, die in anderen Regionen der Erde die Aufgabe haben, kranke, schwache und tote Tiere zu beseitigen.
Beide Skuaarten überwintern nicht in der Antarktis. Am Ende des Südsommers, etwa im April, verlassen sie die Region. Die Südpolar-Skua starten zu einer großen Schleife über die Ozeane und kommen dabei nordwärts bis Japan und Alaska, um Ende Oktober zu ihren antarktischen Brutgebieten zurückzukehren. Die Braune Skua dagegen überwintert an den Küsten Südamerikas.

Die Schneesturmvögel nisten in den Felsen. Dieses Paar verteidigt sein Nest, das sich in der Nähe befindet.

»Zwischen den Seelöwen und den eigentlichen Seehunden stehen die Seeleoparden (*Leptonyx*), welche hauptsächlich ihres Gebisses und des Handbaues wegen als besondere Sippe abgetrennt worden sind. (...) Unter dem Namen Seeleoparden verstehen die deutschen Naturforscher ein anderes Thier, als die Engländer.« Zum Glück haben sich die Naturforscher seit Alfred Brehm auf ein gemeinsames Tier geeinigt, das heute den lateinischen Artnamen *Hydrurga leptonyx* trägt.

Seeleoparden: Jäger am Rand des Packeises

Die Weibchen der Seeleoparden sind größer als die Männchen. Sie können bis zu 4 m lang und bis zu 500 kg schwer werden.

Vorteilhafter Flossenbau

Heute stellt man den Seeleoparden zweifelsfrei in die Familie der Seehunde oder Hundsrobben (Phocidae), obwohl er verlängerte Vorderflossen aufweist. Für ein räuberisch lebendes Meerestier sind diese eine sehr günstige Entwicklung, da sie es wendiger machen und ihm zu höherer Geschwindigkeit sowohl beim Schwimmen als auch bei der Fortbewegung auf dem Eis verhelfen.

Nahrung im Überfluss

Im antarktischen Meer am Rand des Packeises, wo sich der Seeleopard vorwiegend aufhält, ist der Tisch für ihn reich gedeckt: Das Meer quillt geradezu über von einer Vielzahl Krebstieren, Fischen, Seevögeln und Meeressäugern. Diesen Tierreichtum ermöglicht die sog. Antarktische Divergenz. Darunter versteht man eine starke Aufwärtsströmung im Bereich der antarktischen

Seeleopard
Hydrurga leptonyx

Klasse Säugetiere
Ordnung Raubtiere
Familie Hundsrobben
Verbreitung Packeisrand des antarktischen Meeres
Maße Kopf-Rumpf-Länge: Männchen bis 3 m Weibchen bis 4 m
Gewicht Weibchen bis 500 kg
Nahrung Fische, Pinguine, Krebse, Tintenfische, Seevögel und gerne Jungtiere anderer Robben
Geschlechtsreife mit 3–4 Jahren
Tragzeit etwa 8 Monate
Zahl der Jungen 1
Höchstalter gut 25 Jahre

Küste, die nährstoffreiches Tiefenwasser an die Oberfläche spült. Die in diesem Tiefenwasser enthaltenen Kleinstorganismen sind die Lebensgrundlage für die höheren Tiere.

Die Menge macht's

Der Krill zu nennen macht einen Großteil der Nahrung des Seeleoparden aus. Dazu hat dieser besondere Zahnstrukturen entwickelt: Die Backen- und Vorbackenzähne gleichen einem Sägeblatt. Schließt der Seeleopard das Maul, bilden die Zahnhöcker von Unter- und Oberkiefer einen Seihapparat. Mit dem Maul nimmt der Seeleopard eine größere Menge Wasser mit darin enthaltenem Plankton auf und presst es anschließend durch die geschlossenen Zähne. Dabei filtert er die Krillkrebse heraus. Zwar deckt der Seeleopard noch annähernd 50 % seines Energiebedarfs durch Krill. Doch durch die Meererwärmung nimmt diese einst unerschöpfliche Nahrungsquelle immer weiter ab.

Delikatessen aus dem Meer

Die ausgeprägten Eck- und dolchartigen Schneidezähne des Seeleoparden sind Zeugen dafür, dass er sich nicht allein mit Planktonorganismen zufrieden gibt, sondern auch größere Beutetiere überwältigt. Der Seeleopard ist ständig auf der Jagd nach Pinguinen. Diese erbeutet er nicht allein durch wilde Jagd im Wasser, sondern er folgt ihnen teilweise sogar bis auf die Eisscholle.
Dabei sind ihm wieder seine verhältnismäßig langen Vorderflossen von Nutzen. Auch Krabbenfresser und Weddellrobbe stehen auf dem Speiseplan des Seeleoparden, insbesondere in der Energie zehrenden Fortpflanzungszeit des Räubers zwischen Oktober und Dezember.
Zwar ist die Nahrungsauswahl vielfältig, aber dennoch ist der Seeleopard ein Gourmet: Einen erbeuteten Pinguin schlägt er so lange auf die Wasseroberfläche, bis sich die Haut mit den Federn vom Körper löst und beim Fressen nicht hinderlich ist. Bei den Robben frisst er lediglich die Haut und die darunterliegende nahrhafte dicke Fettschicht, den sog. Blubber.

Gute Isolierung

Dieser Blubber ist wegen der Kälte des antarktischen Meeres überlebensnotwendig und schützt auch den Seeleoparden vor Unterkühlung. Die Isolierung ist so wirksam, dass die Temperatur im Körperinnern bis zu 42 °C höher sein kann als an der Oberfläche der Haut. Das namengebende, an Kopf und Flanken unregelmäßig gefleckte dichte Fell wirkt zusätzlich schützend. Es ist oberseits dunkelgrau und unterseits silbrigweiß gefärbt, was je nach Blickrichtung der Beutetiere eine sehr gute Tarnung darstellt: Unter ihm schwimmende Beute erkennt die helle Unterseite gegen den ebenfalls hellen Himmel nicht und beim Blick vom Land aufs dunkel erscheinende Wasser ist der Räuber ebenfalls schlecht auszumachen. Da die massigen Körper im Vergleich zu Landsäugetieren auch nur verhältnismäßig kleine Extremitäten besitzen, können die Tiere einerseits gut Wärme bewahren

Das Gebiss des Seeleoparden ist speziell darauf ausgelegt, große Mengen Krill aus dem Wasser zu filtern.

und sich andererseits durch ihre Stromlinienform gewandt im Wasser bewegen. Ein zusätzliches Plus an Schnelligkeit bietet dem Seeleoparden der ungewöhnlich abgeflachte Kopf, der ihm zudem ein fast reptilienartiges Aussehen verleiht.
Die mit einer Länge von maximal 4 m größte Robbe des antarktischen Meeres ist derzeit mit geschätzten 400 000 Individuen nicht in ihrem Bestand bedroht.

Kaiserpinguine: Wanderer im ewigen Eis

Der Kaiserpinguin (*Aptenodytes forsteri*) lebt im Südpolarmeer rund um den antarktischen Kontinent. Als einziger Vogel sucht er zeitlebens niemals festes Land auf, sondern brütet auf dem Meereis, das Antarktika umschließt. Mit über 1 m Körperhöhe und einem Gewicht von 30–40 kg weist er ein im Hinblick auf Wärmeverlust sehr günstiges Verhältnis von Volumen zu Oberfläche auf. Daher können ihm selbst eisige Temperaturen nichts anhaben. Eindrucksvoll sind seine langen Wanderungen über das Eis: Er legt mit seinen Artgenossen hunderte Kilometer zwischen Brutplatz und offenem Meer zurück.

(1)
Auch nachdem sie geschlüpft sind, finden die Pinguinküken noch Schutz beim Vater.

(2)
Erst nach dem Schlüpfen kommt die Mutter zurück und hilft dabei, das Küken zu versorgen.

Kaiserpinguin
Aptenodytes forsteri

Klasse Vögel
Ordnung Pinguine
Familie Pinguine
Verbreitung Antarktis
Maße Länge: bis 120 cm
Gewicht 30–40 kg
Nahrung Fische, Tintenfische, Krill
Geschlechtsreife mit 3–5 Jahren
Zahl der Jungen 1
Brutdauer 62–65 Tage
Höchstalter etwa 25 Jahre

Dem rauen Winter entgegen

Jedes Jahr um die gleiche Zeit vollzieht sich in der Antarktis ein verblüffendes Schauspiel: Mit vorgerecktem Hals, angelegten Flügeln und nach hinten gestreckten Füßen schießt einer der massigen Kaiserpinguine aus dem Wasser hervor. In hohem Bogen überwindet er die Bruchkante des Eises, um dann mit einem lauten Klatschen bäuchlings auf dem Eis zu landen. Sein Schwung ist so groß, dass er auf dem Bauch noch ein Stück auf der glatten Fläche weiterrutscht. Nach kurzem Innehalten stellt sich der Pinguin auf und schüttelt sich, dass die Wassertropfen nur so aus seinem Wasser abweisenden Gefieder fliegen.
Hinter ihm wiederholt sich das Ganze: Weitere Artgenossen landen mit ebensolchen Sprüngen auf dem Eis. Es ist März und abermillionen Meeresvögel haben in den vergangenen Sommermonaten ihre Brutgeschäfte erledigt und sind bereits fortgezogen, um dem unwirtlichen Polarwinter auszuweichen. Die Kaiserpinguine hingegen verlassen nun ihr eigentliches Element, das Wasser, um sich auf den Weg zu den Brutgebieten zu machen.

Im Blizzard rücken die erwachsenen und die kleinen Pinguine zusammen, um sich gegenseitig vor der beißenden Kälte zu schützen.

Der lange Marsch

Zu hunderten oder tausenden schnellen die flugunfähigen Vögel nun an bestimmten Plätzen vor der Küste Antarktikas aus dem Wasser. Jetzt, wo die Temperaturen an den immer kürzer werdenden Tagen kaum noch über 0 °C steigen, sammeln sich die Kaiserpinguine am Rand des Eises.
Wie bei einer Parade setzt ein gewaltiger Fußmarsch in Richtung Süden ein. Einer nach dem anderen, in Zweier- oder Dreierreihen zieht die nicht enden wollende Kolonne über das Eis. Kaiserpinguine sind sehr ausdauernde Wanderer. Ihr Becken ist unbeweglich, weshalb sie bei jedem Schritt ihren gesamten schweren Körper mitdrehen müssen. Aufrecht auf ihren Hinterfüßen erreichen die Vögel eine Geschwindigkeit von 3–4 km/h. Die Tiere pilgern zu ihren angestammten Brutplätzen im Windschatten von Eisbergen oder steilen Felsabbrüchen. Immer wieder legen sie auf ihrer weiten Wanderung größere Strecken auf dem Bauch rutschend zurück. Mit ihren Flossenflügeln und Füßen stoßen sie sich am Boden ab und gleiten dabei mit bis zu 8 km/h über die unebenen Eis- und Schneeflächen. Lediglich bei aufgetürmtem Presseis gerät die Pinguinparade unter heftigem Gezeter ins Stocken.

Paarungspalaver

Am Brutplatz angekommen laufen die Tiere laut schreiend durcheinander. Ziel dieses Palavers ist es, den Brutpartner des letzten Jahres ausfindig zu machen oder gegebenenfalls einen anderen geeigneten Partner zu finden. Die Pinguine erkennen sich individuell an ihren Rufen, die sie mithilfe von zwei Membranen in der Nähe ihrer Lungen erzeugen können. Nach etwa drei Wochen haben sich alle Paare gefunden und es kommt zur Begattung. Etwa Anfang Mai, tief im Süden erst Mitte Juni, legt das Weibchen dann ein einzelnes Ei mit gut 12 cm Länge und einem Gewicht von rd. 500 g. Die Kaiserpinguine nutzen die einzige ihnen zur Verfügung stehende Wärmequelle: ihren Körper. Mit dem Schnabel balanciert das Weibchen das Ei sofort auf seine Fußrücken und deckt seine wärmende Bauchfalte darüber.

Brüten ist Männersache

Durch die Produktion des Eies nach der langen Wanderung hat das Weibchen den Großteil seiner Energiereserven verbraucht. In den letzten Wochen hat es etwa ein Viertel seines Körpergewichts verloren. Mit dem Präsentieren des Eies durch kurzes Anheben der Bruttasche signalisiert es dem Partner, die männlichen Brutpflichten zu übernehmen. Hoch konzentriert nähern sich die beiden Vögel und im passenden Moment lässt das Weibchen das Ei auf die Füße des Männchens rollen. Dieses dirigiert es mit vorsichtigen Schnabelbewegungen auf die sichere Mitte seiner Fußrücken und deckt sogleich seine Bauchfalte über den kostbaren Nachwuchs. Wenn dieser Akt gelingt, ist das Ei nur für Sekunden der eisigen Kälte ausgesetzt; bei der Übergabe geht aber etwa jedes vierte Ei verloren. Bleibt ein Ei nur eine Minute den eisigen Temperaturen ausgesetzt, stirbt der Embryo durch Auskühlung sofort ab. Das Pinguinweibchen macht sich nun mit Artgenossinnen auf den Rückweg zum offenen Meer.

Angehende Väter in der Männergruppe

Die Väter rücken für die anstehende lange Wartezeit immer enger zusammen. Alle vorausgegangenen kräftezehrenden Rivalitäten sind vergessen. Für die kommenden zwei Wintermonate zählt nun allein das Überleben in der Gruppe. Flügel an Flügel, mit eingezogenen Köpfen spenden sie sich gegenseitig Wärme und Schutz gegen die teils mit 150 km/h über die Antarktis tobenden Schneestürme. Bis zu 6000 Tiere können sich zu einem solchen Schutzpulk zusammendrängen. Durch diese soziale Thermoregulation ist nur etwa ein Sechstel ihrer Körperfläche der klirrenden Kälte ausgesetzt. Zusätzlich drängen die außen Stehenden von Zeit zu Zeit nach innen, so dass sich die Vögel in ihrer Position abwechseln. Das Deckgefieder der Kaiserpinguine ist so dicht, dass weder Wind noch Wasser hindurchdringen können. Das Ei in der Bruttasche wird konstant bei etwa 30 °C gehalten – ein Temperaturausgleich von 50–70 °C zur Umgebung. Ein äußerst effizientes Wärmeaustauschersystem in den Füßen der Pinguine sorgt dafür, dass trotz des eisigen Untergrunds kaum Wärme verloren geht.
Die Männchen zehren während des Brütens ausschließlich von den Fettreserven, die sie sich im Sommer angefressen haben. Ihren Wasserbedarf decken sie über Schnee. Nur wenn sich die Windverhältnisse ändern, rührt sich die Gruppe. Müssen die Vögel einen geschützteren Platz aufsuchen, können sie selbst mit dem Ei auf den Füßen Eisschollen überklettern – mit winzigen Trippelschritten, abgestützt durch die Flügel und mit dem Schnabel als Eispickel.

Geteilte Elternpflichten

Nach 65 Tagen schlüpfen die Kaiserpinguinküken im Schutz der väterlichen Brutfalte. Obwohl der Vater nun um ein Drittel abgemagert ist, füttert er sein Junges mit einem eiweiß- und fettreichen Futterschleim, einer Absonderung aus seinem Kropf. Nach etwa zwei Monaten kommen die wohlgenährten Weibchen zur Ablösung ihrer Partner zurück. Das Küken wird übergeben und für die nächsten drei bis vier Wochen von der Mutter mit rd. sieben Pfund vorverdautem Fisch, Krebsen und Tintenfisch gefüttert. Währenddessen brechen die Männchen nach ihrer bis zu 100 Tagen dauernden Fastenzeit zur Wanderung an die fischreiche offene See auf. Erst wenn sie sich vollgefressen haben, kehren sie nach etwa vier Wochen zum Brutplatz zurück, um wiederum die Weibchen abzulösen. Abwechselnd pendeln in den nächsten Wochen die Mütter und Väter zwischen ihren hungrigen Küken und den Nahrungsgründen im offenen Meer hin und her.

Die Kaiserpinguine legen im Gänsemarsch viele Kilometer zurück – hier wandern sie über den Dawson-Lambton Gletscher.

Nun zeigt sich auch, welchen Vorteil es hat, im Winter zu brüten: Jetzt, wo das Küken besonders viel Nahrung benötigt, wird der Weg zum Meer immer kürzer, weil das Eis mit dem beginnenden Sommer zurückgeht. Doch trotz der Strapazen, die die Eltern auf sich nehmen, überlebt nur etwa ein Drittel der Jungvögel eines Jahrgangs – die meisten fallen eisigen Schneestürmen zum Opfer, wenn sie nicht rechtzeitig die Bruttasche erreichen oder für diese zu groß geworden sind. Um größere Küken vor Raubfeinden zu schützen, richten die Kaiserpinguine regelrechte Kinderkrippen unter dem Schutz erwachsener Vögel ein.

Zurück ins nasse Element

Mit Beginn des antarktischen Sommers, etwa im Alter von vier Monaten, werden die Jungen selbstständig und finden im Südpolarmeer reichlich Nahrung. Erst nach fünf Jahren, wenn sie geschlechtsreif geworden sind, werden auch sie den langen Marsch über das Eis antreten.
Nun begeben sich auch die Eltern, die für ihren Nachwuchs etwa acht Monate an das Eis gefesselt waren, wieder in ihr eigentliches Element, das Wasser. Sobald ein Kaiserpinguin ins Wasser eintaucht, wird aus dem an Land so plump wirkenden Vogel ein eleganter Schwimmer und Taucher. Der stromlinienförmige Körper bietet nur minimalen Wasserwiderstand und lässt die Tiere unter geringem Energieverbrauch erstaunliche Geschwindigkeiten erreichen. Die weit hinten ansetzenden Füße und der Schwanz dienen als Ruder, wenn sie mit ihren zu Flossen umgebildeten Flügeln unter Wasser »fliegen«. Im Meer füllen die Pinguine jetzt ihre isolierende Unterhautfettschicht auf, die bei einem wohlgenährten Tier bis zu einem Drittel des Körpergewichts ausmachen kann.

Kolonien im Eis

Der Kaiserpinguin lebt nahezu ausschließlich auf dem Eis und im Polarmeer rund um Antarktika und betritt selbst zum Brüten nicht den Boden des Kontinents. Daher wird der Lebensraum des flugunfähigen Vogels durch den Rückgang des Meereises infolge des Klimawandels bedroht. Etwa 30 Brutkolonien sind heute bekannt, in denen schätzungsweise 250 000 Tiere ihr Brutgeschäft verrichten. Alle Kolonien bis auf diejenigen am Taylor-Gletscher und auf der Insel Dion befinden sich auf dem Meereis. Die größte Kaiserpinguinkolonie mit rd. 100 000 Vögeln liegt auf der Coulman-Insel im Rossmeer.
In einem Lebensraum, in dem die Erzeugung bzw. Aufrechterhaltung der Körpertemperatur, ohne zu viel Energie zu verbrauchen, das Maß aller Dinge ist, geschieht auch die Wahl des Brutplatzes nicht ohne Grund. Das Wasser unter dem Meereis hat eine Temperatur um den Gefrierpunkt, während Felsgestein wesentlich kälter werden kann. Somit ist ein Brutplatz auf dem Eis wärmer als auf dem Festland.
Die erste Brutkolonie der Kaiserpinguine wurde übrigens am Kap Crozier während der ersten Antarktisexpedition 1901–1904 von Robert Scott mit der »Discovery« entdeckt.

Adeliepinguine: Unterwasserflüge im Eismeer

Die Aussage, dass Pinguine nicht fliegen können, stimmt nur bedingt. Zwar können sich die schwarzbefrackten Vögel nicht in die Luft erheben, weil ihre Knochen verkürzt und abgeflacht sind, aber mit ihrer hervorragend ausgebildeten, kräftigen Flugmuskulatur und den zu festen Ruderschaufeln umgebildeten Flügeln sind sie ganz ausgezeichnete Schwimmer. Der Bewegungsablauf entspricht dabei weitgehend dem beim Fliegen. Die weit hinten am Körper ansitzenden Füße dienen ebenfalls dem Antrieb und der dreieckige, stromlinienförmige Schwanz bildet ein ideales Steuerruder.

Adeliepinguin
Pygoscelis adeliae

Klasse Vögel
Ordnung Pinguine
Familie Pinguine
Verbreitung Küsten der Antarktis und umliegende Inseln
Maße Länge: 45–70 cm
Gewicht 5 kg
Nahrung kleine Fische und Tintenfische, Krill
Zahl der Eier 2
Brutdauer 33–38 Tage
Höchstalter etwa 20 Jahre

Reich gedeckter Tisch

Der Adeliepinguin (*Pygoscelis adeliae*) ist nicht nur der am weitesten verbreitete Pinguin, sondern mit geschätzten 20 Mio. Exemplaren auch der häufigste. Gemeinsam mit dem Kaiserpinguin (*Aptenodytes forsteri*) lebt er am nächsten am Südpol, am Rand der Packeiszone der Antarktis und auf den südlichsten Inseln. Durch die Meeresströmungen, die nährstoffreiches Tiefenwasser an die Oberfläche bringen und dadurch die Basis für ein reiches Tierleben im Meer schaffen, ist der Tisch auch für den Adeliepinguin immer reich gedeckt. Er ernährt sich hauptsächlich von Krillkrebschen, erbeutet aber auch kleinere Fische. Dabei muss er immer vor seinen Feinden auf der Hut sein. Dies sind der Seeleopard und der Schwertwal, ferner Haie und Pelzrobben. Bei diesen wendigen Jägern haben die Pinguine selbst bei Schwimmgeschwindigkeiten von 20 km/h kaum eine Chance zu entkommen. Mit dem Schwinden der Krillbestände durch die Meererwärmung ist sogar diese häufige Art gefährdet.

Lebensnotwendige Isolierung

Der Nahrungsreichtum der antarktischen Gewässer ist ein Vorteil, geht aber andererseits mit extremen klimatischen Bedingungen einher: An Land herrschen im Winter Temperaturen von bis zu –60 °C und auch im eisigen Wasser beträgt die Differenz zwischen Umgebungs- und Körpertemperatur ca. 40 °C. Eine gute Isolierung ist daher unumgänglich. Diese ist zum einen in Form einer mehrere Zentimeter dicken Fettschicht gegeben, zum anderen durch das dichte Federkleid: Pro Quadratzentimeter verfügt ein Adeliepinguin durchschnittlich über eine stattliche Anzahl von zwölf Federn (bei einer Ente dagegen sind es nur drei). Die Federn weisen an ihrer Basis einen ausgeprägten Daunenteil auf und sind an der Spitze leicht zum Körper hin gekrümmt. Ihre dachziegelartige Anordnung bewirkt, dass zwischen Daunenteil und Deckfederteil eine isolierende Luftschicht festgehalten wird. Wie gut diese Isolierung wirkt, ist schon daran zu erkennen, dass Pinguine regelrecht einschneien können: Die Schneeflocken schmelzen nicht auf dem Körper, weil die Wärmeabgabe so gering ist.

Wärmedämmung hat auch Nachteile

Aber diese gute Anpassung hat auch ihre Nachteile. Das Luftpolster im Federkleid verleiht beim Schwimmen starken Auftrieb. Der mit 45–70 cm relativ kleine und mit 5 kg auch leichte Adeliepinguin kann deshalb nicht so tief tauchen wie der größere und schwerere Kaiserpinguin und jagt daher in geringeren Tiefen. Da kleinere Tiere über ihre Oberfläche mehr Wärme abgeben als größere, müssen kleine Pinguine sich trotz der Isolierung auch schneller bewegen, um dadurch im Körper zusätzlich Wärme zu erzeugen. Zur weiteren Minimierung des Wärmeverlusts sind die Extremitäten zurückgebildet: Die Flügel sind kurz und der Schnabel ist relativ klein und zur Hälfte befiedert. Wenn die Vögel zum Brüten aufs Festland ziehen, kann die Isolierung bei starker Sonneneinstrahlung schnell zu Überhitzung führen. Dann geben sie die überschüssige Wärme über die gut durchbluteten Füße, die Innenseite ihrer Flügel und den zum Hecheln weit geöffneten Schnabel ab.

Schwieriger Nestbau

Das Brutgeschäft ist in diesen Breiten keine einfache Angelegenheit: Die ortstreuen Tiere brüten über Jahre hinweg in riesigen Kolonien im selben Gebiet. Das felsige Gelände bietet jedoch ausschließlich kleine Steinchen als Nistmaterial; diese sind der einzig mögliche Schutz der Eier vor dem gefrorenen Boden. Folglich sind sie sehr begehrt.
Ist das Nest fertig, legt das Weibchen ab Ende Oktober meist zwei Eier und wandert dann zurück zum Meer. Die Eier werden allein vom Männchen in einer speziellen Falte am Bauch ausgebrütet. In dieser Zeit nimmt es keine Nahrung zu sich und büßt dadurch etwa 30 % seines Körpergewichts ein, bevor es vom Weibchen wieder abgelöst wird. Die beim Schlüpfen ca. 100 g schweren Jungen nehmen durch die proteinreiche Kost, mit der sie gefüttert werden, pro Tag etwa 75 g zu.

Adeliepinguine brüten auf Steinnestern. Ein Elternteil brütet, der andere versorgt den Partner mit Futter. Nach acht bis neun Wochen verlassen die Jungen das Nest.

Wie alle Sturmvögel (Procellariidae) sind Antarktis-Sturmvögel (*Thalassoica antarctica*) typische Hochseevögel. Ihre Nahrung suchen sie auf dem offenen Eismeer zwischen dem antarktischen Packeisgürtel und der nördlichen Eisberggrenze, am häufigsten im Ross- und Weddellmeer. Sie weisen spezielle Anpassungen an das Fliegen dicht über der Wasseroberfläche und an ausdauerndes Schwimmen und Tauchen auf. Mitte November ziehen die Antarktis-Sturmvögel zu ihren Brutplätzen nach Süden. Das Land suchen sie dann nur zum Brüten auf und auch bei der Jungenaufzucht haben sie Verhaltensweisen entwickelt, die ihnen erstaunliche Bruterfolge sichern.

Der Antarktis-Sturmvogel: Fischer im offenen Eismeer

Die Brutkolonien des Antarktis-Sturmvogels befinden sich an Land, oft in einer flachen, geschützten Felsmulde.

Antarktis-Sturmvogel
Thalassoica antarctica

Klasse Vögel
Ordnung Röhrennasen
Familie Sturmvögel
Verbreitung antarktische Meere, meist Ross- und Weddellmeer, Brutgebiet an der antarktischen Küste
Maße Länge: etwa 45 cm; Spannweite: über 1 m
Gewicht etwa 1,5–2 kg
Nahrung Krill und andere kleine Krebse, kleine Tintenfische und Fische
Zahl der Eier 1
Brutdauer 7 Wochen
Höchstalter über 20 Jahre

Über und unter der Wasseroberfläche

Antarktis-Sturmvögel sind ausgezeichnete, wendige Flieger: Die Spannweite ihrer langen, schmalen Flügel ist mit über 1 m mehr als doppelt so groß wie die Körperlänge (ca. 45 cm). Das verleiht den Vögeln eine hohe Manövrierfähigkeit, wenn sie auf der Suche nach Nahrung knapp über den Schaumkronen durch die Gischt fliegen.
Antarktis-Sturmvögel fischen gesellig in dichten Schwärmen; sie ernähren sich von Krill, anderen Kleinkrebsen, Tintenfischen und Fischen. Angepasst ans Schwimmen und Tauchen, haben die Sturmvögel ein pinguinartiges Becken und Füße mit Schwimmhäuten, die besser für die Fortbewegung im Wasser als an Land geeignet sind. Schließlich bleiben sie wochen-, ja monatelang auf See und ernähren sich nicht nur aus dem Meer, sondern schlafen auch auf dem Wasser. Zur Nahrungssuche haben sie verschiedene Techniken entwickelt: Entweder stürzen sie sich aus der Luft auf ihre Beute, wobei sie mehrere Körperlängen tief abtauchen, oder sie tauchen von der Wasseroberfläche aus, bzw. schnappen beim Schwimmen nach Beute. Ein dichtes, wasserundurchlässiges Gefieder und eine isolierende Fettschicht unter der Haut bewahren die Vögel im eiskalten Wasser vor dem Auskühlen.

Die Röhrennase

Wie bei ihren Verwandten sind die äußeren Nasenöffnungen auf dem Schnabel bei Antarktis-Sturmvögeln röhrenförmig verlängert, was der Familie der Sturmvögel auch den Namen Röhrennasen eingetragen hat.

Da die Vögel monatelang auf See bleiben, müssen sie Salzwasser trinken; auch mit ihrer Nahrung nehmen sie ständig Salzwasser auf. Um das überschüssige Salz wieder loszuwerden, besitzen sie große Nasendrüsen, die eine hoch konzentrierte Salzlösung ausscheiden. Die langen Nasenröhren halten die konzentrierte Salzlösung von den Augen fern und verhindern zudem, dass Gischtwasser in die inneren Nasenöffnungen eindringt.

Teamwork für den Bruterfolg

Antarktis-Sturmvögel verbringen den antarktischen Winter auf dem Meer und kehren im Südsommer – ab Mitte November – aufs Festland zurück, um meist an Steilklippen zu brüten. Die Brutkolonien können 200000 Paare umfassen.
Brutdauer und Nestlingszeit sind bei Sturmvögeln sehr lang und die Aufzucht kann nur gelingen, wenn beide Eltern beim Brüten und Füttern als Team zusammenarbeiten. Das setzt eine enge Abstimmung voraus und Vogelpaare, die bereits erfolgreich zusammen gebrütet haben, haben einen wichtigen Erfahrungsvorteil. Da Antarktis-Sturmvögel über 20 Jahre alt werden können, »lohnt« sich für sie eine lang anhaltende Paarbindung (Monogamie).
In das Nest legt das Weibchen ein einziges Ei, das knapp sieben Wochen von beiden Altvögeln abwechselnd bebrütet wird. Das Küken wiegt beim Schlüpfen etwa 60 g und trägt bereits ein dichtes Daunengefieder gegen die Kälte. Es wird von den Altvögeln gegen Raubmöwen verteidigt und mit einem sehr nahrhaften Brei aus anverdauten Kleinkrebsen, Tintenfischen, Fischen und einem öligen Drüsenmagensekret gefüttert. Dieses sog. Magenöl kann von Alttieren und Jungen bei Gefahr auch ausgewürgt und meterweit verspritzt werden. Bei dieser kalorienreichen Ernährung wächst das Junge rasch heran und ist mit sechs bis sieben Wochen flugfähig.

Wie die Antarktis-Sturmvögel fischen auch die Riesensturmvögel im Schwarm auf hoher See. Hier streiten sie mit einem Seelöwen um einen Pinguinkadaver.

Register

Kursive Seitenzahlen verweisen auf Abbildungen

Abbildungsnachweis

akg-images, Berlin: 52 u. **blickwinkel:** 6/7 M.m./Wittek, 10/11/Frischknecht, 16/17/Salminen, 20/König, 27/Lamm, 29/Hartl, 32/33/Frischknecht, 47/Kopp, 54 u./Wittek, 54 o.l./Wittek, 55 u./Wittek, 57 u./Pieper, 59/Huetter, 64 o./Hummel, 66 l./Grünewald, 84/Kaminski, 87 o./Kaminski, 89 o./Wothe, 90/Peltomaeki, 92/Giel, 96 o./Hecker/Sauer, 100/Schulz, 106/Wothe, 115 l./Schulz, 116 u./Hauke, 124/Frischknecht, 128/Hecker, 134/McPhoto, 143/Huetter, 148/Peltomaeki, 149 o./Peltomaeki, 154 o./Baesemann, 157/Liedmann, 162/McPhoto, 165 u./Hecker/Sauer, 177 u./Hummel, 179/Hummel, 202 u./Wiesniewski, 210/Hummel; **Corbis, Düsseldorf:** 118 o./Trobitzsch; **Manfred Danegger, Owingen-Billafingen:** 151; **dpa Picture-Alliance GmbH, Frankfurt:** 15 u./Reinhard, 39/Hartl, 40 o./Nemenov, 62/Nukari, 64 r./Schurig, 71 r./photoshot, 72 u./van Hasselt, 74/Vennenbernd, 106/McDonald 110 u./Jost, 156/Weimann/Okpaia, 166 l./Wisniewski/Okapia, 174 o./Weyer, 201/Wisniewski/Okapia; **fotolia.com:** 170/Rawson; **FotoNatur Sönke Morsch, Brekendorf:** 85/Duty, **Glittertind forlag AS, Skrautval:** 130 o./Helgesen; **IFA-Bilderteam GmbH, Ottobrunn:** 2/3/PAN, 6/7/PAN, 6/7 M.o./NHPA, 6/7 u./Krasemann, 6/7 M.u./APF&F, 20/21/Aberham, 24 o.r./Lahall, 26/Volmer, 28/Maier, 30/Fischer, 44/45/Jochem, 44/AP&F, 52/53/PAN, 51 o./APF&F, 54 o.r./Aberham, 58/NHPA, 61 o./BCI, 67 o./Krasemann, 70 o./BCI, 78 o./BCI, 86/Steinberger, 102 r./Giel, 107/Wittek, 112 o./Fischer, 114/Fischer, 115 r./BCI, 118/119, 139/Wittek, 144/Pölking, 168/Rosing, 172/173/Fried, 174 u.l./BCI, 177 o., 186/AP&F, 187 o.r./AP&F, 195 o./Pott, 196/197 u./Köpfle, 197 o., 202 o./Photex; **Interfoto, München:** 96 u., 213 o., 179 o.; **istockphoto.com:** 202/203/Prstyazhnyuk Sergey; **Juniors Tierbildarchiv, Ruhpolding:** 49, 72 u., 76, 77, 94/Grafetstetter, 95 o., 102 l., 103, 105 u.l., 133, 137, 142 o.r., 166 r., 198; **Arto Juvonen, Koskenkylä:** 92 u., **laif, Köln:** 6/7 o./Modrow, 14/15/Modrow, **Mauritius Images, Mittenwald:** 14/Loken, 52 o./Oxford Scientific, 53 o./Hot Shots, 56/imagebroker.net, 61 u./Lacz, 62 l./Madersbacher, 64 u./AGE,74 l./AGE, 80/Grafica, 108 o./Rosing, 112/113/Visbach, 120/121/Layer, 122/Milse, 125 u./imagebroker.net, 126/imagebroker.net, 154 u., 174/175 u./Hillestad, 180 o./Phototake, 183/Westend61, 184/AGE, 208/Oxford Scientific; **Stefan Meyers, Konstanz:** 32 u., **Prof. Dr. Franz-Dieter Miotke, Garbsen:** 10 o., **NHPA, London:** 35 o./Heuclin, 74/Dalton, 98 o., **Okapia KG, Frankfurt:** 36/Hartl, 75 r., 81/Hubert, 97/Lange, 136/Danegger, 141, 158/Rich, 187 o.l./Pott, 188 u./Pölking, 193/Reinhard; **Picture Press, Hamburg/Minden Pictures/FLPA:** 18/19/Hoshino, 40/Wothe, 66 r./Wothe, 71/Fitzharris, 78 u./Wothe, 82/Quintin, 88 u.l., 95 u., 109 u./Quinton, 109 o./Harada, 110 o./Quinton, 112 u./Momatiuk, 117/de Roy, 129/Hoshino, 138/Hoshino, 145/Hoshino, 147 l., 153 u., 161/Ellinger, 163/Quinton, 164/Iwago, 169/Mangelsen, 176/Nicklin, 185 o./Nicklin, 191/Hoshino, 192 u./Hoshino, 192 o./Hoshino, 200 u./Wothe, 200 o./Brandenburg, 203/De Roy, 201/Wu, 202 o./de Roy, 202 u./de Roy 203 r./de Roy, 203 l./Lanting; **Premium. Stock Photography GmbH, Düsseldorf:** 19, 27 r., 27 l., 50, 65, 67 u., 150 u., 150 o., 151 u., 187 u., 105; **RCS Libri & Grandi Opere SpA Milano/Il mondo degli animali:** 181; **Walter Rohdich, Münster:** 15 u., **shutterstock.com:** 24/25 u./Romeo Koitmäe, 38 u./Tatiana Grozetskaya, 46/Wolfgang Zintl, 48/Krzysztof Wiktor, 63/Birute Vijeikiene, 99 u./Newton Page, 99 o./Bruce MacQueen, 152/Lee & Marleigh Freyenhagen, 180/Janis Rozentals, 194 o./Janis Rozentals, 198/199/Steve Estvanik; **Superbild Erich Bach GmbH, München:** 17/Alaska, 39/Liberski, 171/Ro-Ma Stock, 172/Alaska Stock, 178/Reso E.E.I.G.; **TopFoto, Kent:** 185 u./Eastcott-Momatiuk, 195 u./Eastcott-Momatiuk, 196/Cayton/TIW; **TopicMedia Service, Ottobrunn:** 22/Lane, 23/Wisniewski, 24 o.l./Reynolds, 31/West, 32/Rosing, 51 u./Hosking, 53 u./Lacz, 57 o./McCutcheon, 68 l./Lane, 68/Hosking, 72 o./Zhilin, 79/FLPA, 88/Wisniewski, 89 u.r./Partsch, 91/Nill, 92 o./Nill, 101/Newman, 105 u.r./Watkins, 116 o.r./FLPA/McCutcheon, 116 o.l./FLPA/Maslowski, 123 u./Arndt, 125 o./FLPA/Newman, 135/Rosing, 140/Wilmshurst, 142 o.l./Wisniewski, 146/FLPA/sohns, 147 r./FLPA/Artukhin, 149 u./FLPA/Visage, 153 o./FLPA/Hautala, 159/FLPA/Hautala, 160/FLPA, 165 o./FLPA/Schenk, 179 u./Lane, 188 o./Pölking, 190 o./FLPA/Lacz, 194 u./FLPA/Lacz, 204/FLPA/Andrewartha, 206 u./FLPA/Pölking, 206 o./Pölking, 207/Pölking, 207 r./FLPA/Pölking, 209 u./Pölking, 209 o./Pölking; **Natalia Tsarkova, Kleve:** 34/Medvedev, 35 u., 41/Didorenko, 42/Penzin, **Wissen Media Verlag GmbH, Gütersloh:** 13 o., **Solvin Zankl, Kiel:** 130 u., 132.

ATLANTICA

TIERPARADIESE UNSERER ERDE

Band 1:	Regenwälder	ISBN 978-3-577-07701-9
Band 2:	Savannen	ISBN 978-3-577-07702-6
Band 3	Wüsten	ISBN 978-3-577-07703-3
Band 4:	Polargebiete	ISBN 978-3-577-07704-0
Band 5:	Meere	ISBN 978-3-577-07705-7